国家社会科学基金重大项目成果

● 李晓哲 著

格林式实验伦理学的困境与出路

The Plights of Greenean
Experimental Ethics and Its Ways Out

上海社会科学院出版社
SHANGHAI ACADEMY OF SOCIAL SCIENCES PRESS

国家社会科学基金重大项目
"基于虚拟现实的实验研究对实验哲学的超越"(15ZDB016)成果

内容摘要

格林式实验伦理学在新兴实验伦理学研究中最具代表性。它受到了许多研究者的批评。批评的内容可以被概括为五种:"是"与"应当"问题、形而上的自然主义谬误、语义学错位问题、经验的理论负荷问题、实验操作的非对称性和不确定性问题。格林式实验伦理学通过重申自身核心思路的方式来回应或回避这些问题并不困难:从论证、效力、理由三个角度可以处理"是"与"应当"问题,构建"同罪论证"可以最大限度地降低形而上的自然主义指责的效力,区分道德语义学的内在主义与外在主义可以使语义学错位问题自败,依据论证的直觉性与非直觉性差别可以绕过经验的理论负荷问题,否认或限定非对称性与不确定性问题的合理性可以应对实验操作问题。

但这样的对既有挑战的新回应相比于不回应来说并无明显不同,因为它们仍然相当于对批评采取了完全拒斥的态度。该事实意味着实验伦理学研究者与传统伦理学研究者之间的对话仍然是完全无法进行的:两者间争论杂乱无章与各说各话的现象没有丝毫改变。两者若想真正地展开对话,双方应该持有比现在更好的沟通态度:批评与回应应从内部而非外部进行。因此,研究者对格林式实验伦理学提出的批评应该被更厚道地分析与处理。

研究者对格林式实验伦理学的批评能够被进一步精致化与精细化为概念性、立场性、方法论与实验操作四个层次的新困境。格林式实验伦理学遭遇的概念性困境主要是电车难题论域的收敛性问题、理性与情感的可区分性问题,遭遇的立场性困境主要是伦理学的自然主义问题、道德判断的内在主义和外在主义问题,遭遇的方法论困境主要是价值与行动的鸿沟问题、论证方法与论证效力问题,遭遇的实验操作困境主要是直觉的效力与多重可实现问题。格林式实验伦理学可以通过澄清、界定研究目的、说明论证类型、给出完善性方案等方式找到这四个层次的新困境的出路:简并电车难题的描述方式、说明道德的定义依赖于情感因素是概念性困境的出路,指出格林式自然主义立场的优势、主张基于延展心灵的道德判断理论是立场性困境的出路,辩护行动的因果-心理学说明的有效

1

性、澄清格林式论证的溯因推理性质是方法论困境的出路,弥补问卷调查法与功能磁共振缺陷的完善性方案是实验操作困境的出路。

然而,以上出路应该既不能令传统伦理学研究者满意,也不能令实验伦理学研究者满意,因为它们不能帮助伦理学研究取得进步。例如,格林式实验伦理学不能因解决批评而取得实质性发展,格林式实验伦理学所处理的伦理学问题也无法被更深化地研究。

从概念与经验两个方面进行分析,能够发现虚拟现实技术应该作为格林式实验伦理学超越现有方法论困境的新进路:虚拟现实技术与功能磁共振技术的结合、虚拟现实技术与无创伤光学成像法的结合可以令格林式实验伦理学的研究成果具有更大价值,更实质性地推动伦理学理论发展。

关键词:电车难题;实验伦理学;自然主义;功能磁共振;虚拟现实

ABSTRACT

    Greenean Experimental Ethics is the most representative in the emerging research of experimental ethics. It has been criticized by many researchers. The content of criticism can be summarized into five categories: "Yes" and "should", metaphysical naturalistic fallacy, semantic dislocation, empirical theory load, experimental operation of asymmetry and uncertainty. It is not hard for Greenean Experimental Ethics to answer or evade these questions by reaffirming its core ideas. The problem of "Yes" and "should" can be dealt from the three angles of argument, validity and reason. Construct the argument of "the same crime" can reduce the effect of metaphysical naturalism accusation to the greatest extent. Distinguish internalism and externalism of moral semantics can make the problem of semantic dislocation self-defeat. The difference between intuition and non-intuition of evidence-based argument can bypass the problem of load of empirical theory. The rationality of denying or defining asymmetry and uncertainty can deal with the problem of experimental operation.

    Such a new response to an existing challenge is clearly no different fromnon-response and still amounts to a total rejection of criticism. This fact means that the dialogue between the researchers of experimental ethics and those of traditional ethics is still completely out of the question: there is no change in the disorganization of the debates-each person speaks his or her own language. If the two sides really want to start a dialogue, they should communicate better than they do now: criticism and response should come from within, not from outside. Therefore, researchers' criticism of Greenean Experimental Ethics should be carefully analyzed and dealt with.

    Researchers' criticism of Greenean Experimental Ethics can be further refined and refined into four levels of new dilemmas: conceptualization, position, methodology and experimental operation. The conceptual dilemma encountered by Greenean Experimental Ethics is mainly the convergence of the trolley problem domain and the distinction between reason and emotion. The main problems encountered by Greenean Experimental Ethics are ethical naturalism, internalism and externalism in moral judgment. The methodological dilemma encountered by Greenean Experimental Ethics is mainly the gap between value and action, the method of argument and the effectiveness of argument. Difficulties encountered by Greenean Experimental Ethics in experimental operation are mainly the effectiveness of intuition and multiple realizable problems. Greenean Experimental Ethics can find the way out of these four levels of new dilemmas by clarifying, defining the research purpose, explaining the type of argument, and giving the perfect scheme. The approach to describe the degenerate trolley problem, and the way to explain that the definition of morality depends on emotional factors is the way out of the conceptual dilemma. It points out that the superiority of the naturalistic position of greenean and the moral judgment theory based on extended mind is the way out of the position dilemma. The way out of the methodological dilemma is to explain the validity of the causal-psychological explanation of the defensive action and to clarify the nature of the causal reasoning of the greenean argument. The way out of the experimental operating dilemma is to make up for the defects of questionnaire survey and fMRI.

However, none of the above solutions should be satisfactory to either traditional or experimental ethics researchers, as they can not help advance the study of ethics. For example, Greenean Experimental Ethics can not get substantial development because of solving criticism, nor can the ethical problems dealt with by Greenean Experimental Ethics be further studied.

From a conceptual and empirical point of view, it can be found that virtual reality technology should be a new way for Greenean Experimental Ethics to transcend the dilemma of the existing methodology. The combination of virtual reality technology and functional magnetic resonance imaging technology, and the combination of virtual reality technology and non-invasive Optical imaging method can make the research results of green's experimental ethics more valuable. They can make more substantial impetus to the development of ethical theory.

Keywords: trolley problem; experimental ethics; naturalism; fMRI; virtual reality

目 录

1 绪论 ··· 1
　1.1 研究背景与目的 ··· 1
　1.2 国内外文献综述 ··· 6
　1.3 基本思路 ·· 16
2 格林式实验伦理学的基本内容、既有批评及初步回应 ·············· 22
　2.1 格林式实验伦理学 ·· 22
　2.2 初步回应既有批评 ·· 70
　2.3 小结与前瞻:四个层次的新困境 ·· 89
3 格林式实验伦理学的概念性困境和出路 ···································· 92
　3.1 电车难题的收敛性问题 ··· 92
　3.2 理性与情感的可区分性问题 ··· 109
　3.3 小结与前瞻:导向立场性困境 ·· 122
4 格林式实验伦理学的立场性困境和出路 ·································· 125
　4.1 伦理学的自然主义问题 ··· 125
　4.2 道德判断的内在主义和外在主义问题 ·· 136
　4.3 小结与前瞻:导向方法论困境 ·· 149
5 格林式实验伦理学的方法论困境和出路 ·································· 152
　5.1 价值与行动的鸿沟问题 ··· 152
　5.2 论证方法与论证效力问题 ·· 164
　5.3 小结与前瞻:导向实验操作困境 ·· 175
6 格林式实验伦理学的实验操作困境和出路 ······························ 177
　6.1 问卷调查法中的直觉问题 ·· 177
　6.2 fMRI 的多重可实现问题 ··· 189
　6.3 小结与前瞻:导向对实验操作困境的超越 ································· 199
7 虚拟现实技术对实验操作困境的超越 ···································· 201

    7.1 对电车难题做出经验性研究的必要性 …………………… 202

    7.2 应用虚拟现实技术的必要性与可行性 …………………… 208

    7.3 虚拟现实技术与 fMRI 技术结合的可行性 ……………… 213

    7.4 虚拟现实技术与 fNIRS 技术结合的可行性 ……………… 215

8 结语及可能的后续研究 …………………………………………… 218

附录 ……………………………………………………………………… 221

    虚拟现实技术对元伦理学困难的克服

      ——以格林式实验伦理学为例 ………………………… 223

    辩护格林式实验伦理学的规范性价值 ……………………… 234

    同罪论证:实验伦理学回应"是/应当"问题挑战的新进路 …… 245

致谢 ……………………………………………………………………… 256

插图和附表目录

图1　格林2001年实验中道德两难问题的呈现方式 …………… 34
图2　电车难题的第一种类型 …………………………………… 101
图3　电车难题的第二种类型 …………………………………… 101
表1　同步脑电-功能性磁共振技术的优劣势 …………………… 197
图4　量产 EEG&fMRI 测试仪示意图 …………………………… 198
图5　共情概念细分图 …………………………………………… 203
图6　功能性磁共振与化身 ……………………………………… 214
图7　fNIRS 工作示意图 ………………………………………… 216
图8　fNIRS 效果对比图 ………………………………………… 216
表2　fNIRS 仪器对比表 ………………………………………… 217

1 绪论

1.1 研究背景与目的

21世纪之前,伦理学家们普遍认同道德判断是与理性相联系的[1],即认可道德判断的理性主义立场。然而,乔纳森·海特(Jonathan Haidt)与约书亚·格林(Joshua Greene)两位哲学家所提出的支持道德判断与情感存在紧密联系的观点几乎改变了这一受到主流伦理学家普遍认同的状况,给伦理学中的道德判断研究带来了"情感主义转向"[2]。海特的社会直觉主义模型认为大部分的道德判断都是快速、自动、无意识的情感反应,理性推理只具有在情感反应发生后实施校验工作的作用(理性类似于律师,它的工作开始于过去已有过结论的案件)。格林的道德双加工模型[3]认为两种道德判断方式中的后果主义类型的道德判断是起源于理性推理的(不同于过去哲学家的主流看法),它与社会直觉主义模型一样表明人们日常生活中的大多数道德判断都是以情感为基础的。

虽然这两种代表伦理学中道德判断研究的情感转向的新兴理论初看之下在

---

[1] Kohlberg L. The Psychology of Moral Development: The Nature and Validity of Moral Stages (Essays on Moral Development, Volume 2)[M]. New York: Harper & Low, San Francisco, CA, 1984.

[2] Pölzler T. Moral Judgments and Emotions: A less Intimate Relationship than Recently Claimed[J]. Journal of Theoretical and Philosophical Psychology, 2015, 35(3): 177.

[3] 格林的dual process model也可以翻译为"双过程模型"或"双进程模型",不过由于该词语最初起源于罗杰·斯佩里的裂脑实验,后又因诺贝尔奖得主丹尼尔·卡尼曼(Daniel Kahneman)的《思考,快与慢》(Thinking, Fast and Slow)在心理学研究中流行,所以它的另一个译名"双加工模型"在国内学术界已被更为广泛接受。除此之外,笔者在论文中采用"双加工模型"译名的更重要原因在于"双加工模型"这一中文词语在汉语表达中更为形象,不容易引起读者误解,理由是:它既能从字面上直观表现大脑的信息处理过程中存在两种加工类型,又不会令读者误以为这两种加工类型必然是平行竞争(parallel)而不是干涉(intervention)发生的(两者的区别可以粗略地理解为大脑信息处理过程中的两种加工方式是互相竞争还是以某种加工方式为主而干涉另一种)——由于竞争模型与干涉模型何者正确仍然存在广泛的争议,所以研究者不应该误认为格林式实验伦理学需要预设某种模型正确的理论立场。关于此,参见:Wim De Neys. Dual process theory 2.0[M]. New York: Routledge, 2017。

伦理学史上并不新鲜：它们的旨趣与发端于哈奇森、休谟的规范伦理学中的情感主义，与以艾耶尔为代表的元伦理学中的情感主义立场几乎没有多大差别，而且研究者们可能会预设的相关哲学立场也很类似，但是它们确确实实地为伦理学研究带来了崭新的议题，理由在于：随着时代的进步，生物学、物理学、信息学、神经学、心理学、遗传学、材料化学、医疗学等方面的新突破已经使"人性"这一古老话题的内涵被彻底地刷新，过去关于道德判断的相关假说在此冲击之下也变得拙陋不堪。粗略地说，这两种使用精神病态者(psychopath)、幼儿、黑猩猩作为研究对象，运用功能性磁共振影像技术、网络问卷调查、皮肤电测试仪、眼球跟踪技术、基于主体的建模统计作为研究手段的新兴伦理学理论已经迫使部分伦理学研究转变为科学研究范式高度集中的新分支了：伦理学研究已经被"一石激起千层浪"[①]。此种现象在传统的道德心理学领域中表现尤其突出。

"浪花"的代表性人物有萨姆·哈里斯(Sam Harris)、罗伊·鲍迈斯特(Roy Baumeister)、保罗·布卢姆(Paul Bloom)、大卫·皮萨罗(David Pizarro)、约书亚·诺布(Joshua Knobe)[②]。神经学家哈里斯认为过去人们关于道德的认知完全建立在错误的基础上，这些错误不仅包括一系列谬误和双重标准，还包括错误的理念。在他看来，伦理学研究应该参考物理学研究物质与能量运行规律的方法。心理学家鲍迈斯特对与道德紧密相关的罪恶、自制力、自由意志和抉择等内容做了研究。他认为人的道德运行方式与生理上的肌肉活动是相似的，因此肌肉会出现疲劳，人的道德也会陷入疲于应付的境地——实验说明人们在大脑精力不足的时候会犯罪、失去自制力，相应的意志和抉择能力减弱。任职《行为与脑科学》(*Behavioral and Brain Sciences*)主编的布卢姆的研究旨在证明婴儿与幼童已经具有基本的道德能力。在他看来，人们能够读懂他人行为中包含的意思，展现出惩恶扬善的倾向，用实际行动帮助人，有内疚、骄傲、羞愧、义愤填膺等情绪。原因在于道德是人类天生就有的特质。心理学家皮萨罗大胆地通过实验断言人们作出的道德判断都是工具性的。他的实验发现：人们在使用义务论或功

---

① Brockman J. Thinking: The New Science of Decision-Making, Problem-Solving, and Prediction in Life and Markets[M]. New York: Harper Collins, 2013.
② Racine E, Dubljević V, Jox R J, et al. Can Neuroscience Contribute to Practical Ethics? A Critical Review and Discussion of The Methodological and Translational Challenges of the Neuroscience of Ethics[J]. Bioethics, 2017, 31(5): 328-337.

利主义这样的道德原则方面不存在稳定与先天的偏好、人们总是倾向于在具体的状况中使用有利于当时情境的道德原则。心理学家诺布关于道德判断的研究结果显得比较激进。他通过对许多人类生活中不涉及道德因素的判断与决策行为(如对意图进行揣测、对因果做出推断)进行研究,发现了"过度道德判断"的现象。该现象意味着:人类看待世界的方式每时每刻都受到道德判断的影响,不仅道德判断的偏倚总是出现,而且由此导致的判断与决策偏差难以避免。

这些研究者所提出理论的哲学立场都是自然主义、先天主义(nativist)①、情感主义②和多元主义③的,也就是说,他们都同意将道德理解为是自然世界的组成部分,认可道德"建立的基础完全来自人这种特殊物种本身"④,承认道德情感的多样性是道德研究的主要困难来源,不会不惜一切代价地使用奥卡姆剃刀把一切统合进单一的理论。然而,暂且不论这些立场的有效性、优劣势和对伦理学发展作出贡献的可能性如何,新兴伦理学研究的"浪花"在另一个更重要的决定性观点上存在根本的分歧:它们关于"理性与情感是否是平行竞争关系"并没有达成一致意见。这一特点更显著地体现在"浪花"的源头——海特与格林所提出的两种不同的道德判断解释模型上。因此,解决该分歧显然必须从海特与格林处着手。不幸的是,格林与海特目前都没有被完整且细致地研究过,而且由于实验伦理学结合科学技术发展的特点,格林与海特研究的具体内容一直在不断变化。所以若需及时明晰或解决该分歧,时间和精力有限的哲学研究者必须得

---

① 海特认为"道德判断从何而来?"这个问题在伦理学史上有三种不同的解答:(1)道德判断能力是人生来就具有的,(2)道德判断能力是人们通过社会观摩学习来的,(3)道德判断能力是人们通过推理才掌握的(即道德判断只与两样东西有关,一是看行为有没有伤害他人,二是看该行为是否违反公平原则)。海特将第一种解答称为先天主义,把第三种解答称为"理性主义"。参见:乔纳森·海特. 正义之心:为什么人们总是坚持"我对你错"[M]. 舒明月,胡晓旭,译. 杭州:浙江人民出版社,2014。
② 这里的情感主义内涵可能与人们的常识有所不同,因为按照休谟本人的说法,人们一般把情感、情绪或情操等东西理解为理性推理的产物(道德观念不应该与思维归为一类,应当与味觉、情感归为一类)。也就是说,此处所指的情感含义要比上面的一般情况强得多,它是一种可以与理性平行或对峙的认知能力。参见:Salmela M. True emotions[M]. Amersterdam: John Benjamins Publishing Company, 2014。
③ 最有代表性的出于多元主义立场的理论是美德伦理学理论,它是区别于义务论与功利主义理论的第三个规范伦理学派分。参见:Carr D, Arthur J, Kristjánsson K eds. Varieties of Virtue Ethics[M]. London: Palgrave Macmillan, 2017: 1–13。
④ 参见:Rex R V V, Abrantes P C. Moral Nativism: Some Controversies[J]. Dialogue: Canadian Philosophical Review, 2017, 56(1): 21–44。

基于概念分析方法,简单地在两者之间快速做出选择,确定单一的研究对象从而提高认知速度。

相对于海特的社会直觉主义理论来说,格林的道德双加工理论要温和许多,这种温和性体现在下面两个方面:第一,海特认为理性的作用只是为由情感导致的道德判断结果寻找理由,而格林对理性与情感的关系不置可否:道德双加工理论只主张人们做道德判断时有两种不同的信息加工方式①,这意味着在"理性与情感是否是平行竞争关系"这一分歧上,对于海特来说的结论只是格林的一个假设;第二,格林的道德双加工模型比海特的社会直觉主义模型需要预设的哲学立场更少,比如在海特用来证明情感在道德判断中处于绝对地位的"道德词穷"(即使人们知道自己做出道德判断的理性理由不存在,也会坚持这种道德判断)案例中,海特不仅使用了一个在哲学史上没有出现过的道德难题(兄妹乱伦难题),还预设有效的理性理由只能是带有伤害的理由,因为"道德词穷"现象的成立须使研究者至少不承认下面四种理由存在:出于纯洁或神圣性的理由、可能造成其他影响的理由②、令人余生尴尬的理由③、会引发不好情感的理由④。严格地说,海特所做的是乞题式的道德判断研究——他在证明理性不在道德判断中具有重要地位之前,已经几乎完全地排除掉了理性的作用⑤。相对地,格林则不太可能遇到这种必然引起循环论证的指责,因为格林允许的道德理由更加宽容,且使用了哲学史上几乎被研究者广泛接受的电车难题进行实验。另外,相比于社会直觉主义理论的论证来说,格林基于功能性磁共振影像技术的大脑血氧变

---

① 参见:Strevens M. Thinking Off Your Feet: How Empirical Psychology Vindicates Armchair Philosophy[M]. Cambridge: Harvard University Press, 2019。
② Mark C Timmons eds. Oxford Studies in Normative Ethics: Volume Two[M]. Oxford: Oxford University Press, 2012: 292.
③ Justin D'Arms, Daniel Jacobson eds. Moral Psychology and Human Agency: Philosophical Essays on the Science of Ethics[M]. Oxford: Oxford University Press, USA, 2014: 275-277.
④ 例如引发厌恶的情感也可以作为理性的理由。参见:Jones K. Metaethics and Emotions Research: A Response to Prinz[J]. Philosophical Explorations, 2006, 9(1): 45-53。
⑤ 在"道德词穷"这一实验上,海特还有别的问题,比如海特所发现的现象实际上可能来自受试者来不及仔细思考自己所要表达的理由(受试者采用的理由可能太难表达出来)、乱伦问题的刺激性可能使受试者的注意力被过分集中于它的不道德特征(一个面对突如其来"打击"的人即使情感高涨也不足以说明情感在道德判断活动中拥有绝对重要的地位)。参见:Justin D'Arms, Daniel Jacobson eds. Moral Psychology and Human Agency: Philosophical Essays on the Science of Ethics[M]. Oxford: Oxford University Press, USA, 2014: 258。

化检测更少,或不涉及有关理由成分的观点。

抛开"海特与格林两种道德判断模型在哲学立场上的温和与否"这一具有决定性意义的问题不论,格林模型初创时所使用的科学实验方法也更先进一些,它能够体现出的实验哲学特色相比于海特来说,更加完整和完备。该优势与哲学性一样也体现在两个方面。第一个优势是实验手法完整。例如,格林道德双加工模型的发现不只像海特的发现那样使用了相对来说比较传统的问卷调查法,它还使用了功能性磁共振技术、皮肤电测试技术,并且引入了正常人范围之外的精神病态者作为受试者。更不用提那些依循格林方案的研究者所使用的其他科学手法,比如眼球追踪技术、虚拟现实技术。显然,这些相对客观的经验科学技术能保证格林的道德双加工模型比海特的社会直觉主义模型更客观。第二个优势在于,较研究海特的模型来说,深入研究格林的道德双加工模型易于得出更为有用的结果,因为格林的实验伦理学方案更完备。这一优势其实是由格林式实验伦理学[①]的哲学温和性与实验手法的完整性带来的。如果我们把哲学上的有效性称为"内在有效性",把实验手法上的有效性称为"外在有效性",那么该优势可以被形象地看作内外有效性结合后带来的升华。这种升华使研究格林式实验伦理学所能得到的成果至少在哲学性和实用性两个角度上都比研究海特式实验伦理学更为有用。同时也意味着,相对于海特式实验伦理学,其他实验伦理学方案也更容易遇到格林式实验伦理学遇到的困难。因此,有益于格林式实验伦理学处理困难的解决方案,或关于其未来出路的建议对于其他的实验伦理学研究方式来说,也有重要的价值和意义。

由于解决"浪花"关于"理性/情感平行关系与否"的分歧相当重要,甚至明晰它本身就足以启迪或激发更多新兴伦理学研究的诞生、成功,所以笔者基于上

---

① 事实上,与经验性实验相关的研究并不是格林一个人做出的,相反它们是由多个人共同完成的,比如布莱恩·萨默维尔(Brian Sommerville)、利·奈斯特龙(Leigh Nystrom)、约翰·达利(John Darley)和乔纳森·科恩(Jonathan Cohen)就不仅在行文方面对格林最为有名的论文做出过重要贡献,也是格林实验的直接实施者。所以为行文方便,结合上文的温和性与完整性论证,本书将采用类似格林处理道德判断问题的方式的实验方案称为"格林式实验伦理学"。也就是说,笔者所谓的格林式实验伦理学的特征中包含下文将会介绍的以道德判断为主题的且与经验性实验相关的研究。正是在这个意义上,本书也将完全拥有第二章第一节将会介绍内容的特点的研究称为"格林式实验伦理学研究"。该做法同时意味着:笔者所论述的"格林式实验伦理学研究者"不仅包括格林自己、使用他的实验方案的正面研究者,也包括相关此方案的反面研究者(批评者)。

面的理由选择采用格林式实验伦理学作为本书的研究对象。

本书试图通过分析格林式实验伦理学的哲学限制、为格林式实验伦理学设想更好地克服实验上困难的方法,明确地说明格林式实验伦理学的困境与出路。

1.2 国内外文献综述

自格林2001[①]年论文发表以来,相关格林式实验伦理学的直接或间接研究文献如雨后春笋一般冒出:截至2018年12月1日,2001年论文被"谷歌学术"(Google Scholar)统计的引用文献就已经达到4067篇,其中大部分是采用格林式实验伦理学进路进行研究的著作。并且就"谷歌学术引用"(Google Scholar Citation)所展现出的相关研究热度来说,格林式实验伦理学的研究热度表现出了逐年增加的情况。这种蔚为壮观的情况更加直观地在"谷歌学术快讯"(Google Scholar Alerts)中体现出来。以笔者所订阅的学术快讯为例,"谷歌学术"发送到笔者电子邮箱中的相关论文或其他类型著作条目的数量以月为单位呈几何式增长。限于本书的篇幅,笔者在此只能选取与2001年论文最为相关的作介绍。

下面笔者将对批评格林2001年论文的研究性著作作一番述评,另外简要地对格林式实验伦理学的综合性学位研究论文、采用新方法的标志性研究、国内研究者的反应三者进行说明。

最先介绍的是塞利姆·伯克(Selim Berker)的《神经科学没有规范性价值》[②]。这篇纯哲学性质的论文也许是迄今为止对格林式实验伦理学做出最全面批评的著作[③],笔者接下来的述评将参照它的内容进行。

在该文中,伯克批评格林提出道德双加工理论的科学方法存在问题、格林双加工理论包含的哲学论证并不能得出其设想的结论、格林所得出的实验结果与哲学问题没有关系。它的六个主要论点是:第一,科学实验已经发现功利主义判断与大脑中负责情感的脑区有关;第二,数据对比方法不正确,有效的方法应该是精确地将受试者处理每一个道德问题的时间都进行对比;第三,某些两难问题

[①] Greene J D, Sommerville R B, Nystrom L E, et al. An fMRI Investigation of Emotional Engagement in Moral Judgment[J]. Science, 2001, 293(5537): 2105 – 2108.

[②] Berker S. The Normative Insignificance of Neuroscience[J]. Philosophy & Public Affairs, 2009, 37(4): 293 – 329.

[③] Anderson A. Psyche and Ethos: Moral Life After Psychology[M]. Oxford: Oxford University Press, 2018.

不具备实验效力,比如建筑师难题和雇用强奸犯难题(格林实验采用了包括电车难题在内的 60 道两难问题)不是真正的道德难题;第四,道德难题的分类标准有问题:人身接触与否的标准不能将道德难题正确归类;第五,格林的四种论证(伯克将格林的论证总结为:"情感坏,理性好"论证、"启发模式"论证、进化论证和道德不相关论证)要么过于片面,要么过于极端(例如,"情感坏、道德好"论证无法否认基于情感的道德伦理学的正确性;道德不相关论证因为推论过度,导致了循环论证,因为"人身接触是否属于道德相关因素"是一个道德问题而非科学问题);第六,格林式实验伦理学方法及其结论的适用范围非常狭小,可能仅适用于天桥难题,因为格林实验的案例个别、对义务论与功利主义理解有误、描述性与规范性不同。

几乎所有格林式实验伦理学的批评者都支持过第一个论点——"科学实验已经发现功利主义判断与大脑中负责情感的脑区有关",格林 2001 年后所发表的大部分论文都是对这样的批评进行回应的,其中较为有名的讨论是在他与盖伊·卡亨(Guy Kahane)之间展开的。两人争论的具体主题是:(1)牺牲性的道德两难问题对道德判断与道德决策研究的益处;(2)引发功利主义判断的诸多元素与情感之间的关系;(3)功利主义、义务论判断与经验特征的不可区分性。

卡亨 2012 年发表在《心灵与语言》上的论文《错误的方向:道德心理学的过程和内容》[1]最能代表他持有的批判性意见。这篇论文中卡亨设计了一组新的道德两难问题,这组道德两难问题的内容类似于"为了保全陌生人的生命,你是否同意撒善意的谎"。功能性磁共振的实验结果显示:当人们做出义务论方式的道德判断的时候(选择不撒谎),大脑中与理性相关的脑区更加活跃;而做出功利主义方式的道德判断的时候(选择撒谎),大脑中与情感相关的脑区更加活跃。这些实验事实显然完全与格林的发现相违背。于是卡亨得出结论认为格林误解了实验证据。因此,在卡亨看来,格林的实验最多只能证明符合道德直觉的道德判断是基于无意识的情感,反直觉的道德判断是基于有意识的思考。也就是说,"反直觉的道德判断"不一定是功利主义类型的判断。他还认为功利主义

---

[1] Kahane G. On the Wrong Track: Process and Content in Moral Psychology[J]. Mind & language, 2012, 27(5): 519-545.

类型的道德判断与功利主义类型的推理在概念上不是一回事。而且,由于无论是义务论还是功利主义式的道德思考都需要情感和推理作基础,因此格林的概念区分是无效的。另外,他主张格林实验中广泛使用的道德困境存在问题,因为它们可能分别代表不同层次的道德思考。在他看来,如果某一理论主张"义务论式道德判断适合较低层次的道德困境、功利主义式道德判断适合较高层次的道德困境",那么这样的理论同样能解释格林的实验结果,并且符合格林所提出的道德双加工理论的要求。

伯克是持有第二个论点——"数据对比方法不正确,有效的方法应该是精确地将受试者处理每一个道德问题的时间都进行对比"的代表。即使不论格林2010年底撰写的回应伯克批评时所谓的"多因素结构方程分析足以避免这样的错误"[1],伯克2009年的论文也没有注意到格林对自己2001年的实验做出过多次改进。格林在2009年的论文《道德双加工与"人身性"因素存在与否:对麦圭尔、兰登、科尔特和麦肯齐的回复》[2]中描述过自己对2001实验做出改进的情况。比如他曾将天桥难题复杂化成四个版本,依照从天桥上推下陌生人的方式不同,它们依次是:(1)标准天桥难题:人们直接用手将身边的陌生人推到失控列车所在的轨道上以阻止它继续前进,从而拯救5名轨道工人。(2)天桥难题的竹竿变种:人们用竹竿将陌生人挑下。(3)天桥难题的开关变种:陌生人站在被开关控制的门上,一旦人们按下陌生人身边的控制开关,陌生人就会掉到那条失控列车所在的轨道上以阻止它继续前进,从而拯救5名轨道工人。(4)天桥难题的远距离开关变种:该开关和行动的实施者都不在天桥上。关于这些难题,受试者的回答是:31%的人认为在(1)中推下陌生人的行为符合道德要求,33%的人认为(2)中的行为符合道德要求,59%的人认为(3)中的行为符合道德要求,63%的人认为(4)中的行为符合道德要求。如此精确的对比结果仍然符合2001年论文的结论。

约翰·米哈伊尔(John Mikhail)是持有第三个论点的哲学研究者代表。米

---

[1] Greene J D. Notes on "The Normative Insignificance of Neuroscience" by Selim Berker[J]. unpublished draft, 2010.
[2] Greene J D. Dual-process Morality and the Personal/Impersonal Distinction: A reply to McGuire, Langdon, Coltheart, and Mackenzie[J]. Journal of Experimental Social Psychology, 2009, 45(3): 581–584.

哈伊尔在2007年的论文《道德认知与计算理论》①中指出"人们产生了不同形式的道德判断"的原因在于：人们关于道岔难题与天桥难题的解释不同很可能是由于两者的因果链条不同，后者更容易被人看到副作用（一个无辜生命的死亡）。他认为多个道德两难问题场景的出现次序，实验者在场景描述上的细微差别（比如场景中的人物对于受试者来说是第二人称还是第三人称），受试者的理解能力、生活环境与人生经历等都会产生出不同的实验结果。也就是说：格林通过测量大众的直觉验证来反驳某种哲学假设或理论的方法是不可靠的。以此作为优势的实验伦理学方法是有问题的。米哈伊尔2011年出版的《道德认知的要素：罗尔斯的语言类比与道德、法律判断的认知科学》明确说"人类具有天生的'道德语法'，由此导致经验性的道德研究者全都从道德结构的角度分析受试者的行为"②。该书通过对电车难题与相关研究的详尽分析，证明格林道德双加工理论的解释效力不如道德语法理论。

马克·蒂蒙斯（Mark Timmons）与乔纳森·麦圭尔（Jonathan McGuire）两人是持有第四个论点的影响力人物。作为情感主义进路伦理学的同情者，蒂蒙斯在《以情感为基础的义务论》③一文中指出，道德判断是否与情感有关并不属于规范伦理学考察的内容，而是属于元伦理学的。这否认了格林式实验伦理学的规范性价值：无论功利主义式的道德判断、义务论式的道德判断，何者牵扯了更多的情感，格林的实验结果都不构成对义务论伦理学理论的挑战，更不能说明功利主义式的道德判断方式优于义务论式的道德判断方式。理由在于：作为判断一个事物好坏、正确与否的标准本身是无法被实验结果论证出优劣的。

麦圭尔的论文不同于蒂蒙斯这样的纯哲学论证风格。2009年发表的《在道德心理学研究中重新分析人身接触与非人身接触行为的区别》④中，麦圭尔重新

---

① Mikhail J. Moral Cognition and Computational Theory[C]//Moral Psychology: The Neuroscience of Morality, Walter Sinnott-Armstrong, ed., Vol. 3, Cambridge: MIT Press, 2007.
② Mikhail J. Elements of Moral Cognition: Rawls' Linguistic Analogy and the Cognitive Science of Moral and Legal Judgment[M]. Cambridge: Cambridge University Press, 2011.
③ Timmons M. Toward a Sentimentalist Deontology[C]//Moral Psychology: The Neuroscience of Morality: Emotion, Brain Disorders, and Development, Unpublished, 2008, 3: 93.
④ McGuire J, Langdon R, Coltheart M, et al. A Reanalysis of the Personal/Impersonal Distinction in moral Psychology Research[J]. Journal of Experimental Social Psychology, 2009, 45(3): 577–580.

分析了格林提出道德双加工理论的证据。从反应时间看,他发现格林做出的"道德判断场景中存在人身接触会引发情感反应"的结论不正确,相反,只有一部分受试者的实验结果符合格林的上述说法,因此支持格林道德双加工理论的实验证据不足。文末还讨论了一些其他的实证反例,比如他概述了莫尔(Jorge Moll)于 2007 年发表的《道德判断、情感和功利主义的大脑》(*Moral Judgments, Emotions and the Utilitarian Brain*)。莫尔指出额颞叶痴呆和大脑腹内侧前额叶皮层受损的病人并不会展现出两种明显不同的认知加工过程。他认为这些实验结果可以使自己得出怀疑性的结论:格林实验所采用的许多道德抉择问题对于一些人来说,可能并不是道德两难问题,甚至不是道德问题。

史蒂芬·达沃尔(Stephen Darwall)的论文《让道德错误引起注意》①可看作伯克第五个论点深化后的结果。在这篇文章中,达沃尔认为格林所谓的"目前道德心理学的研究结果支持了行动功利主义"是不正确的,而且这些实验结果所表明的可能可行的规范性假设也不是格林所谓的功利主义式的道德判断。在他看来,价值理论告诉人们什么东西正确、什么东西错误,而行动理论解释人们为什么会以某种企图(尊重他人权利,或者为了更大多数人的幸福)作为自己行动的动机,或者行动是怎样产生的。这两者是不同的。他强调:如果一个价值理论的行动原则不能对人们的行动作出解释,那么它就不是真正的价值理论,也就不是道德理论。因此,他得出结论:格林所谓的功利主义式的道德判断只是一种行动理论,并不是价值理论,更不是道德理论。除此之外,他还提供了一个具体的实例:支持格林的功利主义式道德判断的大多数人都支持规则功利主义理论。好的行动除了符合"最大多数人的幸福"的追求外,也遵守其他的规则。这意味着,规则功利主义理论既可以为行动提供正确与错误的标准,又可以对已经发生、即将发生的行动提供解释,因此"规则功利主义理论"是一种价值理论。这已经足以解释格林实验所发现的现象了。格林所谓的传统伦理学的麻烦并不存在。达沃尔还认为,规则功利主义的道德判断与义务论式的道德判断难以区分,所以格林想要通过实验来证明功利主义的道德判断好于义务论式的道德判断也是不可能成功的。

---

① S Darwall. Getting Moral Wrongness into the Picture[C]//Moral Brains: the Neuroscience of Morality. Oxford: Oxford University Press, 2016.

朱莉娅·德里弗(Julia Driver)的论文《双加工观点的局限性》[1]体现出了伯克的第六个论点。她虽然认可实验伦理学方法,但明确指出这种可以对到现有道德研究提出合理疑问的方法,在宏观领域里是无效的,实验伦理学方法仅能够起到微小的揭穿(microdebunking)作用。德里弗认为格林式实验伦理学方法实际上无法对任何道德理论进行有效的质疑,也不能提供有效的证据说明哪一种现有的规范伦理学道德理论更好。在她看来,心理学虽然可以告诉我们道德判断是如何工作的,也可能更精确地告诉我们某种道德判断方式对哪一种或哪一些因素敏感,但这些信息都不可能使其得出在道德上有效力的结论;判定某些因素是不是与道德相关的需要规范性标准,而这个标准本身需要建立在某种道德理论的基础之上。因此,她指出:任何经验性的道德研究只能对完全诉诸直觉的道德理论构成挑战,而且此种道德理论必须仅由一系列的直觉判断构成,这些直觉判断也不对影响道德的相关因素做出区分。一旦格林式实验伦理学试图对一些"稍微复杂"的伦理学理论进行挑战,就会导致循环论证。

格林2018年撰写的两篇文章是他对上面六种批评方式的最新回应。

格林2018年初出版的《道德心理学地图集》中的《我们能理解道德思维却不理解思维吗?》[2]一文,不仅概述了格林式实验伦理学的研究方向和内容,还对它的未来做了展望。在该文章中,格林把自己2014论文的主旨简单地归纳为"人们大脑中不存在任何专门用于道德思考的区域"[3]。同样,在他看来,2010论文[4]的主旨是说明"人们做出不同道德判断时的神经活动",2004论文[5]的主旨是"明确(人们做道德判断时的)决策规则",2015论文[6]的主旨是研究"结构

---

[1] Julia Driver. The Limits of the Dual-Process View[C]//Moral Brains: the Neuroscience of Morality. Oxford: Oxford University Press, 2016.

[2] Kurt Gray, Jesse Graham eds. Atlas of Moral Psychology[M]. New York: Guilford Publications, 2017: 3-8.

[3] V. M. S. Gazzaniga eds. The Cognitive Neurosciences[M]. Cambridge, MA: MIT Press, 2014: 1015.

[4] Shenhav A, Greene J D. Moral Judgments Recruit Domain-general Valuation Mechanisms to Integrate Representations of Probability and Magnitude[J]. Neuron, 2010, 67(4): 667-677.

[5] Greene J D, Nystrom L E, Engell A D, et al. The Neural Bases of Cognitive Conflict and Control in Moral Judgment[J]. Neuron, 2004, 44(2): 389-400.

[6] Frankland S M, Greene J D. An Architecture for Encoding Sentence Meaning in Left Mid-superior Temporal Cortex[J]. Proceedings of the National Academy of Sciences, 2015, 112(37): 11732-11737.

化行为";2007论文的主旨是研究"人们的意向性"[1]。他基于目前的研究认为格林式实验伦理学未来将更深入地研究：(1)大脑是怎样结合概念来进行思考的；(2)推理过程中的思考是如何被操纵的；(3)思考中的词语是怎样被转换为心灵图像的；(4)大脑怎么分辨"所想"与"所欲"。

从这篇文章可以看出，过去批评者都或多或少扭曲了格林式实验伦理学的目的和内容，他们研究的片面性、局限性和错误都是比较明显的。格林所谓的"我们知道(道德判断的加工处理)信息在那里，不过我们只有道德判断中表达和转换它们方式的最粗糙理论"是对现有批评的一种总体性回复。这在格林2016年的《解决电车难题》一文中也有体现。他使用过"一个永远正确的道德理论是不可能的，因为人们的道德直觉不可靠，所以……"[2]这样的表达。

更进一步说，在保罗·康威(Paul Conway)、雅各布·戈德尔斯坦-格林伍德(Jacob Goldstein-Greenwood)、大卫·波拉斯克(David Polacek)、格林合著的另一篇论文《牺牲性的功利主义判断确实反映了受试者对最大多数人利益的关心：通过加工分离与哲学家所谓的多种判断澄清》[3]中，格林首先将功利主义判断分成了下面五个层次：基于判断内容的功利主义(无论心态、意向、判断的哲学性承诺如何，只要有利于最大多数人利益的判断就是功利主义)、依据总体的损失——收益做出推理的功利主义(判断出于有意识的成本效益推理)、关注最大多数人利益的功利主义、承诺某个功利主义价值的功利主义(比如重视亲缘关系遥远的人和动物)、承诺普遍功利主义价值的功利主义。接着通过论证第一层次的功利主义完全是与经验无关的概念性质的东西(反社会的个体可以做出这种级别的功利主义判断)、"人们普遍同意在道岔难题中牺牲少数人拯救多数人"指的是第二层次的功利主义、卡亨与自己之间不断争议的是第三层次的功利主义(这样的道德判断完全出于"算计而又自私的心态")、第四与第五层次

---

[1] Young L, Cushman F, Hauser M, et al. The Neural Basis of the Interaction Between Theory of Mind and Moral Judgment[J]. Proceedings of the National Academy of Sciences, 2007, 104(20): 8235 – 8240.

[2] J Sytsma, W Buckwalter eds. A Companion to Experimental Psychology[M]. Hoboken: John Wiley & Sons, 2016: 49.

[3] Conway P, Goldstein-Greenwood J, Polacek D, et al. Sacrificial Utilitarian Judgments Do Reflect Concern for the Greater Good: Clarification Via Process Dissociation and the Judgments of Philosophers[J]. Cognition, 2018, 179: 241 – 265.

的功利主义则是一般哲学家所说的类型,最后使用分离大脑信息加工的方式完成了七个实验。

这些实验所得出的结论是:(1)哲学家接受在道岔难题中扳动道岔的行为与他们关于伦理学中的功利主义规则的支持程度之间存在强关联性;(2)同情心降低、接受违反伦理法则、精神病态程度的增加会引起功利主义[①]反应,而且男性比女性更容易做出功利主义判断;(3)人格变量("全人类"、"社群"、"美国人"、三种利己心态、"慈善捐赠"、"共情关怀"、"性别"、"信仰"、"年龄")之间都存在关联,比如"全人类""社群""美国人"各自之间呈正相关,它们与利己心态呈负相关、与"同情关怀""宗教"和"年龄"呈正相关,两种利己心态与"慈善捐赠"负相关、一种利己心态与"同情关怀"呈负相关;(4)功利主义判断与"现实世界的功利主义"或"现实世界的伤害"的衡量之间不存在显著相关性,功利主义判断与"认为堕胎错误""认为以拯救生命为目的的酷刑可以接受""低水平慈善捐赠"间存在微小的相关性;(5)认为"造成伤害以利于最大多数人利益的行为可行"的人,不认为自己的见解对于其他人来说是强制性的;(6)功利主义判断与道德身份的内化和象征无关,与"认为引起伤害是错误"的道德信念没有关联,与人们对待伤害的强度呈负相关,与"忽视最大多数人的利益"呈正相关。简单地说,格林认为自己成功地驳回了卡亨等研究者的批评,证明电车难题仍然是研究道德判断与决策的好工具。

关于格林式实验伦理学的两篇哲学博士学位论文是由托马斯·布鲁尼(Tommaso Bruni)和艾沃·海尼凯伦(Ivar Hannikainen)完成的。布鲁尼的《实验道德心理学及其规范内涵》[②]内容比较粗糙,它只是对 2012 年及以前的格林式实验伦理学的内容和相关批评做了梳理。具体地说,论文第一章简要梳理了道德直觉的概念,第二章回顾了格林基于神经心理学实验而做出的一些道德论断,第三章介绍了对道德直觉的多样性提供解释的理论,并将它们和格林理论做了一些简单的比较,

---

① 这里的"功利主义"是泛指,并没有特指哪一种功利主义层次。笔者认为这样的泛指实际上相当于"基于内容的功利主义"(第一层次的功利主义),也就是说只要行为具有功利主义特征就会被认为是功利主义类型的行为。严格地说,处于"格林与卡亨之间的争论焦点"的功利主义指的是第三层次或以下的多种功利主义。
② Bruni T. Experimental Moral Psychology and Its Normative Implications[D]. Geneva: PhD in "Foundations Of The Life Sciences And Their Ethical Consequences" (FOLSATEC) University of Milan-Italy University, University of Geneva, 2013.

第四章梳理了格林的哲学论证。结论是:如果格林想要在任何情景下都得出义务论式的道德判断好于功利主义式的道德判断的结论,那他现有的实验结果和哲学论证都有很大的缺陷,其中最大的缺陷是元规范问题。他与格林合作过一篇名为《"反直觉"的道德判断真的反直觉吗? 一个经验性回复》①的论文,也以同样的研究主题在劳特里奇出版的《道德推理》发表过《阿基米德在实验室里:科学能否识别出良好的道德推理?》②,布鲁尼的观点仍然具有代表性。

海尼凯伦的《评价性聚焦:道德判断的双加工观点》③不只考虑了格林的道德双加工理论,还讨论了海特的社会直觉主义模型。不过,海尼凯伦对格林式实验伦理学哲学层面问题的关注很少,主要用实验的方法反驳双加工理论,证明道德判断实际上是被大脑的理性推理能力塑造的,以发展一种新的关于道德判断的经验性理论。具体地说,该论文前三章批评性地回顾了学术界关于道德判断的经验性研究。第四、五章试图通过经验实验的方式证明作者之前做出的批评性评价是正确的:第四章进行了一项伤害和厌恶行为的实验,实验模拟了受试者作出无意识行为的场景;第五章通过对实验数据进一步分析,研究了"评价性聚焦"的影响。第六章说明作者提出的新经验性道德判断理论与神经科学、动物认知、进化论、宗教社会学等广泛领域中的原则在逻辑上是一致的。海尼凯伦在完成这篇博士论文时也参与了格林哈佛认知实验室的工作。

使用虚拟现实技术的电车难题研究,与笔者在本书中将要指出的格林式实验伦理学的出路有直接的关系。以格林在《道德部落:情感、理智和冲突背后的心理学》中引用过的《虚拟现实下的道德:三维"电车难题"下的情感与作用》④为例,文中,卡洛斯·大卫·纳瓦雷特(Carlos David Navarrete)与同事们使用虚拟现实技术在受试者面前模拟出了"电车难题"的场景,使受试者不需要通过想

---

① Paxton J M, Bruni T, Greene J D. Are "Counter-intuitive" Deontological Judgments Really Counter-intuitive? An Empirical Reply to[J]. Social Cognitive and Affective Neuroscience, 2013, 9(9): 1368 – 1371.
② Jean-Francois Bonnefon, Bastien Trémolière eds. Moral Inferences[M]. Oxford: Taylor and Francis, 2017: 155 – 169.
③ Hannikainen I. Evaluative Focus: A Dual-process View of Moral Judgment[D]. Oxford: Department of Philosophy, University of Sheffield, 2014.
④ Navarrete C D, McDonald M M, Mott M L, et al. Virtual Morality: Emotion and Action in a Simulated Three-dimensional "Trolley Problem"[J]. Emotion, 2012, 12(2): 364.

象就能处理实验者指定的道德两难问题。一般研究者认为想象能力与记忆有关,与记忆有关的能力是与理性有关的,所以虚拟出的两难问题场景能够排除2001年实验中的"噪声"(受试者做出道德判断时的理性或情感反应受到出自理性能力的想象的"污染")。依赖这一新兴技术,实验者在眼动测量仪的辅助下,得到了新的道德判断与行为之间关系的数据。简略地说,他们发现自己测试的大部分受试者,倾向于做出功利主义类型的判断、有利于更大多数人的利益的行动会激活大脑情感反应区、大脑的情感反应会抑制功利主义选择,而且实验得出的数据与人们的性别、年龄、种族无关。

相比国外研究者,国内研究者对格林式实验伦理学的研究少得多。虽然以"约书亚·格林(或乔书亚·格林、Joshua Greene)"为关键词在互联网中搜索得到了许多结果(2001年后的相关研究多达500种),但它们大多是一些介绍性文字,而且绝大部分研究者发表的文章其实与格林式实验伦理学没有多少关系——他们只是在自己的研究中,将格林的实验结果和理论性结论作为一种成立的例证引用。

笔者认为只有5本著作值得介绍。王觅泉和姚新中在论文《约书亚·格林与道德判断的双重心理机制》[1]中综合整理了国外学者对格林的批评意见。文章支持这些批评,并且确定了"对道德进行自然主义的研究必然不会得到有价值的结果"这一结论。然而,该文还是没有否认格林式实验伦理学的学术价值。

朱菁的论文《认知科学的实验研究表明道义论哲学是错误的吗?——评加西华·格林对康德伦理学的攻击》[2]批评了格林结论的适用性。论文认为格林的考虑是不全面的,因为人们有可能在非人身接触的场景中做出义务论的判断,并且,人们还有可能在格林认为只会产生功利主义类型判断的道德难题中产生义务论类型的判断。

王薛时的硕士论文《我们如何做出道德判断?——对约书亚·格林经验研究的批评》[3]和张学义的论文《实验哲学方法论变革中的逻辑困境》[4]采用格林

---

[1] 王觅泉,姚新中. 约书亚·格林与道德判断的双重心理机制[J]. 哲学动态,2014(9):52-58.
[2] 朱菁. 认知科学的实验研究表明道义论哲学是错误的吗?——评加西华·格林对康德伦理学的攻击[J]. 学术月刊,2013(1):56-62.
[3] 王薛时. 我们如何做出道德判断?——对约书亚·格林经验研究的批评[D]. 上海:华东师范大学人文学院哲学系,2014.
[4] 张学义. 实验哲学方法论变革中的逻辑困境[J]. 科学技术哲学研究,2017,34(2):69-73.

所使用的场景,通过问卷调查法得到了不一样的结论,因此简单地认为:问卷调查法的结果会受到时间、地点、受试者的地域位置等因素的影响。

蔡蓁的《神经科学的规范伦理学意义——以约书亚·格林的双重进程理论为例》①采用提纲挈领的方式,对格林式实验伦理学的论证做了讨论,她通过分析格林式实验伦理学的论证的经验性前提和规范性前提指出格林式实验伦理学所可能得出的规范性结论,对推进伦理学领域里的功利主义与义务论之争没有实质性价值。

1.3 基本思路

1.3.1 结构

笔者论证的逻辑结构与顺序是:

(1) 格林式实验伦理学虽然面临挑战者的挑战,但这些挑战可以通过简单地重申格林式实验伦理学的内容或主旨的方式得到解决。

(2) 这些能够被简单处理掉的挑战显然会悬置、引发或加剧传统伦理学与实验伦理学研究者之间争论的杂乱无章、各说各话的现象,也可能使格林式实验伦理学这样一种新兴的伦理学研究方式无法得到更好的发展。因此,笔者将现有的五种挑战精致化与精细化,形成了概念性、立场性、方法论与实验操作四个不同层次与方向的困境,使格林式实验伦理学的批评者与拥护者能够进行良性的交流。

(3) 为强调以上四个层次困境的内涵,笔者给出了电车难题论域的收敛性困境、理性与情感的可比较性困境、自然主义立场困境、道德判断的内外在主义立场困境、价值与行动的鸿沟困境和论证方法、效力的谬误困境、直觉困境、多重可实现性困境与共情的可能性困境9种困境的出路。不同于笔者给出的既有挑战的解决方案,这些出路是通过澄清、界定研究目的、说明论证类型与给出完善性方案等方法具体给出的。因此,本书成功说明格林式实验伦理学确实可以应对传统伦理学研究者的责难,其研究成果具有伦理学价值。

(4) 针对实验操作层次的困境,笔者提出了基于虚拟现实技术的应对该困

---

① 蔡蓁.神经科学的规范伦理学意义——以约书亚·格林的双重进程理论为例[J].伦理学研究,2017(6):63-69.

境的全新方案。笔者认为,由于该方案几乎从未进入实验哲学研究者的视野,所以这是一种超越格林式实验伦理学的方法论困境的方案。该方案分为虚拟现实技术与 fMRI(Functional Magnetic Resonance Imaging,功能性磁共振影像技术)结合、虚拟现实技术与 fNIRS(Functional Near-infrared Spectroscopy,无创伤光学成像法)结合两种。笔者指出,虚拟现实技术与 fMRI 的结合的方法可以使格林式实验伦理学几乎完全解决思想实验与直觉相关的问题,虚拟现实技术与 fNIRS 的结合可以使格林式实验伦理学的研究结果获得比目前更大的效力。

上述论证逻辑被本书的结构性框架承载。

首先,笔者对本书的研究背景、目的、研究现状与论证基本思路做了较为详细的交代。具体的叙述被分别容纳在首章的三个小节中。

其次,笔者既对格林式实验伦理学的基本内容进行了批评性介绍及述评,也对格林式实验伦理学当前所受到的五种挑战做了概述并通过重申格林式实验伦理学立场的方式给出了解决方案。具体来说,笔者介绍的格林式实验伦理学的基本内容包括:格林式实验伦理学的核心实验与论证、"电车难题论域"简史与基本结构。格林式实验伦理学所受的五种挑战是:(1)来自休谟式"是"与"应当"区分的挑战、(2)来自谢弗-兰道式非自然主义立场的挑战、(3)来自艾耶尔式语义学区分的挑战、(4)基于观察渗透理论的"纯粹经验"挑战、(5)基于非对称性与不确定性的操作挑战。在通过重申格林式实验伦理学的立场与旨趣回应这些挑战时,笔者将挑战(3)(4)(5)进一步区分为了:基于道德语义学内外在主义的挑战、基于直觉与非直觉论证的挑战、基于非对称性与不确定性现象的挑战。

再次,笔者将上述五种挑战精致化与精细化地扩展为八种困境:(1)电车难题的收敛性问题、(2)理性与情感的可区分性、(3)伦理研究的自然主义立场、(4)道德判断的内外在主义立场、(5)价值与行动之间的沟壑、(6)论证方法与论证效力的谬误、(7)问卷调查法的问题、(8)功能性磁共振技术的缺陷,并将它们分成概念性困境、立场性困境、方法论困境、实验操作困境四个层次进行处理。按照这些困境层次的性质,笔者处理它们时采用了澄清、界定研究目的、说明论证类型与给出完善性方案等方法,为格林式实验伦理学指明了困境与出路。这四章的行文采用平行结构:概念性困境、立场性困境、方法论困境、实验操作困境没有绝对的先后顺序区分,格林式实验伦理学应对四者的出路也没有明显的次序关联。不过笔者认为它们在格林式实验伦理学中的重要性与先后性应该如本书所述,位于每章后的"小结与前瞻"部分将它们有机地联系在一起:概念性困难中的部分问题会被转移到立场性困难中,本书关于立场性困难所给出的格林式实验伦理学出路将使批评者提出的挑战延伸为方法论困难,而且突破价值与行动鸿沟的归谬论证并不能完全解决心灵哲学中的多重可实现困难,确认格林式实验伦理学的论证为溯因推理也不能完全处理依赖直觉的实验的证据效力困难,因为它们两者是实验操作层面的困难。该事实意味着,概念性困难必须先于立场性困难得到处理,概念性困难与立场性困难有必要先于方法论困难得到处理,而实验操作困难则必须后于方法论困难得到处理。

最后,笔者提出了超越现有实验操作困境的新出路。之所以称这种出路为"新出路",是因为它尚未在实验伦理学相关研究或文献中出现过。笔者认为此种基于虚拟现实技术的超越方式几乎解决了格林式实验伦理学目前最重要的实验操作层次的困境。更重要的是,如果说实验操作困境对于实验伦理学来说比其他层次的困境更为根本,那么虚拟现实技术的应用价值就相比其他出路来说更高一些。这意味着,虚拟现实技术与 fNIRS 的结合不仅使格林式实验伦理学超越了原有 8 种困境,还将其研究结果变得更具价值。

1.3.2 意义

笔者通过论证得出了三个方面的结论:(1)格林式实验伦理学可以为道德判断相关研究做出实质性贡献,(2)格林式实验伦理学在概念、立场、方法论和实验操作层次都能有效应对困境;(3)基于扩展虚拟现实技术的格林式实验伦理学可实现对困境的替代性超越,未来实验伦理学领域里将存在格林式实验哲学的新分支——格林式虚拟现实实验伦理学。

不过读者可能对本书的意义存在两个方面的担忧:

一个方面的担忧可能是从经验性研究成果的狭义性出发的,该狭义性使经验性实验为核心的格林式实验伦理学研究不足以成为哲学的研究和处理对象,进而消解本书的哲学意义。

面对这类质疑,笔者有以下四个理由为自己辩护:

(1)由于格林式实验伦理学是目前最为流行的伦理学研究方法之一,并不仅仅是实验伦理学的新星,所以本书所做讨论的意义仍然重大。

(2)由于格林式实验伦理学的论证在哲学研究者的话语圈中备受重视,所以讨论它得到的结论的效力、梳理它遇到的困境、提出或设想这些困境的解决进路显然是具有前景的哲学事业。

（3）由于本书在哲学界首创性地做出关于格林式实验伦理学整体的讨论，所以未来许多其他的哲学、非哲学论证或文献都可能从本书所做论证中产生。

（4）本书所做的关于格林式实验伦理学的讨论产生出了比格林式实验伦理学本身更有价值的东西，比如①电车难题思想实验的梳理、②情感在道德判断中重要性的梳理、③伦理自然主义立场的梳理、④道德判断的内外在主义立场的梳理、⑤价值与行动之间沟壑的澄清、⑥论证方法与论证效力的谬误澄清、⑦关于直觉争论的澄清、⑧多重可现实性争论的澄清、⑨共情有效性的限制条件。

第二个方面的担忧可能在于本书所讨论的内容过于无知或负面，理由也许是：笔者并不是认知科学、神经科学、实验心理学等相关专业的资深研究者，关于格林式实验伦理学的困境与出路的相关讨论没有在伦理学领域做出直接且正面的贡献。关于此，笔者有以下五个回应理由：

（1）本书的论证并未尝试说明不被经验证实的假设本身是错误的，也没有这样的意蕴。而且笔者并不以格林式实验伦理学的同情者自居（并非仅申辩格林式实验伦理学的立场与主旨，而是在不持有哲学立场的情况下对此种实验伦理学研究方法做辩护），论文提出并解决了原有哲学领域已经存在的问题。

（2）本书已经澄清"格林式实验伦理学可以为道德判断相关研究做出实质性贡献"，已经指出"格林式实验伦理学在概念、立场、方法论和实验操作层次都能有效应对困境"，已经证明"基于扩展虚拟现实技术的格林式实验伦理学可实现对困境的替代性超越"。

（3）本书已说明如果格林式实验伦理学研究者试图使格林式实验伦理学的现有证据为真或有效，相关概念需要被澄清、经验性方法需要被改进。

（4）本书已提出改善格林式实验伦理学中重要研究的建议。

（5）本书所做的关于格林式实验伦理学整体的讨论，在伦理学领域中具有首创性。

对于以上两个担忧，笔者将在下面按照综合性、澄清性、经验性三个层次做进一步解释和说明。

1.3.2.1 综合性

本书将研究者关于格林式实验伦理学提出的众多但零散的批评性意见集合

为一个整体,笔者将困境分层次、将出路分层次的工作不仅使不同批评意见之间得以相互关联,而且使格林式实验伦理学研究的整体性、综合性得以展现。

1.3.2.2　澄清性

笔者对①电车难题式思想实验、②情感在道德判断中的重要性、③方法论自然主义立场、④道德判断的内外在主义立场、⑤价值与行动之间争论、⑥论证方法与论证效力的谬误、⑦关于直觉的争论、⑧多重可现实性争论、⑨多种不同类型的共情都做出了澄清。

1.3.2.3　经验性

本书为格林式实验伦理学提供了多种经验方法论层次的建议,如内隐联想测试、情感错误归因测试、加工分离测试、眼动追踪法、EEG(Electroencephalograph,脑电图)技术、虚拟现实技术与无创光学成像法。

1.3.3　各章节目标

笔者企图在第一章中通过考察格林式实验伦理学在实验伦理学中的地位,交代本书的研究背景与意义,并以此明确本书的写作思路,将结构、意义、各章节写作目标清晰化与条理化。

接着依据目前关于格林式实验伦理学的最重要文献("国内外文献综述")、格林式实验伦理学的基本内容,笔者在第二章中企图梳理出格林式实验伦理学所面临的五种挑战:(1)来自休谟式"是"与"应当"区分的挑战、(2)来自谢弗-兰道式非自然主义立场的挑战、(3)来自艾耶尔式语义学区分的挑战、(4)基于观察渗透理论的"纯粹经验"挑战、(5)基于非对称性与不确定性的操作挑战。笔者计划通过重申格林式实验伦理学立场与主旨的方式提出应对这些挑战的解决方案。

然而,以上解决方式显然不能作为格林式实验伦理学的未来出路。因此,笔者首先企图将以上五种挑战精致化与精细化为四个层次的新困境:概念性困境、立场性困境、方法论困境、实验操作困境,接着着重给出格林式实验伦理学应对这些困境的出路。

具体行文如下:

在第三章中,笔者企图通过七路论证澄清格林式实验伦理学的挑战与被挑战的内容,将电车难题的特征、意义与价值收敛,强调情感在道德判断中的作用无法被否认的原因,为理性与情感的可比较性做出了辩护。

在第四章中,笔者不但企图通过考察开放问题难题、验证原则与科学主义指责说明格林式实验伦理学采用方法论自然主义立场的优越性,也企图通过强调道德双加工理论与延展心灵理论,证明格林式实验伦理学拥有规避关于道德判断内外在主义立场争论的可能性。

在第五章中,一方面,笔者企图通过考察规范性理由、"出于"或"符合"要求、驱动性理由、慎思性意义、解释性意义、CPAA(Causal-Psychological Account of Action,行动的因果-心理学说明)与心理实体七个概念,为格林式实验伦理学忽略价值与行动之间沟壑的研究成果的有效性做出辩护。另一方面,笔者企图通过论述并分析归纳论证、叙述物理领域中著名的光学研究历史,将格林式实验伦理学的理论论证过程归结为溯因推理,为"经验科学研究方法的多样性能够说明'格林式实验伦理学的研究方法在逻辑上是可行的'"观点辩护。

第六章在处理"问卷调查法的问题"时,笔者计划首先论述实验哲学家与传统哲学家关于直觉的争论,然后以考皮宁为例,否认问卷调查法将哲学问题过度简单化的指责,最终启发内隐联想测试、情感错误归因范式、加工分离范式等新实验设计思路。在处理"功能性磁共振技术的缺陷"时,笔者计划首先将研究者针对格林式实验伦理学所用fMRI技术的批评归纳为哲学史上的多重可实现性争论,然后在论述多重可实现性论证的基础上,从概念性与经验性两个角度对该论证的有效性做反驳,最终设想将EEG与fMRI结合的新进路。

在第七章中,笔者将基于共情方式限制的论证,主张格林式实验伦理学使用虚拟现实技术的必要性。此部分不但从经验事实的角度企图说明格林式实验伦理学采取虚拟现实实验手段的可能性,而且设想了虚拟现实技术与fMRI结合、虚拟现实技术与fNIRS结合的进路。

第八章在总结全文论证的同时,对未来可能的后续研究工作做了简单的展望。

2 格林式实验伦理学的基本内容、既有批评及初步回应

本书在绪论的"研究背景与目的"部分已将这种极具代表性的实验伦理学研究进路称为格林式实验伦理学。从对格林式实验伦理学的国内外研究文献的概要性梳理中,我们不难发现这种进路受到了许多批评,而且目前研究者们尚未对这些批评做出认真的回应:已有的回应几乎是完全的拒斥性回应。因此,为完成本书的论证目标,本章将采用批判的视角先对格林式实验伦理的内容做基本的论述,然后尝试对现有文献中已经出现的批评做初步回应。

2.1 格林式实验伦理学

格林式实验伦理学包含经验性实验与非经验性论证两部分内容。其中经验性实验部分最受争议的是它所采用的电车难题,因为它的相关研究和讨论不但没能得出过确定的结论,甚至没有合格的解决方案出现。

2.1.1 核心实验与论证

格林式实验伦理学第一次在伦理学领域里广为人知的时间是2001年[1],此

---

[1] 2001年发表于《科学》杂志上的《基于功能性磁共振影像技术(fMRI)的道德判断研究》不仅因影响力而成为格林式实验伦理学最具代表性意义的研究论文,还是格林式实验伦理学研究的"康德式蓄水池"。理由在于:几乎所有采用神经科学方法研究道德判断的论文和书籍全都引用了这篇论文[参见:Racine E, Dubljević V, Jox R J, et al. Can Neuroscience Contribute to Practical Ethics? A Critical Review and Discussion of the Methodological and Translational Challenges of the Neuroscience of Ethics[J]. Bioethics, 2017(5)],这篇论文的内容追溯所有与道德判断研究相关的论文和书籍(参见:乔舒亚·格林. 道德部落:情感、理智和冲突背后的心理等[M]. 论璐璐,译. 北京:中信出版社, 2016:85)。不过,这篇论文的另一主要作者海特说该文中的实验开始于1999年(参见:乔纳森·海特. 正义之心:为什么人们总是坚持"我对你错"[M]. 舒明月,胡晓旭,译. 杭州:浙江人民出版社, 2014:33)。海特所说的情况意味着,许多研究者可能已在2001年之前知晓格林实验的方法并从事类似研究。也可参见:Alfano, Mark and Loeb, Don. Experimental Moral Philosophy[EB/OL]. [2017-04-03]. https://plato.stanford.edu/archives/win2016/entries/experimental-moral/。

时格林与自己的同事通过功能性磁共振技术监测受试者关于 60 道两难问题①反应的文章被刊登在了《科学》杂志上。

在这篇名为《基于功能性磁共振影像技术(fMRI)的道德判断研究》②的文章中,格林与同事们试图对道德判断中理性与情感的神经关联问题给出自己的答案,即处理下面的问题:理性与情感在神经中运作时的相关性、神经层面上理性与情感之间相互影响与否、激发神经活动中理性与情感反应的因素。按照该文描述,格林与同事们让受试者处于功能性磁共振仪的检测③下回答两难问题,同时记录受试者回答问题的反应时间。通过统计受试者大脑各区域血氧浓度的变化与反应时间的关系,格林与同事们在经过两组实验后得到了相对满意的答案。他们发现道德判断中的情绪变化在本质上与道德问题中的"人身性"因素有关、基于"人身性"因素导致的情绪变化对人们做出道德判断的时间也有影响。

格林与同事们完成这一发现是通过检验下面五个猜想得出的:(1)人们处理某些问题的时候情感参与的比理性更多;(2)情感参与判断的程度会对人们做出判断的内容产生影响;(3)当情感受到干扰的时候,人们在处理这些问题时的反应时间会发生变化(当人们做出与情感不符的判断的时候,反应时间会比做出与情感反应相符的时间长;当人们做出与情感相符的判断的时候,反应时间会比做出与情感反应不符的时间短);(4)人们在处理包含某种因素的道德问题时大脑内与情感相关的脑区的活跃程度相比不包含该因素的道德问题时要高;(5)当道德问题中包含"人身性"因素时,受试者情感被调用的程度相比于理性更多;相反,当道德问题中不包含"人身性"因素(道德问题不与人身性相关)受试者情感被调用的程度相比理性来说不明显。

---

① 实际上,格林在论文后附的实验材料中列出了 64 个两难问题,其中 19 道被认为不包含"人身性"因素、25 道被认为包含"人身性"因素。也就是说,实验所使用的 60 道两难问题并不是完全平均的,即 20 道不包含"人身性"因素的道德两难问题、20 道包含"人身性"因素的道德两难问题、20 道非道德性的两难问题。这一稍显特殊的情况将在下面的"检验猜想的方法"部分再次提到。

② Greene J D, Sommerville R B, Nystrom L E, et al. An fMRI Investigation of Emotional Engagement in Moral Judgment[J]. Science, 2001(5537).

③ 当受试者对两难问题给出自己的回答时,检测血氧浓度变化的 fMRI 技术能够准确、完整、清晰地反映出受试者大脑功能区域的变化,例如当受试者大脑中某一功能区域的血流和氧代谢水平提高时,大脑的这一功能区域处于活动状态。

其中判断"人身性"因素存在与否的标准采用的是由朱迪斯·汤姆逊（Judith Jarvis Thomson）于《权利、补偿与风险：道德理论论文》[1]中提出赖以说明直觉中能动性概念的三项原则[2]："（某个道德问题）可以被合理地预见将会造成严重身体伤害的结果"；"伤害的结果来自已经存在的威胁的转移"（即伤害来自已经存在的危害而非由道德决策者自己制造）；"（伤害的结果）发生在特定个人或特定群体成员的身上"。

要想明白以上五个猜想中"某些"与"某种"的内容必须得理解格林实验采用的问题、格林实验的操作、格林检验猜想的方法、格林排除无效数据的手段四个方面的基本内容。

2.1.1.1　实验采用的问题

如本节开始时所述，格林 2001 年论文中的实验使用了 60 道两难问题。这 60 道两难问题包含"人身性"因素的道德难题、不包含"人身性"因素的道德难

---

[1]　汤姆逊在该书中天才地将许多理论上的道德难题与现实生活中存在的实际难题联系起来，做出了相当具有说服力的论证。例如，她在该书中将女性堕胎问题与"罹患绝症的小提琴手"思想实验联系了起来。汤姆逊在此的精彩论证是格林使用电车难题研究道德判断与情感之间关系的重要原因之一（否则与现实差距太大的理论道德难题当然是无法完成论证目标的——这一点在下一节中将会较为详尽地论述）。"罹患绝症的小提琴手"思想实验的内容是：想象自己自愿地在医院花费生命中的九个月时间来挽救一名罹患绝症的小提琴手的生命。然而，在医院待了半年后，你突然改变了之前的决定，你现在不想再通过将自己的身体与小提琴手连接在一起以拯救他的生命了——你不想在医院再耗费时间了（此时离原先决定的九个月时间只剩下最后三个月）。虽然这名已经与你身体连接了半年的小提琴手的身体正从重症中好转，此时即使失去与你身体的连接，小提琴手的绝症在现有医疗技术之下也很有可能得到好转，但这时候你发现了一件不幸的事：由于过去医疗操作时的失误，在超出不符合原先九个月生命拯救计划的情况下，医生无法在分开你与小提琴手联系的情况下留存小提琴手的生命。简单地说，你若要与小提琴手分开，小提琴手就必须失去生命。需要注意的是，如果没有医疗上无可挽回的操作失误，原本由你慷慨搭救半年的小提琴手已有非常大的可能性独立存活。在这种情况下，如果你仍然坚持要与小提琴手的身体分离，人们在直觉上会认为这样的做法是不够道德的。参见：Thomson J J. Rights, Restitution, and Risk: Essays in Moral Theory[M]. Cambridge: Harvard University Press, 1986。

[2]　Thomson J J. Rights, Restitution, and Risk: Essays in Moral Theory[M]. Cambridge: Harvard University Press, 1986: 94–116.

题、非道德问题三个截然不同的类别。包含"人身性"因素的道德难题是指行动者在达成目的的情况下必然直接伤害一个人生命的难题，不包含"人身性"因素的道德难题是指行动者在达成目的的情况下不会直接伤害一个人生命的难题，非道德问题是指行动者的行动选择不包含道德因素的难题。在简略地介绍这些难题的基本内容之前①，值得首先被介绍的是电车难题②的内容，因为 2001 年论文几乎花费所有笔墨来强调电车难题本身（格林这篇论文实际上仅仅解释了人们在面对旁观者难题与道岔难题时给出截然不同判断结果的原因），而且实验中使用到的 40 组道德难题是依照电车难题和其重要变体形式为蓝本收集或编造的论文不但明确指出典型的包含"人身性"因素的道德难题是旁观者难题、典型的不包含"人身性"因素的道德难题是道岔难题③，而且实验所使用的许多难

---

① 笔者将以(1)难题在本书中是否会得到讨论和(2)它的描述方式转换成中文后易读性的强弱两个标准挑选出每类五种难题做介绍。由于篇幅限制，作为"包含'人身性'因素的道德难题"代表的旁观者难题与作为"不包含'人身性'因素的道德难题"的代表的道岔难题不会在每个分类中做重复介绍。另外，值得引起读者注意的是格林与同事们在实验中对同一难题的变种进行了反复使用。笔者将在本小节的"实验的操作"与"排除无效数据的手段"两部分中对这一情况再做相应说明。

② 电车难题最早由菲利帕·富特（Philippa Foot）于 1967 的论文《堕胎问题与双重效应原则》（*The Problem of Abortion and the Doctrine of Double Effect*）中提出。它反映的是伦理学史中历久弥新的道德价值权衡问题，参见：Kamm F M. The Trolley Problem Mysteries[M]. Oxford：Oxford University Press, 2015。

③ 在 2001 年论文中，格林将"道岔难题"直接称呼为电车难题是不正确的，因为电车难题与道岔难题的内容并不相同。该论文描述的难题实际上是 1985 年汤姆逊构想的道岔难题。依据《国际伦理学百科全书》2015 版中"电车难题"词条的描述，"电车难题"一词在使用时要么是包含多种难题的整体（比如包含道岔难题与旁观者难题），要么指的就是富特 1967 年提出的那个难题。1967 年的难题比较简陋，它的内容仅仅是：一个有轨电车的司机发现自己的车辆失去了控制，然而他发现自己车辆所行驶轨道上站着五个人，这五个人在行驶方向的前方。作为司机，他既可以任由自己的失控电车继续前行（这五个不知何故无法离开轨道的人会因此被撞死）也可以将其转向到另一条道岔上，但不幸的是这样的选择依然会撞死站在分叉轨道上不知何故无法离开的一个人。富特还将它与"杀死一个人并用这个人的尸体冶炼灵药"联系了起来。富特认为大部分人都会赞同"司机将电车改道以一换五"，同时会反对"杀一人以冶炼能治疗许多人生命的灵药"。因此，对富特来说的难题是"人们对以上两种情形的不同反应是必须被研究的"[Foot P. The Problem of Abortion and the Doctrine of Double Effect[J]. Oxford Review, 1967 (5).]。参见：The International Encyclopedia of Ethics[M]. Hoboken：John Wiley & Sons, Ltd, 2015：5233。格林自己也说明过这一点，参见：Justin Sytsma, Wesley Buckwalter eds. A Companion to Experimental Philosophy[M]. Hoboken：John Wiley & Sons, 2016：175。

题直接是这两个难题的简单修改版①。

2.1.1.1.1　旁观者难题与道岔难题

旁观者难题(又称为天桥难题)②:假设你正站在一座桥上。你看到桥下有一辆刹车失灵的有轨电车在轨道上行驶。你意识到,这辆有轨电车继续行驶下去将会不可避免地与前方轨道上的五个轨道工人相撞,而唯一避免这种情况发生的办法只有向列车行驶的轨道上放置足够的重物(足够的重物将能成功地迫使刹车失灵的有轨电车停止前行)。你发现自己所站的这座桥上唯一足以使有轨电车停止向前行驶的重物是一名胖子③。

现在的问题是:你认为将胖子推到轨道上以拯救五个轨道工人的生命的行

---

① 例如使用了"标准电车难题"和"五人与七人的电车难题"。事实上,格林使用"包含'人身性'因素"与"不包含'人身性'因素"来代表天桥难题与道岔难题的研究方式可能导致格林的实验无法完成自己研究本身的目的(试图解释人们在面对旁观者难题与道岔难题时给出截然不同判断结果的原因),因为格林实验得到的数据在理论上应该最多只能说明人们面对在"人身性"因素方面存在差异的两难问题时做出不同判断的原因。有研究者对这一情况做过统计学分析,比如中村坤农(Kuninori Nakamura)使用因素分析中的转轴法发现格林实验至少需要考察理性、生命、风险与效率四个因素,其中只有生命因素是与格林强调的情感直接相关的,而且在仅考虑生命这个因素的情况下,人们处理天桥难题与道岔难题时的反应差异是不明显的[参见:Nakamura K. A Closer Look at Moral Dilemmas: Latent Structure of Morality and the Difference between the Trolley and Footbridge Dilemmas[C]//Proceedings of the Annual Meeting of the Cognitive Science Society. Unpublished, 2011, 33(33)]。笔者将在本节"数据统计、处理方案"部分对这一问题做更清晰的说明。

② 为了将难题清楚且无歧义地介绍给中文读者,笔者在本书中给出的难题描述可能比原实验中同一难题被呈现给受试者时的原文(英文)在内容和细节方面更仔细。不过,在本小节"实验的操作"部分中,为了说明格林与同事们给实验受试者呈现难题的方式,笔者将会复现难题的英文描述所对应汉语的精确内容。

③ 2001年的论文将胖子描述为"拥有巨大身体的陌生人"。这种描述方式也许会使人对"旁观者难题"产生误解,比如人们直觉上很可能认为"拥有巨大身体"这一特征不足以令人判断出"推下这名陌生人的行为"可以成功地阻止有轨电车继续前行。因此,笔者在介绍时没有使用该描述方式。实际上,这个胖子有时还被描述为"穿着巨大且沉重的功能性衣服的人",这是一种可以避免身材或工作歧视影响人们做出道德判断内容的办法。参见:McCoy M. Trolley Problem, or Would You Throw the Fat Guy Off the Bridge? [J]. Encyclopedia of Evolutionary Psychological Science, 2016。

为在道德上是合适的吗？①

道岔难题（又称为开关难题）：假设一辆刹车失灵的有轨电车在轨道上行驶。你意识到，这辆有轨电车继续行驶下去将会不可避免地与前方轨道上的五个轨道工人相撞。你知道一旦这样的事情发生，那么这五名轨道工人都一定会失去生命。不过幸运的是你看到在这辆有轨电车所行驶的轨道旁边还有另外一条轨道，并且在自己身边正好有一个可操控的改变有轨电车行驶轨道的道岔开关：扳动它将使有轨电车在你看见的另一条轨道上行驶。然而，你发现在这条轨道上站着一个轨道工人。你同样知道，如果有轨电车撞向这个人，这个人也一定会失去生命。此时，你能做出两个选择：选择什么也不做或者扳动道岔开关。选择所造成的后果是：如果你选择什么也不做，那么站在有轨电车原先行驶轨道上的五个人必然会失去生命；如果你选择扳动道岔开关改变了有轨电车行驶的轨道，那么站在有轨电车新行驶轨道上的一个人也必然会失去生命。现在的问题是：你认为选择扳动道岔的行为在道德上是合适的吗？

2.1.1.1.2 包含"人身性"因素的道德性难题

器官移植难题：假设你自己是一名医生，你正在为六名病人进行医疗，其中五个人都因某个器官损坏而濒临死亡，而另外一个人的器官是健康的。对于你来说，挽救前五名患者生命的唯一办法只能是将另一位拥有健康器官的病人（这名病人是年轻的）身上的五个器官分别移植到五个器官损坏的病人身上。如果你这样做，年轻的病人会死，但其他五个病人的生命能得到拯救。现在的问题是：为了拯救你五个患者的生命而对健康患者进行器官移植，这样的行为是合适的吗？

雇用强奸犯难题：设想你已经不满意自己的婚姻状况许多年了。你确定自己的妻子早就不喜欢自己了，感情很淡漠。不过你还记得自己当初追求她的时候，她在被抢劫以后非常感激你对她的帮助和照顾。于是你设计了一个雇用强

---

① 本文介绍电车难题或其他格林实验所使用的难题时符合真实实验中该问题被实际呈现给受试者的方式：要求受试者选择某个行为"合适"还是"不合适"。例如，在旁观者难题中，格林与同事们要求受试者判断"为了拯救五名轨道工人的生命而将陌生人推到轨道上，这样的行为合适吗？"在道岔难题中，格林与同事们要求受试者判断"选择扳动轨道开关拯救五个人的生命，这样的行为是合适的吗？"。参见：Greene J D, Sommerville R B, Nystrom L E, et al. Supplemental Data of "An fMRI Investigation of Emotional Engagement in Moral Judgment"[EB/OL]. [2018-12-01]. http://science.sciencemag.org/content/suppl/2001/09/13/293.5537.2105.DC1.

奸犯的计划以恢复妻子对自己的感情。当你离开自己家的时候,你所雇用的一个男人会闯入自己家,闯入你妻子所在的房间。这个人会把你妻子绑起来并对她实施强奸。你则假装在听到这个可怕的消息后,迅速返回到她身边,照顾她,安慰她。她将因此再次对你感激涕零,对你的爱慕之情恢复如初。现在的问题是:为了让妻子感激你对她的照顾而雇用人强奸她,这样的行为是合适的吗?

建筑师难题:想象自己是一位年轻的建筑工程师。你正跟随老板在公司的某处建筑工地里查访。你的老板是个卑鄙的人,他让包括你在内的公司中的每一个人都很痛苦的(至少你身边的人是处于痛苦之中)。对你来说,如果你把他推下你们正在检查的建筑物,他会因此摔死,而且每个人都会认为这只是一个意外(不会有人怀疑老板的死与你有关)。现在的问题是:为了让令人痛苦的老板离开自己的生活死去,选择将其从建筑物上推下,这样的做法是合适的吗?

救生艇难题:想象游船的甲板着火了,此船因无可救药的损坏而必须被抛弃。处于该游船上的你必须与其他游客一起通过救生艇逃跑。然而出于各种原因,这艘游船所携带的救生艇必须比它的设计容量装载更多人,所以你乘坐的救生艇比标准中"危险的吃水深度"还要低,它面临着沉没的危险。此时,海洋变得越来越危险,救生艇内部又开始被海水大量浸入。对你来说,只有一种方法可以阻止这艘救生艇下沉,该方法就是把其他乘客抛入海中,比如太虚弱以至于已经无法抵挡海洋危险的老人。现在的问题是:为了保存自己和其他乘客的生命,选择将自己的同伴丢入海里,这样的行为合适吗?

哭泣的婴儿难题:想象敌军士兵占领了你所在的村庄。敌军士兵被上级命令杀死所有村庄中剩下的平民。此时,你和村庄中的一些平民正在一所大房子的地窖里避难。你已经听到外面士兵们正在寻找平民的声音。你的孩子开始大声哭泣。于是,你通过完全捂住他的口鼻使他无法呼吸以挡住哭闹声。如果你不继续这么做的话,孩子的哭闹声就会唤起外面企图杀死平民的士兵的注意。然而,唤起外面士兵的注意会导致你的孩子、你和其他平民全部难逃死亡的命运。因此,你为了拯救自己和他人必须扼杀自己的孩子。现在的问题是:为了保存自己与其他平民的生命而闷死自己的孩子,这样的行为合适吗?

2.1.1.1.3　不包含"人身性"因素的道德性难题

烟雾难题:想象自己是医院的守夜看护人。由于医院旁边建筑物中发生了事故,致命的烟雾正通过医院的排气系统进入。医院的某个房间里有三个患者,另外一个房间里有一个患者。如果你什么都不做,那么致命的烟雾将会进入有三个患者的房间里导致他们死亡。避免这三个患者死亡的唯一方法是扳动某个换气开关,这将导致烟雾绕过有着三个患者的房间。但这么做的话,烟雾将会进入那个有一个患者的房间,导致他死亡。现在的问题是:为了拯救三个患者的生命而扳动开关,这样的行为合适吗?

疫苗政策难题:设想自己为隶属政府的卫生局工作。你正在决定自己所在的卫生局是否应当鼓励全国人民使用最近开发出的某种病毒疫苗。绝大多数接种这种疫苗的人都建立了对某种致命病毒的免疫能力,但有少量接种这种疫苗的人会立刻患上该疫苗所试图免疫的疾病。目前所有你知道的证据都强有力地显示:不注射疫苗要比注射疫苗感染该疾病的概率大。现在的问题是:为了保护国家人民的健康,让你的机构鼓励使用这种疫苗,这样的行为是合适的吗?

环境政策难题:想象自己是政府立法机关的成员。该立法机关正在两个不同的与环境危害有关的政策中进行决策,试图选取一个政策采用。客观来看,使用政策 A 有 90% 的可能性使环境零损伤,有 10% 的可能性导致 1000 个人因环境的破坏而死亡;使用政策 B 有 92% 的可能性使环境零伤亡,有 8% 的可能导致 10000 个人因环境的破坏而死亡。现在的问题是:"投票支持政策 A 而不是政策 B"的行为是合适的吗?

雕刻难题:想象自己正在参观一个由富有的艺术收集爱好者开设的雕刻展览。该展览在花园的山谷上进行。你可以看到庞大花园中的山谷下有一个电车轨道。一个轨道工人正站在轨道上,一辆空载的失控电车正朝向这名轨道工人行驶。拯救这名工人生命的唯一方式是将富有的艺术爱好者所收集的昂贵雕刻展品推下山谷,这样它们会滚到轨道上阻止列车继续通过(使轨道工人的生命得到拯救),但这样做会损坏雕刻展览品。现在的问题是:为了拯救轨道工人的生命而损坏雕刻展览品,这样的行为是合适的吗?

高速游艇难题:想象自己在一个遥远的海岛上度假。你在海边的码头上钓鱼。你看到一群游客登上了一条小船。这艘船企图驶向一个附近的岛屿。他们离开不久,你从收音机中听到一场强力的风暴马上就要来了,这场风暴必然会令这些人失去生命。唯一确保他们生命安全的办法就是租借附近的高速快艇前往告知他们风暴的消息。然而,高速快艇属于吝啬且不愿意租借财产给你的资产大亨。这意味着如果你要租借的话,需要付出一定的代价。现在的问题是:为了

29

告知游客们风暴即将来临而向大亨租借高速游艇,这样的行为合适吗?

2.1.1.1.4　非道德性难题

萝卜收割难题:想象自己是一个开着萝卜收割机的农场工人。在你驾驶的收割机的正前方存在两条不同的路,你可以自由地选择它们。如果你选择左边那条路的话,你将收获十蒲式耳①的萝卜;如果你选择右边的道路,你能收获二十蒲式耳的萝卜;如果你什么都不做,萝卜收割机的自动驾驶系统会默认选择左边的道路。现在的问题是:选择将收割机开上右边的道路以收获二十蒲式耳的萝卜而不是十蒲式耳的萝卜,这样的行为合适吗?

植物运输难题:想象自己正从一个离家 2 英里远的店里带植物回家。你汽车的后备箱里铺了塑料纸来防范植物上的泥土遗落到车中造成汽车永久性损伤。后备箱里剩下的空间可以放下大部分你所购买的植物。你可以选择一次性将购买的植物都运回家,但该运输方案需要你将一些植物放在汽车的后座上,这将会损毁你汽车的真皮座椅。维修或更换它需要花费数千美元。现在的问题是:选择两次将购买的植物运回家避免使真皮座椅受到损毁,这样的选择是合适的吗?

交通工具难题:设想为了参加下午一点开始的会议,你需要从纽约前往波士顿。前往波士顿的交通工具可以选择火车、公交车。然而选择上的麻烦在于,火车无论如何都使你及时到达会议地点,乘坐公交车能令你提前一个小时到达,但公交车因为交通的问题时常造成迟到。如果能够提前一个小时到达,那将是非常好的一件事。不过,你也接受不了迟到的可能性。现在的问题是:为了确保不迟到放弃搭乘公交车而坐火车,这样的选择是合适的吗?

旅游线路难题:设想一个老朋友邀请你到他的夏日别墅中一起度周末。从你所在的地方到达这个位于海边的别墅有多种交通路线可供选择。你打算坐汽车去那里,然而有 2 条交通路线需要你做出选择:你既可以走高速公路也可以走沿海公路(非高速)。选择上的麻烦在于,从高速公路到你朋友的房子需要花费你大概三个小时的时间,但沿途的风景很无聊;走沿海公路则需要花费三个小时五十分钟的时间,但沿途的风景惊人地美丽。现在的问题是:为了欣赏到沿途的风景而选择走沿海公路,这样的行为是合适的吗?

慢跑锻炼难题:想象自己试图在当天下午完成两件事:慢跑、做一些文书工

---

① 计量单位,按体积,如小麦平均 56 磅为一蒲式耳。

作。一般而言，你更喜欢在运动前完成工作。然而，虽然现在天气正好，但天气预报说两个小时后会开始下雨。你非常不喜欢在雨中慢跑，而且你并不在乎是否在下雨前或后完成文书工作。现在的问题是：为了在运动之前完成工作而选择现在做文书工作（两小时之后再跑步），这样的选择是合适的吗？

2.1.1.2 实验的操作

实验操作总体比较简单，仅仅是使用功能性磁共振机检测受试者按下手边的"合适/不合适"按钮时大脑的运行情况、记录受试者的反应时间、计算两者之间的联系，但这些操作中还有一些与本书所讨论话题直接相关而值得被强调的地方，例如（1）格林判断问题涉及道德与否的标准、（2）格林执行汤姆逊标准与此标准的方法、（3）道德问题被呈现给实验对象的方式。而且对它们进行哲学思考比思考汤姆逊标准更重要（逻辑上优先于汤姆逊标准）的理由是：道德与否的标准的模糊不清是显而易见的，因为对于某些人来说是道德问题的问题，对其他人而言可能只是普通问题；判断某个问题"道德与否"比判断道德问题是否包含"人身性"因素在逻辑上优先；"问题如何被表述（即问题的呈现方式）决定了人们关于这一问题的理解"是否符合大部分人的直觉。因此，笔者将在下面简要介绍格林实验的操作要点。

2.1.1.2.1 两难问题的筛选和呈现方式

在解决"问题道德与否"的问题上，格林与同事们在论文中说自己为2001年的实验增加了前测，却没有仔细交代该问题①是如何被处理的，相反只是举例说明典型非道德困境的样态，比如论文认为典型的非道德困境是交通工具难题。

---

① 对于这样一个足以引起研究出现巨大困难的问题，目前还没有研究者对它予以过重视。笔者认为以下三点是该问题棘手的原因：第一，某个问题是否具有道德属性显然是模糊不清的：不仅不同的人对同一问题有不同的看法，而且同一个人对同一问题在不同的时间、不同的环境、不同的心理状态下都可能会有不同的看法，因此无法恰当处理它可能意味着格林的研究在逻辑上不可能（例如，处于不同心理状态下的受试者可能使同一问题拥有不同的性质，笔者上面介绍的五个非道德问题都有可能出现这种性质上的转变）；第二，决定问题答案"道德与否"的标准在实验的实际操作中依赖于汤姆逊的"人身性与否"标准，而人们判断问题"道德与否"的标准在逻辑上可能不优先于考虑问题是否符合汤姆逊的"人身性与否"标准（例如在交通工具难题中，人们可能会由于考虑到事件造成的人身伤害——如果"我"的汽车上的真皮座椅是自己的已过逝的母亲买的，那么能否损坏它在某些人看来是需要做出道德上考虑的——而把它们归类为道德问题）；第三，人们决定某个问题是否属于道德问题的方式也会对判断结果产生影响，生活中很难保证同一个问题总能以相同的方式呈现（例如在格林2001年的实验中，格林可能没有令受试者躺在功能性磁共振机中判断某一问题"道德与否"）。

笔者猜测格林完成该实验前测的方式是让正式实验中的受试者躺在功能性磁共振机中判断某个问题是否具有道德的性质,因为这是一种最可能得到准确数据,也最符合实验前测的标准实现方式。然而另一种要求正式实验中的受试者在纸上(或不处于真实实验环境——躺在功能性磁共振机里——中的电脑显示器上)判断某个问题是否是道德问题的实现方式也不是在逻辑上不可能的,因为格林在论文中明确说明实验1和实验2中的实验对象并不是同一拨人(实验1的参与者是五名男研究生与四名女研究生,实验2的参与者是四名男研究生与五名女研究生),这意味着格林与同事们采用笔者所猜测的方法会造成实验1、实验2的数据不具有相关性。①

类似地,格林与同事们在将道德问题进一步分类为包含"人身性"因素的道德难题、不包含"人身性"因素的道德难题时也有些模糊不清:他们只是描述自己采用了两名独立的程序员(coder)按照汤姆逊提出的三个标准将符合引起伤害、伤害针对特定群体、伤害不是现有威胁的转移条件的归类为"包含'人身性'因素的道德难题",其他的道德难题则是"不包含'人身性因素'的道德难题",但没有说明这两名独立程序员工作的结果是怎么汇总的。

这意味着两个在此处无法在逻辑上得到明确描述的问题②:第一,两名独立的程序员在对某个道德问题是否符合上面三个条件存在不一致的看法(例如,一人认为某道德问题包含"人身性"因素,另一人认为该道德问题不包含"人身性"因素)时所使用的"求同"方法没有在论文中被明确说明;第二,(与判断某个问题是具有道德性质一样)格林与同事们没有说明现在的分类判断方式是怎样做出的,例如没有说明现有的分离结果是在纸上或显示器上得到的,还是躺在功

---

① 该理由不能否认笔者自己之前的猜测,即两种实现实验前测的方式在逻辑上不矛盾,因为格林在数据处理上似乎并没有要求实验1与实验2的数据之间存在严格意义上的相关性。例如,托马斯·波尔兹勒在格林2001年(即目前提到的实验)与2016年的实验中发现格林实验并非完全对照(实验组与空白组、实验1与实验2)的事实,他举出的反例是"(大脑感情区域活动的)增加情况在受试者考虑非道德问题时是一样的,都很低"(参见:Pölzler T. Moral Reality and the Empirical Sciences[M]. New York: Routledge, 2018: 150)。

② 笔者并非无法准确地得知格林具体采用的方法,本书在这里想要强调的是格林使用的方法在逻辑上并不完美。笔者认为这样的情况可以称为"该方法在逻辑上不够清晰"。也就是说,格林与同事们无论如何处理两名程序员对同一道德问题表达出不同意见的事实都无疑会遇到麻烦。该事实意味着,格林与同事们在回应它时可能需要改变自己的专业方向,比如改为从事元心理学研究。这显然不太可能。

能性磁共振机中得到的。

关于问题一,笔者猜测格林与同事们只使用了两名程序员共同认可的道德两难问题,因为这是一般实验的基本要求。然而,采用这样的方法不仅将导致格林与同事们需要准备多于60道两难问题,还将导致格林需要处理两人共同认可的内容是否与实验对象一致的问题。笔者对问题二的答案的猜测理由不再赘述。

问题的呈现方式比较独特,这一定程度上是因为格林与同事们使用功能性磁共振技术对受试者回答两难问题时大脑的血氧浓度进行监测造成的。格林与同事们这么做的主要理由是:使用金属设备会导致共振伪影(Magnetic Resonance Artifact)、功能性磁共振机内空间狭小、血流与氧代谢水平无法被任意监测。

相比于普通实验,2001年实验呈现问题方式的特点是:(1)格林与同事们使用投影技术来向受试者显示两难问题:受试者躺在功能性磁共振机里,显示屏中的内容通过投影方式被展现到眼前;(2)受试者看到的两难问题不是一次完全展示出来的,而是同一个问题被切割为三部分,同一个问题分三次显示在受试者面前:前两次显示两难问题的描述,后一次显示两难问题的可选项(描述场景中的行为是否合适,例如"现在的问题是:你认为将胖子推到轨道上以拯救五个轨道工人的生命的行为在道德上是合适的吗?");(3)受试者不能以任意的方式观看道德难题,至少在时间性上,格林与同事们将受试者面对两道难题之间的最小时间间隔设置为了14秒[①](最大间隔为46秒)。

格林与同事们向受试者呈现问题的方式如下图所示:

[①] 其他的非任意性还包括受试者观看难题的身体角度以及受试者观看难题的心理角度,有许多研究者已经发现这样非任意性的制约可能造成格林与同事们得到的实验结果反而具有任意性。该情况可参见:Bauman C W, McGraw A P, Bartels D M, et al. Revisiting External Validity: Concerns about Trolley Problems and Other Sacrificial Dilemmas in Moral Psychology[J]. Social and Personality Psychology Compass, 2014, 8(9): 536–554。

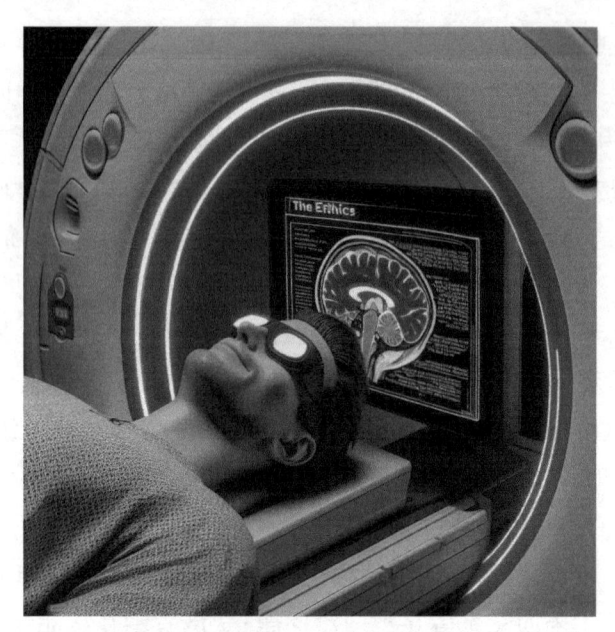

图1　格林2001年实验中道德两难问题的呈现方式①

关于特点(2),形象地说,格林将一个两难问题的描述区分为了场景描述(Drama Description,D)、行动描述(Action Description,A)与判断描述(Judgment Description,J)三个部分,例如本书前述的道岔难题被分成了下面三部分内容:

场景描述(D):"假设一辆刹车失灵的有轨电车在轨道上行驶。你意识到,这辆有轨电车继续行驶下去将会不可避免地与前方轨道上的五个轨道工人相撞。你知道一旦这样的事情发生,那么这五个轨道工人都一定会失去生命。不过幸运的是你看到在这辆有轨电车所行驶的轨道旁边还有另外一条轨道,并且在自己身边正好有一个可操控的改变电车行驶轨道的道岔开关:扳动它将使有轨电车在你看见的另一条轨道上行驶。然而,你发现在这条轨道上站着一个轨道工人。你同样知道,如果有轨电车撞向这个人,这个人也一定会失去生命。"

行动描述(A):"此时,你能做出两个选择:选择什么也不做或者扳动道岔开

---

① 即受试者躺在功能性核磁共振机扫描范围内,他眼前摆着电子屏幕(这块屏幕在核磁共振机扫描范围内),他可以在这块屏幕上看到测试用的道德问题。更精确的示例可参见:JoVE. Science Education Database. Social Psychology. "Using fMRI to Dissect Moral Judgment Protocol"[EB/OL].[2018-08-01]. https://www.jove.com/science-education/10306/using-fmri-to-dissect-moral-judgment。

关。选择所造成的后果是：如果你选择什么也不做，那么站在有轨电车原先行驶轨道上的五个人必然会失去生命；如果你选择扳动道岔开关改变了有轨电车行驶的轨道，那么站在列车新行驶轨道上的一个人也必然会失去生命。"

判断描述（J）："现在的问题是：你认为选择扳动道岔的行为是合适的吗？"

在格林的每一个问题当中 D 部分描述的都是一种给定值的损失可能性（如道岔难题中五个人死亡），A 部分描述的都是避免这个损失的行动和可能引发的其他问题或风险（如扳动道岔开关造成另一人死亡），J 部分描述的则都是要求受试者判断 D 场景中的 A 行动是否合适的问题。

2.1.1.2.2 功能性磁共振机监测时的特点

（1）受试者所看到的问题并不是被直接呈现在面前的（格林使用投影的方式呈现问题），因为功能性磁共振机在使用过程中不允许与该技术不兼容的金属物质出现，一部分原因是它会令最终得到的实验结果不准确（比如共振伪影[1]），另一部分原因是带有金属成分的物体可能会造成功能性磁共振机损坏（在机器启动后，磁共振机器所在的房间里将有异常强大的交变磁场存在，在此磁场的作用下，金属物质可能会被吸附到共振机内的任意位置）或导致受试者身体受伤（如果受试者体内或体外存在不合适的金属物件——螺丝（眼镜中）、脏器固定架、金属义肢、假牙、装饰品、弹片——那么受试者可能会由于强磁场的作用，他重要身体组织损伤的严重后果）。

（2）格林为了保证受试者能够清楚地看清问题，将完整问题分开呈现（如上部分所述），而且受试者在该机器监测下的姿势与平时的习惯并不相同（与平时不同的行为习惯可能导致出现不同的判断行为），如图表1所示，理由是：功能性磁共振机内的空间相对狭小。

（3）格林为了防止自己实验得到不准确的数据设定了难题呈现与问题选择的最小间隔时间（受试者虽然可以使用自己手边的按钮任意地切换显示内容，但难题的选择时间不可低于14秒），因为血氧含量变化自身存在一定的延迟，功

---

[1] 该麻烦并不是不可避免的，除了采用不会受到磁场干扰的金属（如金属钛）来完成实验以外，有效的方法还有许多，实验者甚至可以采用新的统计算法来更直接地规避该麻烦。2010年后，许多研究者已经为"处理'共振伪影'造成数据不准确麻烦"的方法申请了专利，参见：Wang J, Glaser K J, Zhang T, et al. Assessment of Advanced Hepatic MR Elastography Methods for Susceptibility Artifact Suppression in Clinical Patients [J]. Journal of Magnetic Resonance Imaging, 2018 (4).

能性磁共振技术也有不可避免的监测时滞问题。

（4）格林在实验中为同时兼顾功能性磁共振机的正常运行与得到正确数据两者,采用了较为折中的"浮动窗口"(floating window)①技术连续生成受试者做出选择时的 8 张脑部图像:做出选择之前拍摄 4 张脑部图像、正在做出选择时拍摄 1 张脑部图像、做出选择之后拍摄 3 张脑部图像,而且将受试者有效观看不同道德难题的最大时间间隔设置为 46 秒。②

2.1.1.2.3　数据统计、处理方案

格林实验的数据统计、处理方法比较粗糙,格林与同事们只是在设定大脑活动的基准水平后统计受试者做出的选择,然后使用基于像素的混合效应方差分析方法进行数据处理,其中受试者的反应设置为随机效应,两难问题类型、刺激呈现块(同一问题被分为三块显示)出现的时间、大脑反应设置为固定效应。这样的方法不可避免地会造成实验结果不太具有说服力的情况,至少"活跃"(在某些场景下,情感脑区与理性脑区的活动总量可能过小,两者何者更活跃难以比较)与"比较"(在某些场景下,情感脑区比理性脑区活跃或理性脑区比情感脑区活跃可能无法令预测的判断类型不出现)两种困难在理论上是一定存在的。该情况在数据上的表现是受试者处理不包含"人身性"因素的道德问题与非道德问题时大脑情绪活动的增加状况不明显,而且相对来说,在主管阅读的神经中枢角形脑回(angular gyrus)③处这一情况更不明显。因此,这些可能引起研究者怀

---

① "floating window"也可能被翻译为"浮动时间",这里的 window 取窗口期(window phase)中"窗口"之意。

② 罗恰、罗查、马萨德三人在 2013 年采用低分辨率电磁断层扫描(Low Resolution Brain Electromagnetic Tomography,LORETA)——脑电图扫描(EEG)技术的改进版之一——对格林 2001 年的实验进行了重审并将研究结果发表在了《行为脑科学杂志》上,他们认为"浮动窗口"技术的使用会对实验结果的效力造成许多麻烦("fMRI 技术受到了低时间分辨率的限制"),比如格林实验无法发现 D、A、J 三个阶段至少长达 16 秒的脑部变化("他们使用的 fMRI 分析包含 16 秒长的全局时间窗口")。参见:da Rocha A, Rocha F, Massad E. Moral Dilemma Judgment Revisited: A Loreta Analysis[J]. Journal of Behavioral Brain Sciences, 2013, 3(8)。

③ 《牛津心理学辞典》2015 版认为它与失语症有关,也就是说它很可能负责抽象的概念与可供人们感知或理解的图形之间的转换工作——既把外在于主体的概念转换为主体可感的内在图像又把它转换为外在于主体的供公共交流时使用的概念(参见:Colman A M. A Dictionary of Psychology[M]. Oxford: Oxford University Press, 2015)。实验数据参见 Greene J D, Sommerville R B, Nystrom L E, et al. An fMRI Investigation of Emotional Engagement in Moral Judgment[J]. Science, 2001, 293(5537): 2105 – 2108. Fig. 1。

疑，可能造成实验结果与实验结论不符的数据统计与处理方案的要点很有必要在此简略说明。笼统地说，它们是：

（1）实验统计的受试者反应只有"合适"与"不合适"两种，没有对被判断问题不合适的程度进行统计。理论上，对这一不够充分的数据进行方差分析可能导致格林最终得到许多与实际结果不相干的数据。这些统计也没有针对受试者去除无效的数据，比如在格林采用的受试者中，一些人可能没有结婚、体验相应感情问题时也未能拥有自己的孩子，这些人只能靠想象并借助理性推理在诸如雇用强奸犯难题、哭泣的婴儿难题中给出判断。显然他们的数据不仅是效力不足而且也不能反映正确脑区活动的。此外，实验使用的问题也并没有基于"道德上是否合适这样"的表达方式。仅就格林没有强调道德问题的量化特征这一点来说，格林将受试者的反应当作具有道德性质的反应的简略做法也是值得被怀疑的。

（2）实验采用的两难问题的类型属性几乎不可能是准确的，因为属于同一类的两难问题在内容方面完全不同。格林没有单独地对不同两难问题的数据进行分析（例如采用结构方程模型）。不提前文脚注中提到的分类不够细致的问题，不同的人对问题的类别、对同一类问题的内容存在不同看法也是完全有可能的，比如许多人在面对雇用强奸犯难题与建筑师难题时可能只是做出了社会人的常规反应，并不需要做出道德判断。相反，对于某些在农场生活过的实验受试者来说，在萝卜收割难题中是需要做出道德判断的，因为他们的选择还有时间以外的考虑，至少需要考虑当地农业生产者之间的道德性约定。① 同理，不同的人对问题中提到的诸如"将胖子推到轨道上""将其从建筑物上推下"也会有不同的理解（女性与男性对于"推"的理解显然不同），而且对一些难题来说，"推下与不推下"不存在本质差别（救生艇难题中可能被丢弃的人本来就已经"沉"在海里或者快要因此溺水）。

（3）刺激呈现块的显示速度是受到 fMRI 技术的限制的（如上文所述，不同难题选择之间的最短间隔是 14 秒，三个区块最多只能显示 46 秒），而且神经激活的血液响应需要 4—6 秒的时间，这些麻烦都可能使关于实验数据的方差分析

---

① 这一问题由伯克在 2009 年的论文《神经科学的规范性价值微不足道》中指出，参见：Berker S. The Normative Insignificance of Neuroscience[J]. Philosophy & Public Affairs, 2009, 37(4): 293–329。

得出不相关的结果。而且需要在此再次强调的是,格林基于浮动窗口技术得到的大脑功能性磁共振图像是需要基准活跃数值的,因此实验只能得到相对于平均值而言某大脑区域激活状态的数值,该数值反映的是基于 fMRI 技术所生成的七幅图像中后四幅的平均大脑信号运作强度。

(4)实验中关于"情感"与否的数据是模糊的,因为格林并没有说明也无意在自己的实验中探究"情感"是什么。格林只是在实验中提到了几个与情感有关的脑区,比如布罗德曼分区中部、内侧额回、后扣带回、双侧角形回,并认为如果这些与情感有关的脑区出现了活跃状态那么受试者的情感能力就被激活了。而且即使格林可以辩护说实验中所采用的汤姆逊标准就是自己情感的标准,也仍然不行,因为格林执行该标准的方式只是通过两个程序员凭直觉进行,并没有通过统计不同两难问题的特征在定量分析的基础上客观地执行标准。这意味着格林在方差分析中设置为"大脑反应"的固定效应值是模糊的。

2.1.1.3　检验猜想的方法

格林通过实施上面介绍的方案对三个猜想做了验证。这三个猜想的内容是:(1)人们在思考道岔难题时大脑与情感有关区域的活跃程度相较于思考天桥难题时高;(2)类似于认知任务中大脑的信息自动加工过程会干扰认知反应(如在"斯特鲁普任务"——要求受试者判断显示为红色的 green 单词——中人们关于红色的直觉会影响对于单词内容的认知),当人们在处理两难问题时情感反应与应当反应(比如认为在天桥难题中推下人的行为是合适的)不一致的时候,受试者表现出来的决策时间较长;(3)人们处理不具有情感成分[①](格林已经使用"人身性"方式来定义情感)的两难问题的决策时间不存在变化。验证它们的正误是经由下面两个实验完成的:

实验一:九名受试者(五男四女,均为研究生)在功能性磁共振机的检测下

[①] "汤姆逊提出的'人身性'标准是情感因素的存在与否的标准"确实是格林的另一个猜想,不过这个猜想并没有被验证过。如前所述,格林只是使用程序员将汤姆逊标准运用在了所有两难问题上,这两位程序员相当于完成了两难问题中是否包含情感因素的判断。笔者此处的意思是,下面两个要点没有被格林式实验伦理学以实验的方式考察或验证过:(1)汤姆逊提出的"人身性"标准确实是引发人们情感反应的标准;(2)该标准所引发的"情感"与过去实验说明过的与情感有关的脑区的"情感"是同一种情感。这一情况也被约书亚·梅(Joshua May)在《道德中的情感局限》一文中隐约指出过,参见:May J. The Limits of Emotion in Moral[C]//The Many Moral Rationalisms. Oxford: Oxford University Press, 2018: 286 – 306。

对60道两难问题做回答,也就是对诸如"为了让令人痛苦的老板离开自己的生活,选择将其从建筑物上推下,这样的做法是合适的吗?"这样的问题给出"合适"与"不合适"的决策。

实验二:九名受试者(四男五女,均为研究生)在功能性磁共振机的检测下对60道两难问题做回答,当他们在作出回答的时候,实验者记录了作出决策反应的时间。

实验一的数据显示受试者在处理不包含"人身性"因素的道德性问题、包含"人身性"因素的道德性问题、非道德性问题三个类别的两难问题时大脑部分区域的活动状况并不完全一样,其中一些被过去实验发现为属于情感脑区的区域在受试者处理包含"人身性"因素的两难问题时明显更为活跃,而相比之下,此时大脑中与工作记忆相关的脑区则不那么活跃。在以韦恩·德雷维茨(Wayne Drevets)与马科斯·雷克利(Marcus Raichle)的论文《情感与高级认知过程发生时,大脑局部血液被抑制的情况所反映的情感与认知之间相互作用的含义》中关于大脑中情感加工与理性加工特定的描述为依据①的情况下,格林认为实验一的结果已经可以证明上面的猜想(1)成立。

实验二的数据显示两难问题的条件(即两难问题的类型)与人们对它们作出的回答之间存在明显的关系,而且人们在处理包含"人身性"因素的道德两难问题时做出"合适"与"不合适"反应(比如对"从天桥上推下人的行为是否合适"这一问题做反应)的显著时间差异并没有在处理不包含"人身性"因素的道德性与非道德性两难问题时出现。更具体地说,实验数据明确说明当受试者回答包含"人身性"因素的道德两难问题时,受试者给出"合适"这一与情感信息加工过程的处理结果一致的反应在时间上相较于"不合适"的回应要明显长得多。相反,当受试者回答另外两种类型的两难问题时,受试者无论作出"合适"还是"不合适"的反应在时间上都不存在显著差异,甚至与理性信息加工过程的处理结果一致的"不合适"反应在时间上表现得略长一点。不过,实验二中"合适"与

---

① 这里的观点可以粗略地说成是"背外侧前额叶(DLPFC)与内侧前额叶相关结构(medial PFC)分别对应于认知控制与情感反应"。该观点确实被相关研究领域的研究者们公认为是正确的。本文略去大脑相关名词全称,可直接参看原文。参见:Drevets W C, Raichle M E. Suppression of Regional Cerebral Blood During Emotional Versus Higher Cognitive Implications for Interactions Between Emotion And Cognition[J]. Cognition & Emotion, 1998, 12(3): 353–385。

"不合适"的反应与情感信息加工过程是否一致的数据基于实验一的发现。因此,如果实验一与实验二的数据确实能够被对照使用的话,格林就已经成功证明了猜想(2)(3)的成立。

然而,实验一与实验二相同步骤部分所产生的实验结果存在差别的情况是值得注意的,这意味着受试者做出决策时的功能性磁共振影像是有差别的。按照格林在2001年论文中的说明,受试者在实验二中处理不包含"人身性"因素的道德两难问题与非道德性两难问题这样两种类别的问题时,原本在实验一中大脑布罗德曼分区中部、内侧额回的活跃程度显著变化的情况在实验二中是不存在的。虽然格林试图以受试者处理不同类别的两难问题时其他脑区仍然存在差异来抹除上面情况相对于实验结论来说的重要性,但笔者不认为这一做法合理,理由在于该情况不完全是由实验一与实验二实验所采用的受试者不同(或其他难以避免的实验误差)导致。它还能说明现有的实验方法有两个问题:第一,现有实验方法注重几乎不可能实现的对照,但如果反应时间与决策判断的结果不是出自同一名实验受试者,而且实验问题又是被人为地均分为数量相同的三个类别的话(格林其实至少使用了64道两难问题,因此包含"人身性"因素、不包含"人身性"因素的道德两难问题与非道德性问题在数量上不是均等的,这时通过数据总量来比较不同类别大脑的活动情况本就不妥),两者的相关性在追求严谨的哲学研究领域是值得怀疑的,至少它可能导致目前的情况;第二,现有实验方法所强调的情感活跃程度是以过去关于大脑的情感实验为基础的,比如2001年的实验通过引注R·J·马多克(R. J. Maddock)、S·M·科斯林(S. M. Kosslyn)、E·M·雷曼(E. M. Reiman)、W·C·德瑞(W. C. Drevets)、M·E·赖赫尔(M. E. Raichl)、E·E·史密斯(E. E. Smith)、J·乔耐德(J. Jonides)的研究来说明哪些脑区是与情感有关的,但显然这些脑区与情感的具体关系在受试者的样本容量不大的时候是有变化的,也就是说样本容量的大小可能是导致现有实验结果的重要原因之一。

2.1.1.4 排除无效数据的手段

格林与同事们已经设想到实验一与实验二的数据的效力可能因为下面两种原因无效:

(a)受试者处理两难问题时产生情感反应的原因可能有许多,情感反应也不一定是在受试者对两难问题给出合适与否的选择时出现的。这意味着:不仅描述两难问题的词汇本身可能是引发情感反应的原因,受试者在功能性磁共振机的监控下做出行为的心态也可能是情感出现的原因。

(b)受试者反应时间的快慢不能代表是否受到了"情感干涉",受试者反应较慢可能是因为给出了反常规的选择,也就是说"为了保存自己与其他平民的生命而闷死自己的孩子"这一选择出现较慢的原因可能仅仅是它反常规。

格林与同事们排除它们的手段比较简单:他们不但认为给实验增加一个前测就能排除(a)的可能性(如果人们在功能性磁共振机的监控下阅读实验所使用的60道两难问题时,大脑中与情感相关区域的活动情况都没有明显差别,那么"受试者处理两难问题时产生情感反应的原因可能有许多"的情况就不必被考虑),还认为自己采用的数据处理方法已经足够说明受试者的反应时间较长是由于处理两个问题时受到了"情感干涉"(如果情感反应与常规反应不一致,那么受试者处理两难问题花费的时间更长,因此这种情况下发生的误差可以被混合效应方差分析方法消除)。显然,这样的排除无效数据的手段的有效性是值得被怀疑的,比如仅考虑情感反应与常规相符和不符的情况难以在逻辑上排除(b)的可能性(至少还应该考虑情感反应与常规反应无关的情况)。

2.1.1.5 论证结构

许多格林式实验伦理学的研究者试图通过构筑论证的方式将现存的关于道德判断的经验性研究成果与道德判断的规范性理论联结起来,比如盖亚·卡亨(Guy Kahane)就认为如果传统伦理学不能放弃对日常生活实践的关注("伦理学知识的一部分内容必然是经验性质的"[①]),那么伦理学的研究者必须结合格林式实验伦理学发现的经验性证据来修正现有的伦理学理论(格林式实验伦理学的经验性发现至少为伦理学研究提供了需要考虑与校准的问题)。不过与卡亨这种论证[②]相比,格林本人从格林式实验伦理学的实验数据中所发展出的论证受到了更多研究者的关注。格林2016年论文形象地描述过两者的区别:格林在《解决电车难题》中指出,卡亨的论证相当于"我们只是简单地将描述性心理

---

① Kahane G. The Armchair and the Trolley: an Argument for Experimental Ethics[J]. Philosophical Studies, 2013, 162(2): 421–445.
② 米哈伊尔归纳过这种论证类型的特征,参见:Mikhail J. Elements of Moral Cognition: Rawls' Linguistic Analogy and the Cognitive Science of Moral and Legal Judgment[M]. Cambridge: Cambridge University Press, 2011。

学原理重写成了规范性的道德原则。例如我们把'人们认为某个行为在道德上是合适的,当且仅当……'翻译为'当且仅当……,某个行为在道德上是合适的'"①,而格林的论证则意味着"更好地理解道德心理会促使我们重新考虑许多'已经考虑过的判断'。更具体地说,科学也许能告诉我们,人们的道德判断敏感于某些特征,而这些经过反思可被证明不具有道德重要性"②。

通过梳理格林《道德部落:情感、理智和冲突背后的心理学》中的详尽论证,笔者将格林的论证简化为下面七个步骤(省略号代表前提 6 是一个类别,该类别下存在许多种不同内容的前提):

P1:大脑的信息加工方式仅为两种:类型 I,无意识的、非反思性的、情感驱动的信息加工方式;类型 II,有意识的、反思性的、理性驱动的信息加工方式。

P2:道德判断是大脑的信息加工过程。

P3:道德判断的类型在本质上仅为两种:义务论类型的道德判断、功利主义类型的道德判断。

P4:大脑中"内层前额叶皮质的大片区域,包括一部分腹内侧前额叶皮质"是理性区域,大脑中"背外侧前额皮质"是情感区域。

P5:人们做出义务论类型的判断的时候,大脑的情感区域比理性区域活跃;人们做出功利主义类型的判断的时候,大脑的理性区域比情感区域活跃。

P6a:类型 II 比类型 I 在性质上更好。例如:反思性判断比非反思性判断更好。

P6b:类型 II 比类型 I 在来源上更好。例如:有意识的判断比无意识的判断在逻辑上更晚,所以后来者比先行者更好。

……

P6z:类型 II 比类型 I 更中立。例如:理性的判断比情感的判断更能遵守"不偏不倚"原则。

C:功利主义类型的道德判断比义务论类型的道德判断更为可靠。

也就是说,由于认知的双加工模型将大脑的信息处理过程区分为两种,作

---

① Greene J D. Solving the Trolley Problem[C]//A Companion to Experimental Psychology. J Sytsma, W Buckwalter(Ed.). Hoboken: John Wiley & Sons, 2016: 176.
② Ibid., p.176.

为大脑信息处理过程的道德判断也可以分为两种,即道德双加工理论。① 又由于规范伦理学领域里的道德判断可以被区分为义务论与功利主义两种类型,所以结合功能性磁共振的脑部成像证据②,格林发现义务论类型的道德判断对应于情感驱动的大脑信息处理过程,功利主义类型的道德判断对应于理性驱动的大脑信息处理过程。③ 结合这一发现,格林指出功利主义类型的道德判断比义务论类型的道德判断更为可靠的规范性结论。④ 值得注意:其中 P1—P5 是经验性的,P6 是规范性的。因此,格林论证的结论可分为两个:(1) P1—P5 能得出经验性结论:义务论类型的道德判断由情感主导得出、功利主义类型的道德判断由理性主导得出;(2)依赖规范伦理学研究者公认的规范性 P6 可推导至 C,这个规范性结论是:功利主义类型的道德判断比义务论类型的道德判断更为可靠。

该论证中的 P1 与"类型""更""可靠"用词必须被说明。

P1 是心理学界里被广泛接受的信息双加工理论⑤,丹尼尔·卡尼曼曾在《思考,快与慢》中这样介绍该理论:人类大脑的思考方式产生于两个互相竞争的系统,其中系统 1 基于感情、记忆等因素进行判断,反应很快,但也很容易使我们受到偏见的影响,是指我们的直觉,而系统 2 则是根据理性做出分析判断,反应比较慢,不容易出错,它抽象化看待问题,不受背景和偏见干扰,是指我们的理性思考。⑥ 格林在《道德部落:情感、理智和冲突背后的心理学》中认为系统 1 的特点是"近视":除了与暴力极度相关的行为,它并非总有反应,至少如果事件的因果链过于复杂或过长的话,系统 1 可能会出于各种各样的原因无法看清它,而不对即将发生的行为作出判断。相对于系统 1,格林使用"相机"作为例子来说明系统 2 的特点。在他看来,系统 1 相当于相机里的自动拍摄按键,它能够依照

---

① Greene J, Haidt J. How Does Moral Judgment work? [J]. Trends in Cognitive Sciences, 2002, 6 (12): 517-523.
② Greene J D, Sommerville R B, Nystrom L E, et al. An fMRI Investigation of Emotional Engagement in Moral Judgment[J]. Science, 2001, 293(5537): 2105-2108.
③ Greene J, Haidt J. How Does Moral Judgment Work? [J]. Trends in Cognitive Sciences, 2002, 6 (12): 517-523.
④ Greene J. Moral Tribes[M]. Amersterdam: Atlantic, 2013.
⑤ Brogaard B. Dual-Process Theory and Intellectual Virtue: A Role for Self-Confidence[G]//The Routledge Handbook of Virtue Epistemology. New York: Routledge, 2018: 446-461.
⑥ 丹尼尔·卡尼曼. 思考,快与慢[M]. 胡晓姣,李爱民,何梦莹,译. 北京:中信出版社,2012.

设定好的相关规则来完成拍摄任务,系统2则相当于相机的手动拍摄模式,在这个模式中,相机的使用者必须根据环境和其他条件来手动对相机的拍摄参数进行复杂的调节(如光线好时设置较低的ISO,但为了拍照质量夜晚又不可相应地提高ISO)。这意味着:系统2的作用是协助或掣肘系统1,系统2的"设计目的"是适应尽可能多的用途,它的运行有很大的弹性空间。

格林式实验伦理学的研究者之所以将义务论的道德判断称为义务论类型的道德判断,原因在于:格林式实验伦理学的研究者所谓的义务论并不是基于性质的名称,相反该名称是在本质的意义上使用的。这种基于本质的名称才是能够被实验测量的,才是符合实验伦理学的要求的。[1] 基于同样的理由,格林式实验伦理学的研究者也将功利主义的道德判断称为功利主义类型的判断。

格林式实验伦理学的研究者是在最佳解释推理原则(Inference to the Best Explanation,IBE)的意义上使用"更"和"可靠的"的。IBE 是溯因推理(abduction)的一种,溯因推理最先由查尔斯·皮尔士(Charles Peirce)提出,溯因推理是非必然推理。[2] 查尔斯·皮尔士认为溯因推理不是确证的方法,而只是发现的方法。溯因推理的过程[3]是:① F(a)需要被解释,比如:"为什么 a 是 F"需要被解释。② 如果 S(x)则 F(x),比如:如果所有 S 都是 F。③ 因此,假设 S(a),比如:a 是 S。

魏洪钟的《科学实在论导论》指出"人们大多把溯因推理说成最佳解释推理"[4],还指出斯塔西斯·普西洛斯(Stathis Psillos)将 IBE 原则概括为:如果某种假说是真的,它就解释了证据。该书还进一步指出:根据 IBE 原则,人们说某种假设可靠是依据该假说的解释效力做出的,某种假设可靠与否并不是同其他假说比较的结果。所以,格林式实验伦理学的论证结论 C 是比较温和的,意味着:功利主义类型的道德判断比义务论类型的道德判断更为可靠是最有可能的解释。

---

[1] Greene J D, Sommerville R B, Nystrom L E, et al. An fMRI Investigation of Emotional Engagement in Moral Judgment[J]. Science, 2001, 293(5635): 2105 – 2108.
[2] 魏洪钟. 科学实在论导论[M]. 上海:复旦大学出版社, 2015:83 – 86.
[3] 魏洪钟. 科学实在论导论[M]. 上海:复旦大学出版社, 2015:90.
[4] 魏洪钟. 科学实在论导论[M]. 上海:复旦大学出版社, 2015:98.

2.1.2 "电车难题论域"简史及结构

电车难题被定义为"为了更大多数人能够得到拯救,而探究'是否''何时''何者'无辜的旁观者应该被杀害"①的基于多种场景或假设的问题。

2.1.2.1 "电车难题论域"的含义

现实世界里,电车一直被人们认为是相当安全的交通工具,而且由于电车的运行速度比较缓慢,所以因它而起的事故自然是极少的。按照记录,在这种交通工具被使用的历史中,最广为人知的因该交通工具而遇害的人物是西班牙建筑师安东尼奥·高迪(Antonio Gaudi):高迪在完成自己关于圣加堂的设计工作后,步行回到市中心的途中被电车撞成了重伤,而后又因其貌不扬和衣衫破旧,肇事司机不但没有把他送到医疗设施好的市医院进行紧急治疗,相反还肇事逃逸。高迪最终之所以能够得到医疗救治,是因为马路上的行人将他送到了医疗条件相对简陋的圣十字医院。这件事的结果当然是:由于众人都认为他只是一名乞丐,所以高迪因没有得到正确的医疗救治而死亡。② 高迪之事值得一提的重要原因在于,从形象的角度来说,电车难题的内容和发展状况与高迪所设计的圣加堂非常相像——圣加堂的外观是巨大的白蚁巢穴、菜地、巫婆小屋与毛骨悚然的森林的合成物。③ 乔治·奥威尔(George Orwell)曾夸张地将圣加堂称作"世界上最狰狞的建筑"④。

这座被称作"圣加堂"的教堂,自从在第一次世界大战后初现形态,人们关于它的争议就一直没有停止过。比如,奥威尔认为它应该也必须在西班牙内战期间被破坏;萨尔瓦多·达利(Salvador Dalí)认为它具有"令人感到敬畏和害怕的美",所以应该被安放在玻璃房中彻底保护起来供人安全地赏玩(就像动物园那样);瓦尔特·格罗皮乌斯(Walter Gropius)认为它仅工艺本身而言就值得被无数建筑师赞赏;路易斯·沙利文(Louis Sullivan)将它形容为"用石块象征伟大时代精神"的作品⑤。这意味着,对于大部分建筑师而言,高迪所设计的圣加堂

---

① Hugh LaFollette eds. The International Encyclopedia of Ethics[M]. Chichester: Wiley-Blackwell, 2013: 5202.
② 赵芳. 西班牙天才建筑师安东尼奥·高迪和他的作品[J]. 科技创新导报, 2009 (12):29.
③ 李涵. 安东尼·高迪建筑作品及其创作思想研究[D]. 西安:西安建筑科技大学, 2017:23 - 25.
④ 李涵. 安东尼·高迪建筑作品及其创作思想研究[D]. 西安:西安建筑科技大学, 2017:70.
⑤ 李涵. 安东尼·高迪建筑作品及其创作思想研究[D]. 西安:西安建筑科技大学, 2017:71 - 92.

至少在理念上是不够清晰的。实际上,高迪这种令人迷惑不解的设计理论已经蔓延到了文化评论家和历史学家当中,其中最著名的四个富有争议的观点是:圣加堂没有被实际制造的价值;圣加堂的制造理念是混乱和相互矛盾的(由于高迪死前没有留下圣加堂的平面设计图,内战几乎完全毁掉了高迪留下的建筑模型,所以该建筑的未完成部分实际上由其他建筑师猜测完成);圣加堂所试图反映的时代价值并不能融贯(高迪试图在圣加堂的设计中融合过去所有建筑的特点);圣加堂中的大部分建筑物都与高迪本身的设计理念、想法无关(高迪自己只部分完成了该教堂的"诞生立面",且完成得不精致)。[①]

上面富有争议的观点与其所指涉的问题同样困扰着电车难题的研究者们,因为许多人认为电车难题似乎也没有实际的价值、电车难题的理念似乎也是混乱和互相矛盾的、电车难题所试图反映的问题和它为人们带来的解决方案似乎本身也是不能融贯的,而且最重要的理由是:电车难题最初被提出时所想表达的理念与现存的理念之间似乎也已经完全没有关系了。这种情况意味着,电车难题可能根本就不是一个单一的问题,而是一个包罗了许多"五味杂陈"内容的论域。因此,笔者认为上述四个"似乎"的落实工作需要通过对电车难题的发展历程进行概述来完成:只有当这样的概述工作完成时,电车难题论域的范围才能得到正确的框定,人们关于电车难题本身过度复杂的争论就可能暂时被搁置下来。也就是说,各种"似乎"的情况将可能因此得到确定性的答案,比如我们可以通过这样的行动确定(1)电车难题在某个方面具有实际价值、(2)关于电车难题的伦理学理念不再混乱和矛盾、(3)电车难题所反映的问题与其显示出的解决方案能够融贯。

为了完成这个工作,本书下面将分"电车难题简史""难题的变种与其解决方案的结构""电车难题的两种互斥类型"三个部分来寻找以上问题的确定性答案。当然,迫于篇幅限制,而且为平衡论文整体的论证力度,下面每一部分的内容都是难以十分详尽的。

2.1.2.2　电车难题论域的发展简史

第二次世界大战时,纳粹德国曾在空中多次轰炸英国。当时伦敦人将德国

---

① 李涵. 安东尼·高迪建筑作品及其创作思想研究[D]. 西安:西安建筑科技大学,2017:93-99.

发出的用于轰炸自己的飞弹戏称为"飞虫"①（V1 火箭）。"飞虫"导弹的威力很大。按温斯顿·丘吉尔的记叙,在一次德国攻击伦敦的事件中,当英国的平民和士兵在白金汉宫附近的卫兵教堂进行宗教活动时,一枚恰巧落在那里的"飞虫"造成了 121 人死亡。② 但是,白金汉宫的卫兵教堂并不是"飞虫"的目的地:虽然这里确实是德国人的"飞虫"本该瞄准的目标(即伦敦的市中心),因为这里不但是政府等权力机构的所在地,而且人口密集。然而,德国人的这些"飞虫"由于丘吉尔的干涉错失了自己的目标。实际上,除了对卫兵教堂造成打击外,"飞虫"只是差点炸毁白金汉宫而已,因为大部分的"飞虫"都落在了离伦敦市中心偏南数英里远的地方。之所以纳粹德国对此情况毫不知情,理由在于:英国实施了一项计划,这个计划要求间谍和特工人员向德国当局提供虚假的情报。该计划的宗旨是欺骗德国人,让他们相信"飞虫"们都击中了目标(或者更准确地说,令德国人相信"飞虫"们都落在了伦敦的北部且没有命中目标。这时,德国人将不但不会调整"飞虫"袭击的位置,反而可能会使"飞虫"袭击的范围更大——令"飞虫"更多地落在伦敦市中心南边的郊区),使得攻击目标在于伦敦市中心的这种炸弹只袭向伦敦市的郊区。如此一来,英国最重要的建筑物和大量人的生命就将因此得到拯救。不过,这项最后带来传奇性结果的计划与一个重要的"创举"有关:该"创举"要求英国的政府高层扮演上帝的角色。简单地说,该计划意味着作为政府高层的丘吉尔需要决定一部分人的生命是否比另一部分人的生命价值更高,因为伦敦市中心区域民众的生命其实是牺牲本市南部居民的生命换来的。

当然,除了决定市中心区域的居民与市南部郊区居民之间的生命何者更值

---

① 伊夫林·沃曾将这种无人驾驶的用于轰炸的飞弹与交通设施进行类比。他认为自然的天空中并不存在与我方阵营(英国)的士兵们互相搏命的敌人,相反这些由德国发出的飞弹像瘟疫或其他寄生病菌一样冷漠(中立于自己所面对的对象),所以伦敦这座城市似乎是受到了巨大的有毒飞虫的攻击。参见:麦金泰尔. 代号"锯齿":二战王牌双面间谍查普曼传奇[M]. 梁青, 译. 北京:金城出版社,2012.

② 事实上,我们知道美国在第二次世界大战期间还向广岛投放了原子弹,理由是"快速结束战争可以拯救大多数的人生命"。当然军事行动中这样的利益计算是无时不在的,比如人们也可能采取折磨恐怖主义嫌疑人的行动。作家莎拉·贝克韦尔(Sarah Bakewell)因此认为"在最好的情况下,这些理由是正确的,在最坏的情况下,拯救行动的人与做出威胁的人或事是一丘之貉"。参见:Sarah Bakewell. Clang Went the Trolley[EB/OL]. [2013-11-24]. https://www.nytimes.com/2013/11/24/books/review/would-you-kill-the-fat-man-and-the-trolley-problem.html。

得牺牲与拯救外,丘吉尔等政府高层还得考虑另一件事:一旦这项"乾坤大挪移"计划被曝光,知道自己被利用的伦敦南部居民一定不会与英国政府善罢甘休。这造成的损失可能比伦敦市区被袭击更大。因此,在丘吉尔决定实施该计划的同时,英国情报机构军情五处把伪造的情报与相关于该计划的其他信息全部销毁掉了。据统计资料显示,截至1944年9月7日英国政府宣布对抗"飞虫"的行动结束时,"飞虫"造成了约6000人死亡,伦敦南部地区的贝肯汉姆、达利奇、斯特里汉姆、刘易舍姆、宾治、克里登等多个地方满目疮痍,单仅克里登一处就有近六万座房屋受损。① 尽管以上情况是该计划执行后的必然结果,但我们其实不难想象到另外一种"必然"结果:在没有"乾坤大挪移"计划的情况下,更多的英国建筑可能因为纳粹德国的轰炸被毁,更多的英国民众也会因此罹难。据埃迪·查普曼(Eddie Chapman)猜测,丘吉尔本人并没有在扮演上帝的过程中失眠,因为他每天都要面临许多折磨人的道德困境(这意味着"乾坤大挪移"困境不算什么)。而且这名英国政府的前科学顾问(实为双面间谍)还说自己促成了该计划的通过(虽然他的父母和母校都在伦敦南部——即被轰炸的地方),理由是:自己知道父母和母校都会同意该计划,因为他们不会否认这一将多拯救一万多人生命的计划的正确性。②

很凑巧,在纳粹德国使用"飞虫"轰炸英国伦敦期间,创造电车难题的哲学家菲利波·富特(Philippa Foot)正居住在卫兵教堂附近的西弗斯的公寓③。这间老鼠横行、书籍遍地的阁楼式公寓实际上是富特与艾丽丝·默多克(Iris Mur-

---

① 另外值得说明的是,虽然"飞虫"不再攻击英国,但纳粹德国实际上还有一种新型的"飞虫",这种导弹即将被用来对付英国。这意味着英国政府高层理论上应该还做过类似"乾坤大挪移"计划的决策。
② 麦金泰尔,代号"锯齿":二战王牌双面间谍查普曼传奇[M].梁青,译.北京:金城出版社,2012:32.
③ 菲利波·富特在嫁给历史学家富特(M. R. D Foot)之前,名字是菲利波·博桑基特(Philippa Bosanquet)。两人于第二次世界大战结束时结婚,1960年离婚。参见:Hacker-Wright, John. Philippa Foot[EB/OL].[2018-12-03]. The Stanford Encyclopedia of Philosophy (Fall 2018 Edition), Edward N. Zalta (ed.), https://plato.stanford.edu/archives/fall2018/entries/philippa-foot/。艾丽丝·默多克是默多克出生时的原姓名,且这个名字广为人知。相反,由于菲利波·富特的这一名字更为有名(菲利波·博桑基特几乎无人认识),所以为使行文简洁,笔者只使用该名进行叙述。

doch)两个女人的家①,她们凑合地穿着彼此的鞋子(两人总共只有三双鞋子),跟同一个男人(M. R. D Foot)谈恋爱(后来这个男人成为富特的丈夫)。② 此时,两人还未成为杰出的哲学家(其实默多克作为小说家的名气始终要更大一些)。③ 当时的情况是:默多克在为英国财政部工作,她的职责在于为共产党提供情报;富特在研究第二次世界大战结束后,英国应该如何利用美国提供的资金来帮助欧洲经济实现复兴。④ 按照默多克传记的撰写者彼得·康拉迪(Peter Conradi)的说法,默多克与富特早已对许多自己身边的建筑不复存在习以为常。他还形象地描绘了她们两人的生活状态:无论自己的公寓外是否正在被纳粹德国狂轰滥炸,默多克与富特两人下班以后都会钻进阁楼楼梯下温暖的浴缸中给自己的身体放松,并思考哲学问题。

第二次世界大战结束后,英国政府高层所面对的是否执行"乾坤大挪移"计划的决策困境恰好被富特用更为简洁的形式展现在了《牛津评论》(Oxford Review)杂志上⑤。这篇名为《堕胎问题与双重效应原则》(The Problem of Abor-

---

① 菲利波·富特出生后没有受到良好的学院教育,据她自己回忆说"自己一开始甚至不知道罗马与古希腊两个国家在历史上谁先谁后",不过她后来通过函授的方式进行拉丁语学习,且努力跟随当时辅导牛津入学考试的老师,成功地进入牛津著名的女子学院"萨默维尔"。她最初的哲学导师是唐纳德·麦金农(Donald MacKinnon),这是一位研究兴趣在于柏拉图、康德和黑格尔的哲学与神学研究者。在萨默维尔学院,富特与当时尚未成名的伊丽莎白·安斯康姆(Elizabeth Anscombe)、玛丽·米奇利(Mary Midgley)和艾丽丝·默多克(Iris Murdoch)是同学,四个人无论在同窗时期还是之后,在哲学上都有较为频繁的交流。(参见:Conradi, Peter J. and Gavin Lawrence. Professor Philippa Foot: Philosopher Regarded as Being Among the Finest Moral Thinkers of the Age[J]. The Independent, October 19, 2010)值得注意的是:由于篇幅所限,在本部分中,笔者将不对玛丽·米奇利与富特的两人之间的交集、观点碰撞做说明和评论。
② 默多克后来感谢富特的出嫁拯救了自己,她对富特说"感谢你成功地拯救了我抛弃富特而爱上你的经济学导师托米·巴洛格(Thomas Balogh)的行为所产生的后果"。参见:Iris Murdoch, A Writer at War: Letters and Diaries, 1939–1945[M]. Oxford: Oxford University Press, 2011: 254。
③ Widdows H. The Moral Vision of Iris Murdoch[M]. New York: Routledge, 2017: 11.
④ Lovibond S. Iris Murdoch, Gender and Philosophy[M]. New York: Routledge, 2011: 43.
⑤ 由富特首先提出的电车难题原型可能不是脱胎于英国政府高层处理"乾坤大挪移"计划时面对的决策困境的,因为富特自己没有在该文中描述过这样的事实。更为准确地说,出于上面的缘故,我们并没有证据能说明富特在提出电车难题原型时知道英国政府高层处理"乾坤大挪移"计划时面对的决策困境。然而,几本介绍电车难题的书猜测过两者之间的关联,例如在戴维·埃德蒙兹(David Edmonds)所著的《你会杀死那个胖子吗?——电车难题与它能我们的正确与错误》(Would You Kill the Fat Man? The Trolley Problem and What Your Answer Tells Us about Right and Wrong)就做了这样的描述安排。参见:Vaughn L. Doing ethics: Moral Reasoning and Contemporary Issues[M]. New York: WW Norton & Company, 2015: 113。

tion and the Doctrine of Double Effect）的论文后来被重印在追忆默多克的书中。在该论文中，富特所提出问题的新颖之处在于，人们需要考虑"牺牲一个人以拯救多数人生命"的选择是否是道德上可行的。这个问题思考的难处在于：受到死亡威胁的多数人原本是无辜的（他们不应该遭受死亡威胁），并且可能被牺牲以拯救这些人生命的少数人也同样是完全无辜的。该问题更重要的细节是：多数人与少数人之间不存在任何情感上与理性上的瓜葛（非亲非故、互相之间不认识）。也就是说，多数人与少数人两个群体之间的唯一瓜葛只是碰巧遭遇到了同一场灾难而已。不过，我们需要注意到的另一个关键细节是："救多数人还是救一个人"与"是否应该为拯救多数人而牺牲一个人"两个问题实际上是不同的。当然，虽然两者确实不同，但它们却被许多研究者认为是一起内涵于电车难题的研究诉求中的。① 我们知道，某些国家军事部门实际上已经将这一区分看作电车难题的一种解决方案。例如在西点军校中，教官们认为士兵学习电车难题有助于区分"国家发动战争"与"恐怖分子发动战争"，因为前者的目标是军事设施（但知道战争行为会伤害平民），而后者的目标则是平民本身。②

作为电车难题的创造者，富特认为它存在确定且唯一的答案。具体地说，她认为电车难题的回答应该从"行为发起者的品格角度着手"。这意味着，哲学家们应该从美德的角度来思考并解决电车难题。也就是说，伦理学家在回答伦理学问题的时候应该注重个体道德品质的重要性。一个形象的例子或许能够准确说明富特这一观点的创见性所在。

对于富特来说，过去的伦理学理论在面对具体的道德难题回答"我应该怎么办"问题时，大致只有两种进路：一种强调道德义务和道德责任，另一种是实用主义的，甚至强调只看重行为所产生的后果。③ 应用前一个进路的道德原则

---

① Kamm F M. The Trolley Problem Mysteries[M]. Oxford：Oxford University Press，2015：66.
② Edmonds D. Would you Kill the Fat Man？：The Trolley Problem and What Your Answer Tells us about Right and Wrong[M]. Princeton：Princeton University Press，2013：18.
③ 伊丽莎白·安斯康姆（Elizabeth Anscombe）被认为使用鄙夷的态度将"结果主义"一词引入伦理学讨论中来。参见：Edmonds D. Would you Kill the Fat Man？：The Trolley Problem and What Your Answer Tells us about Right and Wrong[M]. Princeton：Princeton University Press，2013：31。

时,人们在面对是否撒谎这一难题时只能选择不撒谎①;应用后一个进路的道德原则时,人们完全不必在意自己的行为是否对更多的人有影响,或者该行为是否可能带来更多的幸福。富特所开创(或者恢复)的第三条进路则认为一个行为的好坏取决于执行它的人的品格是否正直,而判断一个人品格包含自尊、节制、慷慨、勇敢和善良等内容。

值得一提的是,她这一创见性的观点不仅与默多克有关,也与伊丽莎白·安斯康姆(Elizabeth Anscombe)有关。② 而且,前者在富特的鼓励下申请在牛津大学圣安妮学院做了一名老师,后者则因富特说服自己所在的牛津大学萨默维尔学院同意而获得哲学教席。③

具体来说,富特的这篇关于堕胎问题的论文同她与安斯康姆的争论有很大的关系。④ 我们知道:在20世纪的60年代,安斯康姆鼓励女权的觉醒与性解放,她认为已婚夫妇应该进行有规律的性生活。然而,当乐施会(Oxfam)向大众推荐计划生育政策的时候,她在与富特起争执的过程中撕毁了富特的乐施会入会通知书。简单地说,富特虽然同意安斯康姆关于众多女性问题的看法,但两人关于性问题的看法却迥然不同:比起安斯康姆露骨地使用"谋杀犯"一词来称呼选择堕胎的女性来说,富特认为一定条件下的堕胎行为在道德上是被允许的。实际上,富特与安斯康姆两人关于避孕与堕胎问题的针锋相对的看法导致两人在哲学与生活中处于决裂状态。按照富特自己的说法,她认为安斯康姆是比罗马教皇更狂热的天主教徒,而安斯康姆则怒斥富特是教唆他人杀害无辜之人的杀人犯。⑤

在论文中,富特试图论证双重效应原则(doctrine of double effect, DDE)不能作为谴责妇女堕胎行为的工具。粗略地讲,富特将DDE原则理解为"两种不同行为所造成的结果不同",这两种不同的结果是:人们可以预见到的行为所自发

---

① 富特、安斯康姆与默多克是支持这一进路最早的几个人,她们理论的提出几乎都来自互相之间的讨论或其他影响(由于牛津当时几乎没有女性的哲学教员,所以三人经常在一起)。罗杰·克里斯普(Roger Crisp)认为这种解决方式也是"美德论"的,参见:Crisp R. A Third Method of Ethics？[J]. Philosophy and Phenomenological Research, 2015, 90(2): 257 - 273。
② 参见:Hacker-Wright J. Virtue Ethics without Right Action: Anscombe, Foot, and Contemporary Virtue Ethics[J]. The Journal of Value Inquiry, 2010, 44(2): 209 - 224。
③ 参见:Altorf M. After Cursing the Library: Iris Murdoch and the (in) Visibility of Women in Philosophy[J]. Hypatia, 2011, 26(2): 384 - 402。
④ Wiseman R. GEM Anscombe[M]. Oxford: Oxford University Press, 2017: 23.
⑤ Voorhoeve A. Conversations on Ethics[M]. Oxford: Oxford University Press, 2009: 93.

产生的结果,严格意义上的故意行为所产生的结果。或者说成:一个是人们希望发生的结果,另一个是人们能够预见到但不希望实际发生的结果。在她看来,所谓的"双重效应原则"的意义在于它能够证明某些情况下"非故意的行为是道德上允许的"①。支持堕胎的富特持有这一观点的主要原因是:大多数女性的堕胎行为都是"严格意义上故意行为所产生的后果"。在她看来,女性的堕胎行为只有在堕胎行为本身自发产生的情况下才是可行的(这种结果当然也是可以预见的)。例如当女性的子宫内有肿瘤需要切除子宫以挽救女性生命的时候,并且当女性子宫中存在的胎儿生命相对于女性的生命来说属于次要之事的时候,堕胎是可以的。理由是:此时切除该女性子宫行为的目的不是杀死胎儿本身,更不是试图对胎儿造成影响;相反,该行为的目的仅旨在治疗女性身上的肿瘤。当该原则应用于另一实例时,比如在医疗领域中,医生除非在能够预见到但并非故意造成病人加速死亡的情况下,否则按照荷兰法律,医生不能对患者施行安乐死。然而同样的观点在安斯康姆看来,尤其在天主教教义的解释下,DDE 原则反而可以成功地说明大多数女性的堕胎行为都是对胎儿的故意谋杀。

具体地讲,富特通过思想实验论证了自己的上述观点。论文中,她将道岔难题与器官移植难题做了类比。富特认为 DDE 是一种能够解释道岔难题中的行为不能在器官移植难题中做出的理由的原则。② 即 DDE 原则能够通过区分出道岔难题与器官移植难题的不同,解释人们不能在两个难题中都选择"牺牲少数人拯救多数人"(在道岔难题中这一行为是道德上可以接受的,而在器官移植难题中同样的选择却不是道德上能令人接受的)的原因。在她看来,应用 DDE 原则后上述两个难题之间的差别在于:面对道岔难题时,人们并不会故意"杀死一个人以拯救多数人",而在面对器官移植难题时,人们如果选择"牺牲少数人拯救多数人"则是在故意"杀死一个人以拯救多数人"。形象地说,道岔难题中,在失控电车的行驶方向被人为地改变后,如果原先铁轨上的一个人不知什么原因逃脱了死亡的命运,那么当初选择"牺牲少数人拯救多数人"而扳动道岔的人

---

① Foot P. Virtues and Vices and Other Essays in Moral Philosophy[M]. Oxford: Oxford University Press on Demand, 2002: 20.
② 这两个思想实验的内容笔者已经在本章的第一节说明过。富特的原文与此处的说明有差别,除了电车难题如第一节注释部分所说比较简陋以外,器官移植难题也没有这么精致。笔者将在本小节的下一部分中详细解释难题的具体内容。

是会因此高兴的——扳动道岔的行为不但避免了多数人的死亡,而且也没有人为此结果而死亡。然而在器官移植难题中,选择"牺牲少数人拯救多数人"的人实际上是希望少数人死亡的——如果那个贡献器官的人逃脱了,那么另外的人就只能死亡了,即少数人的死亡是多数人获得拯救的条件。

  DDE 原则当然有许多问题。[1]富特自己也在该文中明确指出:伦理学研究者不需要借助 DDE 原则就能区分出同种行为在道德评价上的不同。这一论断意味着:某个非 DDE 原则能合理地解释人们在面对道岔难题与器官移植难题时做出不同选择的原因。她提供的新解释原则旨在对消极原则与积极原则进行区分,理由是:人们既有消极的义务,又有积极的义务。具体地说,在上述两种道德难题中,富特所谓的消极的义务是不要伤害他人生命的义务,积极的义务是帮助他人的义务。即在道岔难题中,面对道德困境的是司机而不是旁观者——由于司机发动了电车,所以他必须做出的道德抉择就是"杀死一个人还是杀死五个人"。采用"消极义务"与"积极义务"区分,"杀死一个人"的行为自然相较于"杀死五个人"的行为在道德上更可取。相应地,在器官移植难题中,虽然外科医生有拯救五个患者生命的积极义务,但该义务与不伤害健康人的消极义务相冲突,并且作为道德决策者的医生还应当知道另一个伦理学事实:比起积极义务,出于消极义务的道德要求在道德决策的过程中应该被更多地考虑到。

  在后来的一系列论文[2]中,富特虽然依然继续强调"积极义务与消极义

---

[1] 哲学史上一种比较有名的关于 DDE 解释方法的反驳是:想象两个人——汤姆和杰瑞,如果两人的侄子死了,两人将因此发财。某天,汤姆趁侄子泡澡的时候溺死了侄子,并让自己有意的行为看起来像是意外。同时,杰瑞也溜进了自己侄子的浴室,不过当他正准备溺死泡澡中的侄子时,侄子自己意外淹死在了浴缸里。哲学家们普遍认为汤姆与杰瑞的行为在道德上没有区别,虽然汤姆事实上做出了令他人死亡的行动,而杰瑞没有。也就是说,DDE 无法令前、后两种行为一种符合道德一种不符合道德。彼得·辛格认为,该思想实验将让人们在没能救人性命时感到和自己杀人一样的负罪感。参见:Kagan S. The Additive Fallacy[J]. Ethics, 1988, 99(1):5-31。

[2] 富特自己认为双重效应原则本身并不足以单独决定一个行动是否道德(例如"刻意与无意的区分并不总是对行为的道德状态产生影响"——参见:Foot P. Moral Dilemmas and Other Topics in Moral Philosophy[M]. Oxford: Clarendon Press, 2002)。实际上,她认为自己提出的"消极义务"与"积极义务"区分应该与双重效应原则共同使用,只有这样人们才能正确判断出某个行动的道德性。富特设想过间接行为引发故意不良后果的情况,即她列举过一个符合双重效应原则要求的行为不能被评价为道德上可允许的例子。比如她设想过恶意商人故意出售有毒石油的例子。在这个例子中,商人的目的自然不是伤害自己的顾客(故意伤害自己的顾客),而只是为了获利。

务"区分的作用,不过将这种说法补充得更为完整。她把这种区分说成"威胁之间的区别"①。在她看来,道岔难题中,人们做出牺牲一个人拯救五个人的选择只是将一个已经存在的威胁转移了方向。这意味着,当我们把失控的电车当作移动的威胁时,人们做出了把这个威胁转换到别处的选择,即威胁从五个转移到了一个。但在器官移植难题中,人们如果做出"牺牲一个人的性命而拯救五个人性命"的道德选择,该选择意味着人们创造了一个全新的威胁:当我们把死亡当作一种威胁的时候,对于年轻人来说,被外科医生致死是面临了全新的威胁(年轻人本不用死亡)。不过,这种区分方法显然依赖于我们对"医疗"本身的看法,因为在后一种情况中,如果我们把死亡当作可以移动的威胁,那么选择牺牲一个健康的人的生命以拯救五个器官衰竭者的生命显然是威胁的转移。这种情况下人们必须得承认去医院看病这一行为本身其实相当于行动者自己接受了死亡的威胁。当然,富特或者其他该区分方法的支持者可以为自己进行下面的辩解:那些愿意在电车轨道上工作的人早就接受了死亡,而去医院看病的人却不可能想到自己可能会死亡。因此,后者相对于前者来说,"死亡"应被看作一种新的威胁。然而,这样一来,电车难题的研究原则实际上已经被抛开不顾了,因为"寻找威胁之间的区别原则"这一行为实际上试图从两个难题的细节着手,不再理会道德原则本身。换句话说,当我们不考虑道岔难题中那名被牺牲的人的职业限制时,该区分就会失效。如果这个人是偶然处于轨道上的陌生人,那么牺牲他的道德选择也会变为创造新威胁的手段。②

另一位女性哲学研究者朱迪思·汤姆逊(Judith Thomson)将富特所发明的

---

① Hacker-Wright J. Philippa Foot's Moral Thought[M]. London: A&C Black, 2013: 95.
② 从这个意义上说,富特强调"牺牲之间的区别"也不符合人们的道德直觉,因为大部分人可能认为即使道岔难题中被牺牲的人不是轨道工人,他也是可以因为拯救多数人而被牺牲的,而器官移植难题中的健康患者的生命却不能够被牺牲。虽然这种可能性并不具有消除"牺牲之间的区别"效力的理由,但是富特自己的逻辑却足够做到这一点了。简单地说,富特不可能认同自己所提出的"牺牲之间的区别"的方式需要关注道德判断主体和对象的职业(显然,不同职业的人对自己和他人在工作时应承担的威胁持有不同的看法),因为她这么做的话不但等于间接接受了道德的主观主义观点,而且承认了"日常语言学派"的道德观点(例如,由于电车难题根本不是实际日常语言中存在的问题,它相当于是一种私人语言,因而无法被研究)。富特自己多次撰文反对以上两种道德观点,例如:Foot P. Natural Goodness[M]. Oxford: Clarendon Press, 2003。

电车难题所反映的问题在哲学界发扬光大。她被认为是"电车难题"的共同创始人。① 汤姆逊所撰写的两篇回应富特论文的文章值得被提及。②

与富特关于堕胎问题的考虑相对应,汤姆逊撰写过名为《为堕胎辩护》(*A Defense of Abortion*)的文章。虽然汤姆逊在这篇文章的行文上没有明确地与富特所提出的权利观点针锋相对,但实际上,她为堕胎辩护时所采用的非权利角度已经对富特借由以上两种义务区分说明的"电车难题"构成了直接的挑战。显而易见的原因在于:关于旧的解决方式,汤姆逊在文中明确指出"无论如何解释,我认为他们采取的办法既不容易,也不明显"③。更为重要的理由是,她清楚地说明:富特借用"电车难题"区分威胁以说明堕胎问题的论证形式是"滑坡论证"。这意味着,汤姆逊认为目前基于"电车难题"的关于堕胎问题的讨论都是有问题的,或者说:关于电车难题的争论的前提并不可靠,因为富特上述两种区分确定时的"画线完全是任意的"④。

《主动杀害、任人死亡与电车难题》(*Killing, Letting Die, and the Trolley Problem*)一文更加清楚地反映出了汤姆逊的上述观点,并改进与深化了电车难题。她在此论文的末尾强调:人们必须更认真地考虑电车难题,它是依赖于"背景环境因素"的,因为"即使'主动杀害'真的在道德上差于'任人死亡',一个人在道德上可能还是应该选择'直接杀死'而不是'任其死亡'"⑤。粗略地说,她的这一核心论断是分以下三个步骤说明的:(1)通过设想阿尔弗雷德与伯特两人杀害妻子的思想实验来说明"主动杀害"与"任人死亡"两个动作的孰优孰劣是值得被认真地重新考虑的;(2)通过构想查尔斯与大卫面临"器官移植难题"、

---

① 菲利波·富特是电车学的开山鼻祖,而麻省理工学院的哲学家朱迪思·贾维斯·汤姆逊则将该学说发扬光大。参见:BBC World Service. Would You Kill the Big Guy? [EB/OL]. [2018-12-03]. https://www.bbc.co.uk/programmes/p00c1sw2.
② Peter Graham. Thomson's Trolley Problem[J], Journal of Ethics and Social Philosophy, 2017, 12(2):168-190.
③ Thomson J J. A Defense of Abortion[J], Philosophy and Public Affairs, 1971, 1(1):48-49.
④ 提摩太·夏纳罕,罗宾·王. 理性与洞识(下):东方与西方求索道德智慧的视角[M]. 王新生,等译. 上海:复旦大学出版社,2012:472.
⑤ Thomson J J. Killing, Letting Die, and the Trolley Problem[J]. The Monist, 1976, 59(2):204-217.

爱德华与弗兰克、乔治面临"电车难题"、哈利与欧文面临"炸弹转移难题"①来论证过去哲学界流行的"行动与否"原则并不恰当:"这些提议确实可以,但它们仅仅是一些提议(并非解决方案)"②;(3)通过对自己构想的"健康卵石难题"③与"雪崩难题"④进行辨析提出了新的电车难题解决方案:当一个人没有比被威胁的那个人拥有更多"声称自己权利"权的时候,杀害无辜的人在道德上就是可行的。这样的可行杀害是对已经存在威胁的转移。

哲学研究者法兰西丝·卡姆(Frances Kamm)是必须在这里被提及的最后一个人物。理由在于:她的哲学生命几乎全都贡献给了电车难题。⑤ 更准确地说,她在电车难题领域中几十年的研究与开拓引发了富特对自己创造出的这一领域的不满,以至于断言"学院派哲学家为了逃避观察现实问题的压力而痴迷于一些经过挑选和人为制造的虚拟事例,电车难题领域不过是又一个令人沮丧的注脚罢了"⑥。事实正如富特所隐晦表达的那样,作为一个学院派哲学研究者,卡姆几乎所有哲学研究都与电车难题有关。她比较有影响力的论文是:《杀害与任其死亡:方法与实质性问题》(*Problems in the Morality of Kill-*

---

① 哈利是一个总统,他被告知俄罗斯将会向纽约投放炸弹,他也被告知唯一阻止炸弹在纽约爆炸的办法是按下按钮"转向这枚炸弹"。但是唯一的转向地点只能是伍斯特。如果哈利什么也不做的话,纽约所有人将死亡。然而,当哈利按动按钮的时候,炸弹将会被转向,伍斯特所有的人都将死亡。欧文是一个总统,他被告知俄罗斯将会向纽约投放炸弹,他也被告知唯一阻止炸弹在纽约爆炸的办法是按动按钮往伍斯特投放炸弹。因为这么做的话,所投炸弹的余波将会破坏俄罗斯的炸弹。欧文如果什么也不做的话,纽约人将全部死亡;如果他按动按钮,则将发射美国的炸弹到伍斯特,杀死所有伍斯特人。
② Thomson J J. Killing, Letting Die, and the Trolley Problem[J]. The Monist, 1976, 59(2):204 – 217.
③ 假设现在有六个人即将死亡。在某处沙滩上,五个人站在一起,另外一个人站在另一边。水冲上岸的是奇妙的鹅卵石——"健康卵石",它能够治愈人所有的病痛。这边的一个人需要使用一整块"健康卵石",而另一边的五个人则只需要使用五分之一块"健康卵石"。现在,"健康卵石"正在被冲向一个人。如果我们什么也不做的话,它将被冲向一个人。不过,我们恰好在"健康卵石"旁边游泳。所以我们有机会将"健康卵石"的漂流方向改道为朝向五个人。那么,在道德上我们被允许做这样的行为吗?
④ 如果雪崩将要袭击一座大的城市,我们有机会将这场雪崩转移到小的城市,我们能这么做吗?如果我们知道住在被雪崩袭击的大城市里的人,本来就早已接受自己可能受到袭击了,那我们还愿意转向吗?
⑤ Norcross A. Off Her Trolley? Frances Kamm and the Metaphysics of Morality[J]. Utilitas, 2008, 20(1):65 – 80.
⑥ 戴维·埃德蒙兹. 你会杀死那个胖子吗?:一个关于对与错的哲学谜题[M]. 姜微微,译. 北京:中国人民大学出版社,2014:117.

ing and Letting Die, Doctoral Dissertation)、《非后果主义、作为目的本身的人与身份的意义》(*Non-consequentialism*, *the Person as an End-in-Itself*, *and the Significance of Status*)、《三重效应原则以及理性行动者不需要意图达到目的的手段的原因》(*The Doctrine of Triple Effect and Why a Rational Agent Need Not Intend the Means to His End*)、《错综复杂的伦理学：权利、责任和被允许的伤害》(*Intricate Ethics*：*Rights*，*Responsibilities*，*and Permissible Harm*)①。当然，她也出版过以电车难题为唯一主题的名为《电车难题之谜》(*The Trolley Problem Mysteries*)的学术专著，还在《国际伦理学百科》(*The International Encyclopedia of Ethics*)中为"电车难题"撰写词条。

值得一提的是《电车难题之谜》②。该书是卡姆在哲学界久负盛名的坦纳人类价值讲座(Tanner Lectures)进行讲演的讲稿合集。在这一席难求的加州伯克利大学的王牌讲座之上，伦理学领域中四位大师级人物进行了同台激辩：除哈佛大学的卡姆外，另外三位人物是麻省理工学院荣休教授汤姆逊、规范伦理学大师托马斯·胡尔卡(多伦多大学"亨利·牛顿·罗威尔·杰克曼哲学研究讲座杰出教授")和经典公开课《死亡》的掌舵人谢利·卡根(主要从事对后果论与义务论道德理论进行比较研究的工作)。而且令人感兴趣的是，作为当今世界上最好的电车难题研究专家，卡姆在该讲座上花了大量时间批评电车难题的创立者汤姆逊的观点，两人在"电车难题是什么"这一问题上都不能保持一致意见。当然，作为评论嘉宾之一的汤姆逊也对卡姆的说法给予了尖锐的回应与再批评。因此，在这个意义上说，埃里克·拉科夫斯基(Eric Rakowski)盛赞本书为"探究电车难题的无价之宝"③，确实名副其实。

2.1.2.3 结构、解决方案及其困难

2.1.2.3.1 电车难题类思想实验的种类

"电车难题类"一词来源于艾玛·邓肯(Emma Duncan)的文章。④

---

① Voorhoeve, Alex. Conversations on Ethics[M]. Oxford: Oxford University Press, 2009: 37.
② 2018年12月，该书中文版已由牛津大学出版社授权北京大学出版社出版，常云云翻译，书的译名为《电车难题之谜》。
③ 弗朗西丝·默纳·卡姆. 电车难题之谜[M]. 常云云, 译. 北京: 北京大学出版社, 2018: 7.
④ Duncan E. Trolleys and Transplants: Derailing the Distinction Between Doing and Allowing[J], Journal of Philosophical, Theological and Applied Ethics, 2015, 2(2): 9–18.

主要版本

电车难题类思想实验的变种数量浩如烟海,但据种类意图梳理后数量并不多。因篇幅限制,笔者下面仅按逻辑顺序介绍无概念扩展的难题原型和通过类比、转换视角、增加不相干因素等方式来更改固有问题的代表性变种。①

1. 电车难题(原始版本)

一位驾驶有轨电车的司机,在行驶中发现自己前方的轨道上有五个轨道工人,如果继续行驶,他们将失去生命。司机试图刹车,但失灵的刹车不能留给他们逃脱轨道的时间。司机发现前方有一个道岔,使自己驾驶的电车驶向道岔可以挽救五名轨道工人的生命。然而,道岔上也有一个工人在工作。如果电车在这条道岔行驶的话,这个人将失去生命。那么,司机应该使自己的列车驶向道岔吗?②

2. 旁观者难题(又被称作道岔难题)

一辆有轨列车冲向轨道上的五个轨道工人,因为刹车失灵,列车司机因受惊已经昏厥。这时,站在道岔旁的路人发现扳动开关使列车驶入另一道岔就可以避免五人失去生命。然而,另一个道岔上有一名工人正在工作。如果电车在这条道岔行驶的话,这个人将失去生命。那么,旁观者在道德上是否被允许搬动道岔?③

3. 天桥难题(又被称作胖子难题)

一个体积和重量足够让有轨电车停止运行的胖子正站在有轨列车经过的天桥上,失控的有轨列车即将撞死轨道前方的五名轨道工人。作为一个知道这种情况的旁观者,你会选择把胖子推下轨道以拯救五个人的生命吗?旁观者知道,胖子会因为这样的行为发生而死亡。更准确地说,"把胖子推下轨道以拯救五

---

① 这种抽象的做法并非笔者首创。实际上,由于电车难题变种的数量太过巨大(可能有几万种),许多哲学家在研究它的时候都只对类型进行讨论。例如,以电车难题为终身研究事业的卡姆就是这么做的,参见诺曼·丹尼尔斯(Norman Daniels)对卡姆的研究方法进行的评论:Daniels, Norman. Kamm's moral methods[J]. Philosophy and Phenomenological Research, 1998, 58(4): 947-954。

② Philippa F. The Problem of Abortion and the Doctrine of Double Effect[J]. Oxford Review, 1967(5): 5-15.

③ Thomson J J. Killing, Letting Die, and the Trolley Problem[J]. The Monist, 1976, 59(2): 204-217.

个人的生命"这样的行为在道德上是被允许的吗?①

4. 环轨难题

失控的有轨电车在一个环线上,环线上站着五名和一名轨道工人,旁观者可以用扳动道岔的方法来改变电车驶向两个目标的顺序。旁观者知道,如果不改变的话,火车将会先驶向五个人的那边,并因撞上他们而停下来,五个人的性命将因此丧失。当然,通过扳动道岔改变列车的通过顺序也意味着"死亡",不过电车可能因为撞死一个人而停下来,这样五个人的生命就得到了拯救。该情况意味着:要么五个人死亡,要么一个人死亡。那么旁观者此时应该扳动道岔使其先驶向站着一名轨道工人的地方吗? 更准确地说,这样的行为在道德上是被允许的吗?②

5. 奇迹难题

本难题的基本设定与环轨难题相同,但是原来"电车可能因为撞死一个人而停下来,这样五个人的生命就得到了拯救"的假设却并不成立。也就是说,这辆失控的电车虽然撞死了一个人,它却仍然继续行驶。如此一来,"失控电车"即将来到五个人所在的轨道上:如果它在这条轨道上行驶下去的话,"失控电车"将会撞向五个人,导致五个人死亡。不过,神奇的事情是,失控电车与人相撞时会产生一种能使人复活的物质——这个物质能使五个人的生命得到拯救。当然,它不能使死去较久的人复活:之前死去的人是不能复活的(比如已经死去的一个人)。旁观者知道这一事实。那么旁观者此时应该扳动道岔使其先驶向站着一名轨道工人的地方吗? 更准确地说,这样的行为在道德上是被允许的吗?③

6. 落石难题

本难题的基本设定与之前所有难题相同,它的特殊之处在于:扳动道岔不会直接致人死亡,而是引发落石或其他物体致人死亡。④

---

① Thomson J J. The Trolley Problem[J]. The Yale Law Journal, 1985, 94(6): 1395 – 1415.
② Ibid., p.1402.
③ Kamm F M. Morality, mortality: Death and Whom to Save from It[M]. Oxford: Oxford University Press, 1993: 220.
④ 这个难题的表达形式众多,比较著名的版本可参见:Bruers S, Braeckman J. A Review and Systematization of the Trolley Problem[J]. Philosophia, 2014, 42(2): 251 – 269;Kamm F M. Harming Some to Save Others[J]. Philosophical Studies, 1989, 57(3): 227 – 260。

7. 三重选择难题

此难题为现存二选一的难题增加了第三种选择,比如它在旁观者难题中多增加了一条道岔,旁观者自己站在该道岔上。对于旁观者来说,此时的行动选择变为三种:①任由五名轨道工人死亡;②扳动道岔使另一名轨道工人死亡;③搬动道岔使自己死亡。那么旁观者该怎样搬动道岔呢? 更准确地说,旁观者所作出的行为在道德上是被允许的吗?①

主要种类

按照行动所导致的后果作为标准,诸多的电车难题类思想实验恰好可以被分为以下 3 类。

• 种类 a:直接杀死一个轨道工人

最符合这类实验内容的电车难题变种是胖子难题。特点在于,虽然"减少伤亡"的行动选择确实拯救了更多人的生命(牺牲一个人的生命拯救了五个人的生命),但它明显违背人们日常生活的直觉:这一行为侵犯他人的权利。例如,"旁观者推下胖子"侵犯了他人合理、合法的生存权利。

• 种类 b1:间接杀死一个轨道工人(旁观者不在意其是否会被杀死)

电车难题的原始版本、旁观者难题、奇迹难题和落石难题都可归属于该分类。

• 种类 b2:间接杀死一个轨道工人(旁观者希望其生命被终结)

环轨难题是这种类别的典型。我们知道,在其他电车难题中,一个轨道工人的死亡并不是扳动道岔的行为意图所直接带来的,比如:"旁观者通过搬动道岔拯救五个人的生命"这一意图并不直接需要另一个轨道工人死亡作为交换代价。然而,环轨难题中旁观者难题的行动逻辑并非如此:环线难题中拯救五个人的意图必然需要另一个人的死亡。

• 种类 c:自杀

三重选择难题属于这种情况,自杀的选项已被电车难题的研究者纳入可供旁观者选择的行动方案中。

2.1.2.3.2 电车难题类问题的解决路径

基于规则

---

① Thomson J J. Turning the Trolley[J]. Philosophy & Public Affairs, 2008, 36(4): 359–374.

(1) 康德主义者

康德主义者会在所有电车难题思想实验的种类中选择不行动。他们所持有的理由一般是：人不可以被作为手段，人必须被当作目的。该理由通常遇到的首要麻烦在于："将人作为手段"的含义并不明确。批评者认为构造"既让人们有行动的直觉，又将受害者作为了一种手段的情形"①是不难的。例如在环轨难题中，"将电车转向"与"不将电车转向"的行动理由都可能是"将人作为手段"。即道德上既有可能允许"将电车转向"，也有可能允许"不将电车转向"②。这意味着，肯定与否定性的判断完全取决于"转向"行为被怎么理解：如果我们认为"一个人的死亡"与"五个人的生命得到拯救"两者之间是直接因果关系，那么"转向"行为是"将人作为手段"的；如果我们认为"一个人的死亡"只是维持"五个人的生命得到拯救"的一个事态，那么"转向"行为就不是"将人作为手段"的。当然，奇迹难题也能够对这一分别做出形象的解释。在这个难题中，我们可以更明显地发现：使得"五个人的生命得到拯救"的手段其实是"五个人的生命不再受到威胁"的事态；一个人的死亡与否并不是旁观者关注的内容。然而，我们难以否认的事实是：使五个人死而复生的"神奇物质"确实是以"一个人的死亡"作为手段来换取的。③

所以，康德主义者可能还会持有另一种理由来为自己申辩，比如"某一行动具有道德价值，当且仅当该行动是出于义务而作出的"④。形象地说，他们所声称内容将是：我们有义务不将电车转向道岔（造成一人死亡），不将他人推到电车前（造成该人死亡），而且无论是旁观者积极地直接杀人，还是通过触发一系列事件间接杀人，两者并无差别，因为"无论行为能造成什么样的良好后果，并未出于义务的行为都不具有道德价值"⑤，因而它是不能被道德允许的。然而诉诸这样的原则也是有问题的，罗伯特·诺奇克（Robert Nozick）在《无政府、国家和乌托邦》中提出过关于此的著名挑战："对……不违反……的关注怎么会导致

---

① Kamm F M. Intricate Ethics: Rights, Responsibilities, and Permissable Harm[M]. Oxford: Oxford University Press, 2008: 91.
② 即道德上既有可能允许"将电车转向"，也有可能不允许"将电车转向"。
③ Hugh LaFollette eds. The International Encyclopedia of Ethics[M]. Chichester: Wiley-Blackwell, 2013: 5205.
④ 杨云飞. 康德论出于义务而行动的道德价值[J]. 哲学研究, 2013 (7): 95 – 102.
⑤ Heinzelmann N. Deontology Defended[J]. Synthese, 2018, 195(12): 5197 – 5216.

拒绝违反……难道原因是这样可以防止更多的违反吗？那么'把……不违反……'这样的后果作为'对行动的约束而不是仅仅把它作为一个行动的目的'的合理理由是什么？"①粗略地说，他的意思是：①"能够获得最多的善果与最少的恶果"这一目标是行动的理由，但康德却要求道德理由不要以后果作为行动的基础；②一个重视权利的人，努力去"最大限度地减少对权利的侵犯"，在康德看来是一个道德错误，因为"更少的权利被侵犯"②是一种后果，虽然它是更好的后果。

因此，参照塞缪尔·舍勒（Samuel Scheffler）对诺奇克挑战回应方式③进行自我修正的康德主义立场更为深刻一些。比如 T·M·斯坎伦（T. M. Scanlon）就因此主张"价值的主要承载者是事态"④，这意味着：康德这种目的论的支持者可以否认结果主义者的说法，因为"所有道德上相关的考虑都是基于时态的总体价值"。即，前面诺奇克所指出的"善果"与"恶果"只是基于事态总体价值的。具体地说，斯坎伦此处的观点是"如果'失控电车'没有杀死五个人而是杀死一个人，对我来说可能很好，但如果它杀死了五个人，对我来说也是同样好的"⑤。所以，从这个角度上说，汤姆逊（Thomson）和德里克·帕菲特（Derek Parfit）给出的康德主义解决方案的改进版本⑥更为出名的原因是可以被解释的：两人的改进方案使康德主义解决方案的谬误更少、操作性更强了。事实上，他们将反事实条件加入了"人必须被当作目的"的原则中。综上所述，我们知道这种新方案的主张是：如果受害者的存在与死亡是阻止失控电车运行的必要条件，那么任何行动都将是道德上不被允许的。

显然，我们可以因上面的原因发现：康德主义解决方案已经将本书上一部分所列的 b1 种类直接排除出了理论的解释范围。这意味着，b1 种类实际上对于康德主义者来说已经不再是电车难题了：电车难题的原始版本、旁观者难题、奇

---

① 罗伯特·诺奇克. 无政府、国家和乌托邦[M]. 北京：中国社会科学出版社，2008：36 - 37.
② Hugh LaFollette eds. The International Encyclopedia of Ethics[M]. Chichester：Wiley-Blackwell, 2013：3792.
③ Scheffler S. The Rejection of Consequentialism：A Philosophical Investigation of the Considerations Underlying Rival Moral Conceptions[M]. Oxford：Oxford University Press, 1994：88.
④ 托马斯·斯坎伦. 我们彼此负有什么义务[M]. 陈代东，等译. 北京：人民出版社，2008：107.
⑤ Scanlon T M. Moral Dimensions[M]. Cambridge：Harvard University Press, 2009：61.
⑥ Merricks T. Reading Parfit[J]. The Philosophical Review, 1999, 108(3)：422 - 425.

迹难题和落石难题四者之间是没有差别的。也就是说,康德主义理论的应用结果并不符合大部分人的道德直觉。

(2)威胁不变原则

在电车难题类思想实验进行社会学解读的基础之上,卡姆与帕斯托(B. C. Postow)共同提出了威胁不变原则①。这一原则往往被误认为是由卡姆自己单独提出来的,英文往往被写作为"diverting an old threat principle"或者"non introducing a new threat"②。它的内容如下:

为了一个能够避免多数人的伤亡而采取的仅会导致少数人伤亡的行动在道德上是能够被允许的,当且仅当:

i. 行动本身不引入新的威胁进入事件中。

ii. 行动带来的结果是将事件中已经存在的威胁从多数人转向少数人一边。

iii. 行动不会侵犯少数人的任何受严格保护的权利。

iv. 行为者没有把受害者推向电车。③

以上四项限制的有效性理由是:①制造新威胁的行动是一个显而易见的恶,也就是承认"增加新的威胁比转移旧的威胁更糟糕"④;②当很多人面临重大威胁时,威胁的"分配豁免"原则⑤是正当的,因为这可以使一些不可避免的伤害得到更好的分配,或者形象地说,该原则能令"威胁危害少数人而不是多数人"⑥;③"权利大于利益",这意味着:一个人的死亡不能仅仅因为它能使多数人的利益得到最大化就受到辩护⑦。

容易想象到,该方案的应用困难如下:

---

① Jean Thomas. Public Rights, Private Relations[M]. Oxford: Oxford University Press, 2015: 223.

② Unger P K. Living High and Letting Die: Our Illusion of Innocence[M]. Oxford: Oxford University Press, USA, 1996: 101.

③ B·C·帕斯托(B. C. Postow)对此做过详细的说明。参见:Postow B C. Thomson and the Trolley Problem[J]. The Southern Journal of Philosophy, 1989, 27(4): 529 - 537。

④ Costa M J. Another Trip on the Trolley[J]. The Southern Journal of Philosophy, 1987, 25(4): 461 - 466.

⑤ Thomson, J J. The Trolley Problem[J]. The Yale Law Journal, 1985, 94(6): 1395 - 1415.

⑥ Gorr M. Thomson and the Trolley Problem[J]. Philosophical Studies, 1990, 59(1): 91 - 100.

⑦ Thomson, J J. The Trolley Problem[J]. The Yale Law Journal, 1985, 94(6): 1395 - 1415.

第一,权利概念①的定义存在模棱两可的可能性②。

第二,威胁概念的定义与应用存在困难③。

第三,辩护"增加新的威胁比转移旧的威胁更糟糕"这一原则有困难,例如在"落石难题"思想实验中,我们无法论证该种选择比"仅仅搬动道岔以拯救五个人的选择"在道德上更糟糕④。

因此,该解决方案对解决所有种类的电车类思想实验难题都是无效的:无法得到符合直觉的答案⑤。

例如,该方案无法解释b1种类中的"落石难题"。理由在于:引起落石显然是引入了新的"威胁",这样一来,我们按照这个规则只能选择让电车按照原轨道行驶而使五个轨道工人死亡,即造成"五个轨道工人死亡"。这不符合汤姆逊提出该方案时的道德直觉。同理,我们也很难用此方案确证种类b2中的环轨难题里选择"间接杀死一个轨道工人"的行动的道德正当性(汤姆逊认为这样的行动是道德上被允许的)⑥,因为该行动有六种可能性,由下面三种情况组合得到:①可能没有引入新的威胁;②行为可能不会侵犯权利;③行为者也没有把受害者推向电车(行动是作用于威胁的,而不是作用于受害者的)。这意味着"威胁不

---

① 关于权利如何定义的问题,汤姆逊承认它不可以求得绝对的精确,并主张追求精确也不能带来更多收获:"只要新的电车难题能说明清楚'是否是同样的威胁'或者'行动是否会侵犯权利'两者就足够了。"参见:Kamm F M. Harming Some to Save Others[J]. Philosophical Studies, 1989, 57(3):227 - 260。

② Thomson, J J. The Realm of Rights[M]. Cambridge:Harvard University Press, 1990:105.

③ Kamm, F. M. Morality, Mortality:Death and Whom to Save from It[M]. New York:Oxford University Press, 1998:175.

④ 更形象地说,我们无法证成"'制造一个阻止列车的雪崩'比'将列车转向一个原本并不受任何威胁的人'在道德上更糟糕"。并且,我们能够发现的事实还有:对于一些仅产生较小威胁的电车难题变种而言,该方案应用将是不可能的,因而在面对电车难题的时候适应性不强。这种不强的适应性体现在:面对不同的难题的时候,应用者不得不通过增加新的条件或规则来修正自己使用的方案。实际上,这种必然性意味着该方案的内容不固定。例如,为了拯救一场火灾中的人,旁观者引爆了楼顶的水槽(引爆楼顶的水槽足够拯救沦陷于火灾中的人),掉落的碎片可能会造成一个路人的死亡。我们将发现:在这种情况下,我们不知道旁观者"引爆水槽"是否能够被允许,因为随着火灾的发生水槽被引爆只需要时间的流逝而已。而且更重要的是,旁观者在这个思想实验中无论做出怎样的行动,他都不可能将"火"这样的威胁进行转移。

⑤ 规则的引入是模仿直觉的,不能解释真正的矛盾。参见:丹尼尔·丹尼特. 直觉泵和其他思考工具[M]. 冯文婧,等译,杭州:浙江教育出版社,2018:48。

⑥ 参见:Gert B. Transplants and Trolleys[J]. Philosophy & Phenomenological Research, 1993(1):173 - 179。

变原则"方案具有任意性。

总的来说,关于该方案合理性的说明可能导致循环论证,而且"权利"与"威胁"的模糊性会掩盖甚至磨灭电车难题类思想实验中道德直觉冲突的特点:使电车难题的根本诉求不再存在①。

(3)依据因果链而允许伤害(Principle of Permissible Harm,PPH)

该方案是由卡姆提出的。在她看来,如果我们的行动取得了使更多人免受伤害的结果,那么符合下面两个条件的行动是可以被证明为道德上允许的②:

a. 行动产生的结果与其造成的坏处没有密切的因果联系。

b. 行动产生的结果与其带来的好处有更密切的因果联系③。

在名为《死亡与何者被拯救》(Death and Whom to Save from It)的书中,卡姆对以上两个条件做了详细的解释。根据这些解释,我们可以发现:除了该原则要求"行动与其产生的正面结果(好处)的因果关系"比其带来的负面结果(坏处)更紧密外,同时还要求"行动与其带来的负面结果的关系是非因果性的"④。也就是说,在这更为严格的PPH规则表达中,卡姆主张:行动带来的负面结果不能够由行动的手段直接造成,相反,它只能由①其正面结果间接带来、②作为正面结果的某个方面出现、③由其他与正面结果相联系的东西带来。对于这个抽象的原则,迪特马尔·休伯纳(Dietmar Hübner)与卢西·怀特(Lucie White)做了形象的说明,他们认为"PPH试图通过保证行为或行动手段的纯粹性来规避好结果对坏结果的影响"⑤。

我们相信该方案抓住了人们道德直觉中对因果关系进行分析的部分:它也许确实构建出了关于行动与结果的道德解释与辩护结构。这意味着该方案似乎是"相当可行"的。然而,如果我们承认这一点的话,PPH方案的问题就已经暴

---

① 参见:Mukerji N. The Use and Abuse of Trolley Cases[C]//Proceedings of the XXIII World Congress of Philosophy, 2018, 12: 247-252。
② Kamm F M. Harming Some to Save Others[J]. Philosophical Studies, 1989, 57(3): 227-260.
③ Kamm F M. Morality, Mortality: Volume II-Rights, Duties and Status[M]. Oxford: Oxford University Press, 1996: 201.
④ Kamm F M. Death and Whom to Save from It[M]. Oxford: Oxford University Press, 1998: 183.
⑤ Hübner D, White L. Crash Algorithms for Autonomous Cars: How the Trolley Problem Can Move Us Beyond Harm Minimisation[J]. Ethical Theory and Moral Practice, 2018, 21(3): 685-698.

露了出来。① 理由在于:除了行动因果链的长度难以丈量和因果链的长度多变外,两个以上支线的电车难题是存在的,如三重选择难题。而且更为重要的理由是,我们只要简单设想一种瞬时性的电车难题变种②就能导致该方案无效:它无法解释道德原则与道德直觉两者之间的冲突。

基于行动者

(1)双重效应原则

双重效应原则(The Doctrine of Double Effect)是古老的道德原则,最早由托马斯·阿奎那(Thomas Aquinas)提出。该原则主张一个作为手段的故意伤害和一个作为负效应的可预见伤害在道德上有巨大差别。这一主张的效力在宗教领域中已经被广泛讨论过,具有非常丰富的理论资源。③ 所以笔者将不对它做过多解释。

双重效应原则④更详细与具体的表达如下。

一个同时带来正面和负面效果的行为,仅在具备以下条件时才是道德上正当的:

①好的结果多于坏的结果。

②行动者想要的是好的结果,而不是坏的,他或她只是能够预见到坏的结果会发生。

③坏的结果不是实现好的结果的必不可少的手段。

它的问题显然很多,为节省篇幅,笔者仅在下面列出4条:

第一,过于宽松的 DDE 原则无法给出一个合理的解答⑤。

---

① Morioka M. The Trolley Problem and the Dropping of Atomic Bombs[J]. Journal of Philosophy of Life, 2017, 7 (2):316 - 337.

② 即前后因果性不明显或不存在的电车难题。参见:Rehman S, Dzionek-Kozłowska J. The Trolley Problem Revisited. An Exploratory Study[J]. Annales. Etyka w Życiu Gospodarczym, 2018, 21(3): 23 - 32。

③ McIntyre, Alison. Doctrine of Double Effect[EB/OL]. [2019 - 03 - 08]. The Stanford Encyclopedia of Philosophy (Spring 2019 Edition). https://plato.stanford.edu/archives/spr2019/entries/double-effect/.

④ 出于本文的主题,笔者此处对双重效应原则的解释以约书亚·格林关于它的述说为准。格林对该原则的详尽论述可参见:Greene, J. Moral Tribes: Emotion, Reason, and the Gap between Us and Them[M]. New York: Penguin Press, 2013。

⑤ Kamm F M. Harming Some to Save Others[J]. Philosophical Studies, 1989, 57(3): 227 - 260.

第二,DDE 原则不能同时解释所有思想实验情景,或者更准确地说,应用它所作出的判断很可能违背人们的道德直觉①。

第三,DDE 的条件②和③可以被轻易规避②。例如,杀人犯可以通过声称自己杀人的理由只是"为了改善生态环境",即杀人犯的行动的目的是实现好的后果,这样一来他造成的坏的后果(人的死亡)将仅作为该手段所带来的意外的附加性的坏后果被理解。

第四,DDE 只关注道德要求的单一方面③。然而,我们知道:在判断一个行为道德与否的时候人们至少需要处理两个不同方面的问题,比如判断"行为本身是否道德""行为反映出的品格是否道德"④。因此,DDE 原则过于片面。形象地说,在任何电车难题中,只要旁观者扳动道岔的初衷是公报私仇,那么按照DDE 原则,扳动道岔的行为就一定是道德上不被允许的。显然,这里荒谬地把"公报私仇与否"奉为了决定"行为道德与否"的唯一判断标准。

(2)道德惯性原则

根据旁观者与参与者的区别,罗伯特·汉纳(Robert Hanna)提出了"道德惯性原则"⑤。该原则意味着:牺牲参与者的行为是符合道德正当性要求的,但牺牲旁观者这样的后果却是道德上不被允许的。

举例来说,在面对电车难题时,人们可能有下面两种选择:

i. 强迫一个旁观者陷入一个危险的事态,这个事态会对他造成伤害。

ii. 仅仅为了对威胁进行最佳的分配(牺牲少数人拯救多数人),伤害一个或五个处于危险事态中的参与者。

按照道德惯性原则,我们可以知道:i 是不被道德允许的行动,ii 则在某些情

---

① Kaufman W R P. The Doctrine of Double Effect and the Trolley Problem[J]. The Journal of Value Inquiry, 2016, 50(1): 21 – 31.

② Walen A, Wasserman D. Agents, Impartiality, and the Priority of Claims over Duties: Diagnosing Why Thomson Still Gets the Trolley Problem Wrong by Appeal to the "Mechanics of Claims"[J]. Journal of Moral Philosophy, 2012, 9(4): 545 – 571.

③ Di Nucci E. Self-sacrifice and the Trolley Problem[J]. Philosophical Psychology, 2013, 26(5): 662 – 672.

④ Thomas G. An Introduction to Ethics: Five Central Problems of Moral Judgement[M]. New York: Hackett Publishing, 1993: 12.

⑤ Hanna R. Morality De Re: Reflections on the Trolley Problem[J]. Fischer e Ravizza (1992), 1993: 318 – 336.

况下可能是被道德允许的行动。[1]

或者更为形象地说,在天桥难题中,失控电车将通过天桥,胖子刚好位于电车行驶的路径上。这一事实可满足条件 ii,然而,由于胖子仅仅是偶然处在天桥上的人:他既不是在此工作,也没有其他特别的驻留原因,所以条件 ii 不能被满足。因而,按照道德惯性原则,旁观者在天桥难题中推下胖子的行为在道德上是不被允许的。

这样简单原则的问题自然是显见且多的,笔者这里仅介绍反例。我们知道,由于道德惯性原则关于"参与者"的定义并未明确强调,所以"模糊"胖子身份的思想实验将直接挑战该原则的有效性。例如,假设胖子是一个对电车非常感兴趣的人,并且每天都会到天桥上观察电车,那么此时胖子的身份是旁观者还是参与者将是不确定的。更为严重的问题是,我们难以在逻辑上否认一种事实的可能性是:人们区分旁观者和参与者的直觉来自允许行动、不允许行动的直觉。因此,严格地说,道德惯性原则必然使应用该原则处理电车难题的人陷入回答的循环论证中。

基于行动

(1) 积极责任与消极责任

富特试图用积极责任与消极责任去解释电车难题。[2] 形象地说,她认为避免伤害的消极责任在道德上要比提供医疗的积极责任重要。我们知道:她所谓的积极的责任是指主动的干预行为,这会改变事件的结果;消极的责任是指不主动侵犯他人权利的行为,或者不主动侵害自身权利的行为。前一种责任可对应于电车难题类思想实验的 a 种类,后者对应 b 种类。

显而易见的事实是,这个解决方案将导致所有的情况下人们都不能进行行动。关于此,汤姆逊进行了充分的论证。[3] 她认为:①当旁观者可以不直接用手就从天桥上推下胖子时,消极责任将变得缺乏约束力;②如果行动的后果会导致无辜者的权利受到侵犯,那么在任何电车难题中,甚至在人们生活的任何场景中,所有行动都是不可能的。理由在于:任何重要的行动都具有风险,行动的风

---

[1] Hanna R. Participants and Bystanders[J]. Journal of Social Philosophy, 1993, 24(3): 161–169.
[2] Lichtenberg J. Negative Duties, Positive Duties, and the "New Harms"[J]. Ethics, 2010, 120(3): 557–578.
[3] 参见:Thomson J J. Turning the Trolley[J]. Philosophy & Public Affairs, 2008, 36(4): 359–374。

险性在很多时候都将导致无辜者权利的受损。

而且对于该方案来说更重要且不可解决的问题是:它所引入的积极责任与消极责任概念蕴含着强烈的直觉引导性,将极大地影响人们的道德直觉:使道德判断与道德直觉的关系模糊不清。[1]

(2) 杀害与任人死亡

学者们对杀害(killing)与任人死亡(letting die)两种行为的道德差异进行过很多讨论。有时这两者也被称为直接杀死与间接杀死(本书采用了这样的称呼)。

富特关于两者的说明是:

i. 杀害一个人比任由五个人死亡在道德上更糟糕。

ii. 杀害五个人比杀害一个人在道德上更糟糕。

我们知道:这样的区分对解决实际问题来说是无效的,理由在于,条件 i 是不能得到辩护的。鉴于此,汤姆逊在《主动杀害、任人死亡与电车难题》一文的开篇就举出了"'杀害'比'任人死亡'在道德上更糟糕"不能得到辩护的例子。于是,汤姆逊自己给出了两者的新区别[2],她认为行动是任其死亡的条件有三,分别如下:

①受害者死于一个已经存在的对她的威胁。

②受害者失去的是可以不必失去或可以得到救治的生命。

③旁观者有杀害与任人死亡的自由选择权。

然而,即使我们认可汤姆逊的这一新区分方法,两者区分的困难依然是显而易见的:其一,该方法难以应用在针对实际行为进行分析的道德判断上;其二,条件 ii 本身是反直觉的,汤姆逊的三个条件也是自相矛盾的。

下面用一个思想实验来同时说明这两种困难。

我们假设,有一名医生因为负责发放药剂的护士或负责治疗的同事请假了,必须且只能身兼数职。在连续工作数日后,这名医生因为过于疲劳而进行了错误的药物发放或疾病治疗。该过失造成五个病人身体不同部位的器官坏死或衰

---

[1] Reibetanz S. A Problem for the Doctrine of Double Effect[C]//Proceedings of the Aristotelian Society. Aristotelian Society, Unpublished, 1998: 220.

[2] Thomson J J. Physician-assisted Suicide: Two Moral Arguments[J]. Ethics, 1999, 109(3): 497–518.

竭。这时,如果医生不肢解一名仅仅患有感冒的年轻人以为其他五名病人的器官移植手术提供材料,那么他将导致五个人失去生命。

人们的道德直觉很可能不认为"医生应该主动杀死一个人以拯救五个人"是道德上可行的,于是汤姆逊就对条件 ii 增加了一个参数——此时此地(here and now),即两个选择:此时此地采取的行动 A 比此时此地采取的行动 B 带来更多的伤亡,就是糟糕的,不能证成其在道德上的正当性。那么,在上面的思想实验中,医生"此时此地"面临的选择不是杀死五个人或一个人,而是杀死一个人或什么都不做,导致五个人死亡的行为已经在前面的失误中就已经导致了。如此一来就解决了遵守该区分方法而导致的反道德直觉的怪异结论。

但这样的话,区分"杀害"与"任由其死亡"的解决进路就没有意义了,因为它几乎在解决电车类难题思想实验时都具有特设性。这有着循环论证的嫌疑,即我们事先知道了某行动在道德直觉上是否被允许,然后再修正或添加道德准则使两者的判断互相符合。

2.2 初步回应既有批评

第一章第二节"国内外文献综述"部分的内容已经足以反映出,格林式实验伦理学目前正遭遇到的挑战。这确实是显而易见的。笔者认为这些挑战的内容可以被概括为:(1)来自休谟式"是"与"应当"区分的批评、(2)来自谢弗-兰道式非自然主义立场的批评、(3)来自艾耶尔式语义学区分的批评、(4)基于观察渗透理论的"纯粹经验"批评、(5)基于非对称性与不确定性的操作批评。当代提出这些挑战的哲学家代表分别是:伯兰特·罗素(Bertrand Russell)、罗斯·谢弗-兰道(Russ Shafer-Landau)、阿尔弗雷德·艾耶尔(Alfred Ayer)、威拉德·奎因(Willard Quine)、约瑟夫·莱文(Joseph Levine)。本书将简要概述它们的内容并给出相应的解决方案,以期简要说明格林式实验伦理学所受的挑战和克服它们的可能性。这一节的目的在于说明当前研究者所认为的格林式实验伦理学局限性是可以得到克服的。该目的的实现对本书"指出格林式实验伦理学的困境与出路"这一旨趣来说具有重要价值,因为笔者将以这些问题与现有的解决方案为羁,逐一给出为格林式实验伦理学辩护的详细论证或新超越困难的新研究进路。而且读者能够在笔者下面的论述中直接看到:当前研究者对格林式实验伦理学的反感情绪或悲观态度已经导致他们具有了实际不该具有的过于简单化的思维方式,它们迫使格林式实验伦理学的研究者没能意识到格林式实验伦理学的实质性内容及未来的出路。

2.2.1 "是"与"应当"的鸿沟

罗素认为哲学思考只能以非经验性的研究方式进行:"哲学主张必须是经验性证据不能证成也不能否定的。许多我们经常在哲学书籍中看到的基于历史进程、大脑卷积(the convolutions of the brain)、甲壳软体动物的眼睛的论据。这些特殊与偶然的事实与哲学无关。"①不过,罗素的上述论点事实上是伦理学史中休谟法则的"重演"。顾名思义,该法则是由大卫·休谟(David Hume)提出并在伦理学史中广为人知的。它的原始内容是休谟在《人性论》第三卷第一章第一节末尾部分所写的一段意义含糊的话。这段话建议该书的读者留心"是"联系词与"应当"联系词之间的转换:如果"应当"联系词表示新的关系,那么它如何可能由"是"的关系推理得到就应被说明,否则"这样一点点的注意就会推翻一切通俗的道德学体系"②。麦金太尔认为这段含糊的话至少有两种含义,它既可以被理解为"是/应当"的转化在多数情况下有问题,也可以被理解为"是/应当"之间的转化在逻辑上不可能。③

格林式实验伦理学受到的就是这一含义有些模糊的问题的挑战。④ 按照"是/应当"问题的原始表达,这一挑战旨在要求格林式实验伦理学说明"应当"的关系是怎样由"是"的关系推理得到的。在用该问题挑战格林式实验伦理学的哲学家看来,格林式实验伦理学研究的地位在伦理学领域是无足轻重的,因为格林式实验伦理学无法提供它所采用的问卷调查法、神经影像学等实验方法跨越"是"与"应当"关系的理由("应当"的关系能由"是"的关系推理得到)。依照麦金太尔所谓的"是/应当"问题的两种含义,"是/应当"问题对格林式实验伦理学的第一种挑战是:如果格林式实验伦理学无法提供"是"关

---

① Russell Bertrand. On Scientific Method in Philosophy[M]. Oxford: Oxford University Press, 1918: 107.
② 休谟. 人性论:下册[M]. 北京:商务印书馆,1983:508.
③ 阿拉斯代尔·麦金太尔. 伦理学简史[M]. 龚群,译. 北京:商务印书馆,2003:233.
④ 参见:Alfano M, Loeb D, Plakias A. Experimental Moral Philosophy[EB/OL]. [2019-06-02]. Zalta E N. Fall 2018th. The Stanford Encyclopedia of Philosophy. https://plato.stanford.edu/archives/fall2018/entries/experimental-moral/; Metaphysics Research Lab. Stanford University, 2018.

系与"应当"关系之间的基础和理论,格林式实验伦理学无法成功跨越"是"与"应当"之间的间隙,那么格林式实验伦理学研究在伦理学领域里就是无足轻重的。"是/应当"问题对格林式实验伦理学的第二种挑战是:如果"是"与"应当"之间的变化在逻辑上不可能,那么格林式实验伦理学的核心预设(事实性证据与价值判断之间存在必然的联系①)就无法成立,格林式实验伦理学研究在伦理学领域里无足轻重。

限于篇幅,笔者将基于"是"与"应当"困难对格林式实验伦理学提出的挑战粗略地缩减为下面的样子:

P1:规范性的命题不能从完全描述性的命题中有效地推理出来。

P2:科学假说是描述性命题。

P3:格林式实验伦理学的研究成果是规范性命题。

C:从科学假说而来的格林式实验伦理学的研究成果都是无效的。

笔者认为以上论证可以从三个角度来反驳。"是"与"应当"困难会在下面的情况中失去效力:

1. 论证角度:由于"是"与"应当"困难是指"描述性命题"不能演绎性的推理出"规范性命题",所以格林式实验伦理学的研究者可以声称:①格林式实验伦理学论证中使用的最佳解释推理不是演绎推理;②格林式实验伦理学的论证中已经包含了规范性命题;③格林式实验伦理学的论证中包含元伦理学性质的命题。② 许多哲学家认为元伦理学也具有规范性:采用"是"与"应当"困难对格林式实验伦理学提出挑战的研究者可能认为元伦理学理论也具有规范性。

2. 效力角度:"是"与"应当"困难本身的效力是值得怀疑的。近一个世纪,哲学家解决"是/应当"问题的办法是批评"是/应当"问题本身,比如像奎因和希拉里·普特南(Hilary Putnam)那样说明"是与应当无法割裂""'是'是复杂关系

---

① Pölzler T. Moral Reality and the Empirical Sciences[M]. New York:Routledge,2018:152.
② 许多哲学家认为元伦理学性质的命题也具有规范性,比如采用"是"与"应当"困难对格林式实验伦理学提出挑战的马修克·莱默(Matthew Kramer)和罗纳德·德沃金(Ronald Dworkin)就说过"元伦理学命题是对我们规范伦理学判断的重述、澄清和强调"[Dworkin,Ronald. Objectivity and Truth:You'd better believe it[J]. Philosophy and Public Affairs,1996,25(2):87-139]、"元伦理学命题本身是规范性的"(Kramer,Matthew. Moral Realism as a Moral Doctrine[M]. Oxford:Wiley-Blackwell,2009:5)。

而不是简单关系"①,像处理"自然主义谬误"那样说明是与应当的区分需要建立在研究的基础之上:"是与应当的区分不是显而易见的","经过研究人们才能发现何者是'是'、何者是'应当'"。②

3. 理由角度:使用"是"与"应当"困难提出挑战的理由不够充分,因为研究者使用"是/应当"问题挑战格林式实验伦理学时所预设的立场不但可能对许多伦理学家无法否认的方法或理论造成困难——如果实验伦理学因为"是/应当"问题的挑战而变成无足轻重的东西,那么许多符合伦理学要求的现存理论也同样会变成这样的东西,而且这些立场可能的缺陷也能使批评实验伦理学的论证本身成为无足轻重的东西——使用"是/应当"问题挑战格林式实验伦理学的论证本身也会受到"是/应当"问题的挑战。不愿意接受这样两种结果的批评者若再以诉诸"是/应当"问题的方式来挑战实验伦理学的地位,就得提供"是/应当"问题能够挑战实验伦理学的理由。这意味着过去实验伦理学对"是/应当"挑战负有回应责任,而现在"是/应当"挑战的提出者才负有回应责任。③

2.2.2 形而上的自然主义谬误

非自然主义阵营的哲学家一般认为通过系统观察和实验来检验假设的科学方法不可能有助于研究非自然的存在物,也就是说科学方法只能应用于研究世界的自然方面,比如行星之间的距离、动物的行为、化石的年代,当研究者使用科学方法对非自然存在的道德事实进行研究的时候,他们必然除了得出道德事实不存在或无效的结论外什么也得不到。关于科学方法不可能给非自然性的道德事实研究

---

① Leefmann, Jon, and Elisabeth Hildt, eds. The Human Sciences after the Decade of the Brain[M]. Elsevier: Academic Press, 2017: 140–156.
② 参见:孙伟平. 事实与价值[M]. 北京:社会科学文献出版社,2016。
③ 该论证思路在本书中会经常使用,它在这里可以被更形象地解释为:将使用"是/应当"问题挑战格林式实验伦理学的研究者比作张三,格林式实验伦理学的支持者比作李四,其他伦理学方法或理论比作王五,张三在使用"是/应当"问题批评李四是无足轻重的人时,李四可以回应说张三的问题也会对王五构成批评。如果王五是张三所认为的举足轻重的人,那么张三就得提供"是/应当"问题能避免对王五的地位构成挑战的理由,否则王五也会同李四一样变成无足轻重的人。如果张三不认为王五同李四一样成为无足轻重的人有什么关系,进一步坚持自己对李四的批评,那么李四还可以回应说张三本人在受到"是/应当"问题的批评时也会成为无足轻重的人。如此一来张三就不能再继续使用"是/应当"问题批评李四。这两种实现思路的策略都要求张三在批评李四时提供"是/应当"问题能批评李四的理由详见附录《同罪论证:实验伦理学回应"是/应当"问题挑战的新进路》。

做贡献,谢弗-兰道说得比较温和:"哲学主要不是经验学科,而是先验学科。……伦理学作为哲学学科的分支……当我们试图验证道德表达所使用的道德标准时,我们只会把物理学家、生物学家和水文学家所说的内容当作次要的。行动正确的条件、动机与性格善恶不能通过穿着实验室外套的人确认。"[1]大卫·卡斯帕尔(David Kaspar)的表达则更加激进:"道德知识是科学研究无法企及的。"[2]

该困难对格林式实验伦理学造成的挑战可以简单地总结为下面的论证:

P1:非自然主义者认为道德性质是非自然的。

P2:科学方法不可能为非自然性实体的存在提供证据。

C:格林式实验伦理学作为一种以科学方法为基础的研究不可能在伦理学领域中具有效力。

从论证角度看,支持格林式实验伦理学的研究者为自己辩护的论点可以是:①格林式实验伦理学没有遭遇自然主义困境,比如它没有对道德事实本身做研究;②格林式实验伦理学的论证使用的是归谬法,论证没有直接涉及自然主义困境所述的情况。

具体来说,第一个论点的辩护力度较小,它强调格林式实验伦理学在道德语义学和道德心理学层面没有对道德事实做出研究,因为实际上无论道德语句是否是关于自然事实的反映,格林式实验伦理学所研究的内容都只是"人们如何使用道德语词""应用道德概念时人们的头脑中发生了什么"。这意味着:如果批评者一定要使用自然主义困难来挑战格林式实验伦理学的研究效力,那么它挑战的内容应该是格林式实验伦理学的论证形式。理由在于,格林式实验伦理学不需要采用形而上学的自然主义立场,它最多只需要采用方法论自然主义方面这样的哲学立场——格林式实验伦理学的研究结果在理论上当然既可能支持自然主义也可能支持非自然主义。

第二个论点既能自身单独成立,又能弥补第一个论点的辩护力度不足的缺点。"格林式实验伦理学的论证使用的是归谬法,论证没有直接涉及自然主义困境所述的情况"可以简单理解为:由于格林式实验伦理学采用了归谬法,所以它的经验证据并非直接相关于"非自然性的道德事实"。理由在于:格林式实验

---

[1] Horgan, Terry; Timmons, Mark eds. Metaethics After Moore[M]. New York: Oxford University Press, 2006:216-217.

[2] Kaspar, David. Intuitionism[M]. London: Bloomsbury, 2012:77.

伦理学的实验结果旨在说明无论(自然性质的或非自然性质的)道德事实是否存在,鉴于人们做出义务论类型的道德判断时更容易受到不相关因素的影响,所以人们并不应该认为自己做出的道德判断足够可靠。依赖于这一点,格林式实验伦理学的研究者可以进一步借助归谬法指出:人们不应该认为义务论类型的道德判断是与功利主义类型的道德判断一样可靠的,即功利主义类型的道德判断相比于更容易受到不相关于道德的因素影响的义务论类型的道德判断更为可靠。这样的论证显然不需要预设自然性质或非自然性质的道德事实存在。也就是说,格林式实验伦理学的论证中不包含任何关于道德事实的自然性质的假设,更没有假设具有自然属性的道德事实存在,因而不会遭遇自然主义困难的挑战。

从效力的角度来说,格林式实验伦理学的研究者可以轻松构筑出令自然主义困难的提出者自败的理论。例如,假设谢弗-兰道和卡斯帕尔的论证是对的,即"道德语句或道德判断反映的是非自然事实",那么这一说法是什么意思呢?显然,在考察采用科学方法的格林式实验伦理学是否可以对这样的道德语句或道德判断提出意见之前,两人所谓的"不能被科学研究的非自然的道德事实"本身必须先被解释清楚。来自大卫·布林克(David Brink)和乔治·摩尔(George Moore)的关于"非自然事实"的定义是最有名的,他们认为只要不能成为自然科学(不仅仅是实际情况下的自然科学,也包括理想情况下的自然科学)研究主题的东西就是非自然的。[1] 然而,这样的定义有两个问题:首先,这个定义必须得解释"科学是什么";其次,任何实际和理想条件下的关于科学的定义都是有问题的,因为我们不知道实际的科学是什么,并且实际的科学状态也不可能是符合理想的:我们甚至都不能知道理想的科学应该是什么样子的。[2]

但是,如果我们转而考虑采用西蒙·布莱克本(Simon Blackburn)、大卫·考普(David Copp)等人关于非自然性质的定义,认为"当且仅当道德属性能被先验的理解的时候,道德事实具有非自然的性质"[3],谢弗-兰道和卡斯帕尔自己本人就已经提供了很好的论证来说明基于科学方法的格林式实验伦理学研究可以为

---

[1] 参见:Tropman, Elizabeth. Naturalism and the New Moral Intuitionism[J]. Journal of Philosophical Research 2008, 33: 163 – 184。

[2] Ridge, Michael. Moral non-naturalism[EB/OL]. [2018 – 12 – 02]. http://plato.stanford.edu/archives/fall2014/entries/moral-non-naturalism/.

[3] Trout J D. All Talked Out: Naturalism and the Future of Philosophy[M]. Oxford: Oxford University Press, 2018.

非自然事实的存在提供有效证据了,因为他们认为:可被先验地知晓正确与否的命题不可能无法被经验性地知晓(科学方法是经验性方法之一)。① 以索鲁·克里普克(Saul Kripke)为例,他曾通过构造思想实验的方式指出:人们可以通过先天的能力直接先验地看到"数字的真理",但是计算机通过经验计算的方式也可以得到"数字的真理"②。

这意味着谢弗-兰道和卡斯帕尔至少或多或少地承认"道德语句或道德判断反映了自然事实",那么这样一来,没有研究者可以主张"以科学方法为基础的格林式实验伦理学研究成果在反对非自然主义方面存在偏差"这样的自然主义困难了,因为他们不能否认自然事实在原则上是可以被科学方法研究的。所以,就算并非每个人都承认格林式实验伦理学从效率的角度上可以确定何种类型的道德判断更为可靠,人们至少也不应该认为义务论类型的道德判断是与功利主义类型的道德判断一样可靠的。

从理由的角度构建出与应对"是"与"应当"困难时相同的"同罪论证"③则更为容易,因为不仅自然主义困境的提出者很难使自己支持的其他理论免受其难(这些理论与自然主义困难共享某些理论立场),而且自然主义困境的提出者本身都可能因为它而自败。详细的说明已经在上一部分("是"与"应当"困境的解决方案)给出,不再赘述。

2.2.3 语义学错位

艾耶尔以其提出的"哲学的语言特征"为由否认经验证据对哲学研究做出贡献的可能。他所谓的哲学语言特征主要指"哲学命题是分析性的",即哲学术语的真假完全依赖于这些术语所包含的成分的真假。而且他还说:"哲学命题不是事实,而是语言的特征。哲学术语并不描述物理性、心灵性和对象性的行为。相反,哲学术语表达的是定义或者定义的合理后果。……这意味着哲学与科学绝不存在竞争关系……哲学与科学事实之间不可能相互矛盾。"④安提·考

---

① Suikkanen J, Kauppinen A. Methodology and Moral Philosophy[M]. New York: Routledge, 2019.
② 思想实验的内容是:考虑一个特定数字是否是素数。这个问题的答案既可以先验地被发现(通过进行必要的计算,从而"看到"它的真相),也可以通过计算机等手段后验地得到。通过计算机得到问题的答案就是完全依赖于经验证据的方式。参见:Kripke, Saul. Naming and Necessity [M]. Cambridge: Harvard University Press, 1980。
③ Cowie C. Companions in Guilt Arguments[J]. Philosophy Compass, 2018: e12528.
④ Ayer, Alfred J. Language, Truth and Logic[M]. New York: Dover, 1952: 51-57.

皮宁曾借助艾耶尔提出的办法。他不但在自己的博士论文《哲学道德心理学论文集》中质疑格林式实验伦理学的效力,指出通过监测大众对道德问题做出的反应不能够算作有效的证据,还在《实验哲学的兴衰》中斩钉截铁地说:"概念性主张无法使用实用主义社会科学方法来检验……使用问卷调查的方法不是达成获得更好概念的捷径。"① 简而言之,语义学困难的内容是:以科学为基础的论证没有效力,因为格林式实验伦理学在道德语义学和道德心理学中的预设不能进行科学测试。

这一理由可以被清晰化成下面的论证:

P1:格林式实验伦理学的研究成果的效力依赖于道德语义与道德判断的含义、所指。

P2:格林式实验伦理学研究所获得的科学证据是与确定道德语义与道德判断的含义、所指不相关的。

C:格林式实验伦理学研究所获得的科学证据不相关于格林式实验伦理学的研究成果的效力。

笔者认为格林式实验伦理学为自己辩护时只需要考虑到"不同的人可能有不同的处理道德语义学与道德心理学的方法"就可以了,因为语义学困境显然与道德语义学(和道德心理学)方面的理论有关。幸运的是,如维克多·库马尔(Victor Kumar)所述,不同的道德语义学(和道德心理学方面)理论比比皆是。② 在梅看来,各种不同的理论之所以能够存在,理由在于:有些哲学家认为道德话语、判断的意义与指称是完全由内在于人们心灵的因素决定的;有些哲学家则认为它们至少会被外在于人们心灵的因素影响。③ 为叙述方便,笔者将前一种哲学家的观点称为道德语义学的内在主义方法,将后一种观点称为外在主义方法。本书接下来将通过指出以上两种方法的问题来简单说明格林式实验伦理学的支持者回应语义学困难的办法。

2.2.3.1 道德语义学的内在主义解决方案

由于内在主义者认为道德概念的意义由内在于人的心理状态决定,他们无

---

① Kauppinen, Antti. The Rise and Fall of Experimental Philosophy[J]. Philosophical Explorations, 2007, 10 (2): 95 – 118.

② Kumar V. The Empirical Identity of Moral Judgment[J]. The Philosophical Quarterly, 2016, 66 (265): 783 – 804.

③ 参见:May J. Regard for Reason in the Moral Mind[M]. Oxford: Oxford University Press, 2018。

法否认道德概念的意义依赖于使用该道德概念的人的概念性直觉,所以在道德语义学的内在主义立场之下,一个关于道德概念的意义的论点越是符合直觉,这样道德概念的正确性就越高。该事实意味着,他们有理由相信道德判断与情感有关,越是拥有情感的人越能够做出真的道德判断。如果上面这种推理正确,那么使用道德语义学困境来挑战格林式实验伦理学效力的哲学家主张"格林式实验伦理学研究无法有效地做出关于道德概念的分析"①时实际上就是主张"格林式实验伦理学不能研究人们关于道德概念的直觉"。考皮宁正是这么做的,他认为仅有拥有鲁棒直觉的人具有关于道德概念的直觉。

笔者认为考皮宁的论证在逻辑上不足以挑战格林式实验伦理学,因为他说"如果格林式实验伦理学仅仅只能对非鲁棒的直觉做出研究,那么格林式实验伦理学方法就是无效的"的论证理由没有效力。因为,考皮宁使用的理由是下面这样的:

(1)道德行动者在概念方面是否拥有足够的能力是一种规范性问题而不是描述性问题,因此不能通过科学进行测试(科学只能回答描述性问题)。

(2)科学研究中的概念直觉可能不会在充分理想的条件下发生,因为它们可能被扭曲地影响、被误解。

(3)科学研究无法保证受试者的反应完全是由基于道德语义的理解导致,因为受试者的反应也可能是由于某些实用的考虑(比如对语境和意图的考虑)导致。

笔者说它们无效的理由是:

(1)科学家不需要对自己实验中的受试者是否具有良好的概念能力做出解释,他们可以直接采用传统哲学家的理论将没有足够概念能力的受试者数据从自己的研究中排除出去。换句话说,无论经验性实验得到了怎样的结果,本书第二章"格林式实验伦理学的基本内容"中"论证结构"部分提到的卡亨的论证依然有效:经验性实验结果可以为精确或扩展道德语义学(和道德心理学)中的理论服务。

(2)考皮宁低估了格林式实验伦理学对普通受试者进行研究时的方法论复

---

① Kauppinen, Antti. The Rise and Fall of Experimental Philosophy[J]. Philosophical Explorations, 2007, 10 (2): 95 – 118.

杂性,因为研究者可以通过采用大实验样本数、更精确的数据算法、不同的有效性检查方法来使考皮宁所谓的"概念直觉可能被扭曲""受试者的反应也可能是由于某些实用的考虑导致"情况减弱(尽可能地将误差降至最低)。贾斯汀·赛特玛(Justin Sytsma)和乔纳森·利文古德(Jonathan Livengood)在《实验哲学的理论与实践》一书中构筑过精巧的论证来辩护这一理由。①

2.2.3.2 道德语义学的外在主义解决方案

语义外在主义方法有许多种理论,因为当代许多哲学家都持有该立场,比如普特南、克里普克、泰勒·伯格(Tyler Burge),不过用今天的眼光看,理查德·博伊德(Richard Boyd)提出的"自然类型事物的稳态簇状集群理论"(Homeostatic Property Cluster Theory of Natural Kinds)可能是由于其合理性而成为受到最广泛认同的外在主义的道德语义学方法。② 依据博伊德的叙述,自然类型的事物是从属于世界的自然结构的,它们例示了因潜藏的内在因果结构而倾向于共同发生的事物。③ 形象地说,由于鲸鱼是自然类型的事物,因此它具有的哺乳动物属性、体长2.5至30米、在海水中繁殖等内容是自然选择的结果。这意味着:人们使用概念的时候指称的是某个自然类,而且这个概念受到该类内在因果结构的束缚。④ 在道德判断是自然类型事物的稳态簇状集群的情况下,研究者关于一个道德事实的发现已经足以明确整个道德判断的内在因果结构。

因此,对于采用语义外在主义的格林式实验伦理学研究者来说,他们的研究成果不会受到语义学困难的挑战。但是,他们必须得解释自己的实验证据在逻辑上为什么是有效的。这种麻烦被许多哲学家称为"纯粹经验"困难⑤。笔者将

---

① Sytsma J, Livengood J. The Theory and Practice of Experimental Philosophy [M]. Peterborough: Broadview, 2015: 100 – 107.
② Bird A. The Metaphysics of Natural Kinds[J]. Synthese, 2018, 195(4): 1397 – 1426.
③ Boyd, Richard. Realism, Natural Kinds, and Philosophical Methods[G]//The Semantics and Metaphysics of Natural Kinds. Beebe, Helen; Sabbarton-Leary, Nigel (eds.). New York: Routledge, 2010: 212 – 234.
④ 丹尼尔·斯图尔加. 物理主义[M]. 王华平,张文俊,赵斌,译. 北京:华夏出版社,2014:67.
⑤ 有时这种困难又被称作整体论困难,因为皮埃尔·迪昂(Pierre Duhem)曾指出:把理论上的每一个假设都孤立出来并加以检验是每个科学家的梦想,因为科学上的任何实验均处于互相依赖的状态下——实验目的的实现和实验结果的诠释仰赖于整个学科中的所有理论。不过迪昂的这一说法也被许多科学哲学中导论性的著作当作迪昂-奎因问题(Duhem-Quine Problem)的解释,而迪昂-奎因问题实际上是隶属于纯粹经验困难的。参见:Beaney M. 16 Conceptual Creativity in Philosophy and Logic[M]. London: Creativity and Philosophy, 2018。

在下面说明格林式实验伦理学研究者应对它的方法。

2.2.4 经验的理论负荷问题

奎因和皮埃尔·迪昂(Pierre Duhem)有力地在《经验主义的两个教条》和《力学的进化》中对诺伍德·汉森(Norwood Hanson)提出的"观察渗透理论"进行了发展,这两篇论文曾经撼动过西方哲学界(尤其是英美哲学界)的半壁江山,因为它们对 20 世纪 60 年代以前西方实证主义理论推崇的所有神话做了毁灭性打击。① 简单地说,奎因和迪昂认为知识的基础不可能是逻辑实证主义所谓的"纯粹经验"②,即人们所能够获得的知识不是被世界直接给予的;相反,科学中观察与理论这两个最重要的要素不仅是不能分开的,而且人们更无法确定"所予"究竟处于两者之中的何处③。极端的哲学家可能会把两人对科学的挑战理解为"经验研究者的偏好、倾向、心理状态等多种因素会任意且直接地对经验的获取、理解和使用造成影响"④。该思想被考皮宁引入对实验哲学的批判中,并称作"纯粹经验困难",他说:"要找出导致人们做出道德判断的因素或者大脑状态与之相关的东西,我们必须首先知道什么是道德判断。……(经验科学)工作不能利于我们理解道德思维的本质。……没有什么比令人信服的(关于经验科学的)事迹和描述更难被人得到。"⑤

该困难实际上有两个方面内容:(1)关于道德判断的科学研究是有争议的;(2)关于道德判断的科学研究是没有理论中立性的(比如格林式实验伦理学被研究者认为偏向功利主义理论)。它们可以被下面的论证简单表述:

P1:在验证道德判断的经验假设时,格林式实验伦理学的研究者必然需要预设关于道德判断的解释性理论。

P2:关于道德判断的各种解释理论都是高度有争议的,或者包含了非中立性

---

① 参见:田小飞. 自然主义科学哲学及其规范性[D]. 北京:清华大学哲学学院, 2008。
② 参见:van Orman Quine W. Two dogmas of empiricism[G]//Can Theories be Refuted?. Berlin:Springer, Dordrecht, 1976: 41-64.
③ 参见:托马斯·库恩. 科学革命的结构:第 4 版[M]. 金吾伦,胡新和,译. 2 版. 北京:北京大学出版社, 2012。
④ 参见:Bhaskar R. Empiricism and the Metatheory of the Social Sciences[M]. London:Routledge, 2018。
⑤ Kauppinen A. Moral Internalism and the Brain[J]. Social Theory and Practice, 2008, 34 (1):1-24.

的理论内容(经验证据必然直接支持格林式实验伦理学的论证结论)。

C:关于道德判断的科学证据要么会遭遇争议性问题,要么会遭遇理论不中立的问题,因此格林式实验伦理学的研究成果不能作为关于道德判断理论的论证的依据。

笔者认为这一论证的含义是模糊的,因为格林式实验伦理学所做的研究只使用了局部性的伦理学理论,并不会受到考皮宁所谓的泛化知识背景、信念、心态、偏好等因素的影响。或者说,由于格林式实验伦理学研究需要通过观察来检验的理论都不是整体性的理由,因此当前科学研究方法中显然已有确切且卓有成效的验证经验性猜想的手段:此时,检验这种理论的观察当然能够相对独立于被检验的理论(即使它可能仍然受到更宏观的背景性理论控制)。① 而且《分殊科学哲学史》对这一问题的叙述更简单,它直接指出:通过经验观察来检验理论的各种中立客观性、争议性问题都是很容易得到解决的。② 因此笔者只能通过从考皮宁关于直觉的叙述中猜测该论证难以回应的理由,给出针对这些理由的处理方案。

2.2.4.1 基于直觉性论证的解决方案

詹妮弗·怀特(Jennifer Wright)等人所做的关于受试者直觉的直接性研究在实验哲学领域里比较著名。该实验在诺布、塔尼亚·洛姆布罗佐(Tania Lombrozo)、肖恩·尼古拉斯(Shaun Nichols)编撰的《牛津实验哲学研究(第一卷)》中被怀特本人这样介绍:研究中的受试者先被实验者提问"许多句子中哪一句是道德话语",以此为基础,受试者回答实验者的另一个问题"这个句子是真的、假的还是反映偏好和态度的"[3]。显然,怀特等人完成的这一实验是理论中立的,它不需要任何关于直觉的理论作为基础:他们实验的场景、问题、用词、答案选项等要素都完全不直接涉及道德语义或其他有关伦理的形而上学预设。而且,这一实验可能使用的预设(笔者并不知道它是什么)也不会引起考皮宁所说的问题,因为这些句子道德与否、真假与否的属性是由受试者自己决定的。这意

---

① 斯图亚特·G.杉克尔,主编. 20 世纪科学、逻辑和数学哲学[M]. 江怡,等译. 北京:中国人民大学出版社,2016.
② 刘大椿等. 分殊科学哲学史[M]. 北京:中央编译出版社,2017:63.
③ Wright, Jennifer C.; McWhite, Cullen B.; Grandjean, Piper T. The Cognitive Mechanisms of Intolerance: Do our Meta-ethical Commitments Matter? [G]//Oxford Studies in Experimental Philosophy, Vol. 1. Knobe, Joshua; Lombrozo, Tania; Nichols, Shaun (eds.). Oxford: Oxford University Press, 2014:28 – 61.

味着怀特等人的实验可能除了该论文标题所需要的语文基础外,不再需要任何理论了。然而,如果一种挑战连这样的理论性假设(语文基础)都不允许,那么基于直觉性论证困难的挑战本身就已经自败了,因为它失去了更为根本的论证基础①:引发彻底怀疑论。

2.2.4.2 基于非直觉性论证的解决方案

自从蒂莫西·威廉姆斯(Timothy Williamson)指出"哲学论证对直觉的依赖是哲学方法论的丑闻"②以来,许多哲学家都通过构造精巧论证的方式试图证明哲学论证并不需要直觉,其中赫尔曼·卡普兰(Herman Cappelen)在牛津出版的《不需要直觉的哲学》③可能较为有名。在这本书中,卡普兰通过提出三种消除直觉的策略,证明有效的哲学论证完全不需要诉诸直觉。④ 不得不承认,如果卡普兰的论证真的有效力的话,那么逻辑困难确实能对格林式实验伦理学研究构成挑战。不过笔者认为面对卡普兰的有效挑战,格林式实验伦理学至少拥有三种可成功回避它们的方法。

(1) 强调论证相关的经验性假设并不依赖于道德判断理论本身。上文笔者已经用怀特的简单实验论证过格林式实验伦理学的论证不需要依赖关于道德判断的理论(或者说,格林式实验伦理学可以做到这一点)。即对于这样的研究来说,考皮宁的论证完全是无效的。

(2) 更明确地强调论证是受到条件限制的。如果对格林式实验伦理学提出逻辑困难挑战的研究者仍然不满意,那么他们应该注意格林式实验伦理学得到的经验性证据是有条件的⑤。而且支持格林式实验伦理学的研究者还可

---

① 比如纯粹经验困难本身无法被表达,参见:Beaney M. 16 Conceptual Creativity in Philosophy and Logic[M]. London: Creativity and Philosophy, 2018: 77。笔者认为这类似于本文在上面所描述的"同罪论证"。
② 参见:Williamson, T. The Philosophy of Philosophy[M]. Oxford: Blackwell Publishing Ltd, 2007。
③ Cappelen H. Philosophy without Intuitions[M]. Oxford: Oxford University Press, 2012: 61 – 62.
④ 卡普兰也在《不需要直觉的哲学》一文中用同样的方法表达过类似的观点,但由于篇幅限制,他的论证因不够细致明确而值得怀疑。参见:Anthony R B & Darrell P R eds. Intuitions[M]. Oxford: Oxford University Press, 2014: 269 – 286。
⑤ 笔者认为本文上一节已经把这种情况说明得足够清楚,许多哲学家也反复强调过该情况,比如托马斯·纳德尔霍夫(Thomas Nadelhoffer)和艾迪·纳米亚斯(Eddy Nahmias)就做出过这样的论证,参见:Nadelhoffer, Thomas; Nahmias, Eddy. The Past and Future of Experimental Philosophy[J]. Philosophical Explorations, 2007, 10 (2): 123 – 149。

以主张格林式实验伦理学的论证只有在基于某种特殊的道德判断理论时才有效。虽然这样的做法可能在一定程度上限制了格林式实验伦理学的研究成果的效力范围,但它能够对规范性伦理学做出实质性贡献的事实却是不能否认的。

(3) 将论证所使用的经验性证据整合到反思平衡中。由于概念性事实与经验性事实之间都是相互关联的,所以罗尔斯(John Rawls)提出的反思平衡方法在格林式实验伦理学研究上可以发挥重要作用。① 事实上,如尼尔利·维(Neil Levy)所指出的那样,研究者面对格林式实验伦理学的研究成果不应该将概念层次与经验层次的证据分开考虑,因为"追求概念与经验的一致或提供两者不一致原因的最佳解释是哲学家的职责"②。

2.2.5 实验操作的非对称性和不确定性

莱文 20 世纪 80 年代所主张的"科学研究与经验现象之间存在鸿沟"③是这个世纪所有领域中的研究者最难处理的困难之一④。普特南提出的颠倒光谱思想实验⑤有助于读者快速理解该主张的困难性:为何现在所有思想方法都无法单独且合理地处理这个问题,比如纯粹的现象学或分析方法对它束手无策,纯粹的经验性研究方法对它也无能为力⑥。这个思想实验说的是两个拥有不同颜色识别能力的人在逻辑上无法发现对方的错误,例如:假设对乔纳森来说"蓝色"一直与"红色"对应,而约书亚则一直将"红色"与"红色"对应,如果有人问他们"严重警告标识一般是什么颜色",两人将同样回答"红色";如果有人问他们"红领巾的颜色是否与严重警告标识的颜色一样",两人也同样会给出"是"的答案。

---

① 格林自己将这种方法称作"双倍的广义反思平衡"(double-wide reflective equilibrium),参见:Greene J D. Beyond Point-and-Shoot Morality: Why Cognitive (Neuro) Science Matters for Ethics [J]. Ethics, 2014, 124(4): 695-726。
② Levy, Neil. Response to Open Peer Commentaries on "Neuroethics: A New Way of Doing Ethics" [J]. AJOB Neuroscience, 2011, 2 (2): W1-W4.
③ Levine J. Materialism and Qualia: The Explanatory Gap[J]. Pacific Philosophical Quarterly, 1983, 64(4): 354-361.
④ Kim J. Philosophy of Mind[M]. New York: Routledge, 2018.
⑤ 小西奥多·希克,刘易斯·沃恩. 做哲学:88 个思想实验中的哲学导论[M]. 柴伟佳,龚皓,译. 北京:北京联合出版公司,2018.
⑥ McGinn C. Can We Solve the Mind—Body Problem? [J]. Mind, 1989, 98(391): 349-366.

这个棘手的逻辑问题意味着涉及人的事件与事件之间的关联完全可能是偶然的。① 如果有人把这一问题引入到对格林式实验伦理学效力的挑战中来，他将可能以此为基础成功论证出这样的内容：格林式实验伦理学的研究完全是无效的，因为格林式实验伦理学的实验操作、受试者的反应、功能性磁共振机检测的图像、道德难题等诸多元素之间关系完全是偶然的。颜青山曾经表达过类似这一性质的论证，他说："但是，我们将这两个过程（——道德双加工理论）看作是两个理解过程，或两种知性能力……我们的结论将是，情感反应是道德判断的负效应，并不影响道德判断；相反，道德判断影响情感效应。"②

显然，颜的论证糅合了两方面的问题，他企图表达出格林式实验伦理学的研究成果既具有不对称性（"情感反应是道德判断的负效应"），也具有不确定性（"情感反应……相反，道德判断影响情感效应"）。不对称性意味着一定条件下情感反应是导致某种类型道德判断的原因，而在另一种条件下它只是某种类型道德判断出现以后的产物；不确定性意味着"情感反应"与"道德判断"之间的关系可能既如格林式实验伦理学的研究者所说（前者影响后者），也可能如颜所说（后者影响前者），更可能两者之间没有确定关系。

鉴于本书将通过论述该论证诉诸"非对称性"和"不确定性"时会遇到的问题，说明格林式实验伦理学研究足以克服操作困难，笔者把颜的论证简化成下面的形式：

P1：格林式实验伦理学企图通过"泵"出实验对象处理两难问题时的直觉来得出研究成果。

P2：实验对象在格林式实验伦理学的实验方法下被"泵"出的直觉并不是真实直觉，因为实验对象必然会依据现有的伦理规范向研究者反馈"虚假"的基于认知的理由。

C：由于实验者不会被格林式实验伦理学的实验方法"泵"出真实的直觉，所以

---

① 克里普克有意将该逻辑问题单纯限定在"意识"存在的范围之内，他认为涉及心灵的事件（比如讲话）与物理上的分子运动完全不同，后者几乎是完全偶然的事件，无法被观察。可参见下文围绕"哲学僵尸"（philosophical zombie）思想实验所做的论述：Bagozzi R P, Lee N. Philosophical Foundations of Neuroscience in Organizational Research: Functional and Nonfunctional Approaches [J]. Organizational Research Methods, 2019, 22(1): 299-331。

② 颜青山. 2015 年度国家社会科学基金重大项目（第二批）投标书[Z]. 基于虚拟现实的实验研究对实验哲学的超越,2015: 36.

格林式实验伦理学的实验方法对于格林式实验伦理学的整体企图来说是无效的。

2.2.5.1 非对称性的解决方案

弗兰克·杰克逊(Frank Jackson)提出的黑白玛丽思想实验可能对非对称性问题做了最好的表述。① 杰克逊在《玛丽不知道什么》中所叙述的思想实验是：一个只生活在黑白房间里的女孩玛丽掌握了所有颜色的知识,然而她走出房间之后却学到了关于彩色的新知识。② 由于该思想实验旨在对物理主义提出反驳,所以笔者将它重构为下面的形式：

P1:玛丽在黑白房间里拥有所有（人类领域里）关于颜色的完备物理性知识。

C1:走出黑白房间之前,玛丽知道所有（人类领域里）关于颜色的物理性事实。

P2:在某些（人类领域里）关于颜色的知识是玛丽走出房间前无法拥有的。

C2:存在着某些（人类领域里）关于颜色的物理性事实是玛丽走出房间前不知道的。

C3:有些（人类领域里）关于颜色的事实不是物理性事实。

笔者发现 P2 不具有物理主义基础③（事先不承认物理主义的关于物理主义的反驳是乞题的）,理由是：

第一,P2 可以被当代神经科学解释为假象。现代脑科学技术已经发现了"全色盲症"(monochromacy)的神经学原理④：当人们需要拥有关于颜色的知觉或对颜色作出判断时,大脑的枕叶、颞叶的腹侧表面、梭状回等区域将处于活跃状态；如果大脑的这些区域受到损伤,人们拥有的任何关于颜色的能力都会失去,被他们察觉到的外部世界将变成黑白的。之所以说该发现有利于反驳 P2,

---

① Cuneo T, Kyriacou C. Defending the Moral/Epistemic Parity[G]//Metaepistemology, Oxford: Oxford University Press, 2018: 27-45.
② Jackson F. What Mary Didn't Know[J]. The Journal of Philosophy, 1986, 83(5): 291-295.
③ 本文不描述"能力假说"(the Ability Hypothesis)、"亲知假说"(the Acquaintance Hypothesis)、"新知识/旧事实观"(the New Knowledge/Old Fact View)这样传统反驳的原因在于：如果笔者用这些反驳方式,那么格林式实验伦理学的论证也会被成功反驳,最终与本部分的写作目的不符。关于这种情况将导致自我辩护失败的讨论,参见：The Cambridge Companion to Philosophical Methodology[M]. Cambridge: Cambridge University Press, 2017。
④ James Kalat. Biological Psychology[M]. Belmont: Wadsworth Publishing, 2015.

原因就在于,全色盲症者类似于杰克逊描述的玛丽:他们也可以使用"走出黑白房间"的方法知道黑白以外的颜色,但他们却不会认为自己所在的房间与世界的其他部分(另外的世界)存在不同。相反,全色盲症者认为所有知识都存在于同一个世界,黑白房间与黑白房间之外唯一的不同仅在于视角。这意味着非物理性的关于颜色的知识是不必存在的。

第二,P2可以被进化论解释,"黑白房间与黑白房间之外不同"可能是由人类处理信息的机制导致。笔者认为,如果我们承认大脑中包含许多信息,就必须承认有些信息不是始终处于显示状态的,否则人类会因需要同时处理太多不相关信息而无法很好生活。如果该论证可以成立的话,那么人类的主观感受性就很容易得到解释:玛丽走出黑白房间后感受到的"非物理学事实"是由于过去没有处于显示状态的信息转变为显示状态导致的。而且,由于这些信息过去处于非显示状态,所以现有的经验科学方法自然很难(几乎不可能)通过传统的观察法来发现它们。同时,杰克逊所谓的"我们也无法通过自省发现(非物理学事实)"[1]也得到了解释,因为这些过去处于非显示状态的信息当然不应该被人们所察觉,否则这一符合进化要求的机制就是失败的。

第三,P2基于非簇状理解得到,认可黑白玛丽思想实验效力的研究者所具有的物理主义知识不够全面。如果我们把"黑白房间与黑白房间之外不同"当作"姚明比较高"的话,那么论证所谓的"关于颜色的非物理性事实"就不必存在,因为我们不会把"姚明比较高"的类比对象丢开不看。换句话说,我们不应该试图用单一的物理知识来解释"黑白房间与黑白房间之外不同"的现象。造成玛丽走出房间后掌握更多知识的假象的东西可能是非颜色性质的物理知识。以神经元为例,不仅神经元可以具有提供信息的能力,神经元之间的关系也一样可以具有提供信息的能力。杰克逊后来也承认自己没有掌握物理主义的基本知识,承认颜色知识是与色彩、形状、状态等诸多知识相关的,比如人们之所以能够建立对太阳外形的了解并不只因为视觉方面的知识。[2]

2.2.5.2 不确定性的解决方案

"薛定谔的猫"是广为人知的说明不确定性存在的思想实验之一。它的内

---

[1] Jackson F. Epiphenomenal qualia[J]. The Philosophical Quarterly, 1982, 32(127): 127-136.
[2] Smith, Quentin, and Aleksandar Jokic, eds. Consciousness: New Philosophical Perspectives[M]. Oxford: Oxford University Press, 2003: 387.

容是:一只猫被放在密闭且不透明的容器内,如果实验者打开这个容器的开关,那么容器内的放射性物质将开始衰变,猫会因此死亡;薛定谔认为处于这样容器中的猫的生命是不确定的("它是半死半活的"),因为打开盒子会使猫死亡,不打开盒子不能看到猫的生命状态。① 然而大多数人可能由于对"薛定谔的猫"本身不了解,所以对该思想实验的思考是存在问题的,至少不确定性与不确定性原理两者不应被当作等同的两个东西。② 笔者认为解释"薛定谔的猫"的含义,说明不确定性与不确定性理论之间的区别本身已经足够说明"不确定性"困难对于格林式实验伦理学研究来说不存在。

2.2.5.2.1 薛定谔猫佯谬

薛定谔提出猫佯谬的意图是使用荒谬的例子说明现在理论可能导致与事实不符的问题:量子力学中关于"观察"和"观测"的理论会导致超光速影响的可能性出现。也就是说,研究者要么接受"量子力学是错误的",要么接受"量子力学不仅是对的,且是完整描述,无论超光速地影响存在"。值得注意的是,这里的影响既不是"因果影响",也不是狭义相对论下的关于"物质""能量""信息"的东西,而是广义相对论的③。形象地说,如果我们接受"量子力学不仅是对的,且是完整描述,无论超光速地影响存在",那么当细小微粒运动的时候,在几光年之外就会有另一个细小微粒的影子在以超光速移动。再次注意:我们无法通过影响微粒的影子而以超光速的速度对该影子之后的运动做因果影响,或者传递能量、信息。这意味着:稳定的波在穿过特定界面的时候,其相速度可以超过光速,但它无法传递任何东西("因果影响,或者传递能量、信息"),因为一旦这么做的话,它就必须改变自己身为波的全部特征与特性(它就不是波了)。更重要的是,即使这个改变发生,改变的相速度也是无法超过光速的。所以就算量子力学中薛定谔猫佯谬所导致的超光速影响可以令许多研究者在逻辑上感受到震惊,它也绝不会与任何一般概念、理论发生矛盾。

---

① 薛定谔.科学大师启蒙文库:薛定谔[M].赵晓春、徐楠编译.上海:上海交通大学出版社,2009.
② 参见:Miłkowski M. Embodied Cognition Meets Multiple Realizability[J]. Reti, Saperi, Linguaggi, 2018(2):349-364。
③ 约翰·格里宾.寻找薛定谔的猫[M].张广才,译.海口:海南出版社,2009.

2.2.5.2.2　不确定性原理的特征与不接受它的理由

不确定性原理指的是"量子力学统计诠释(statistical interpretation)论"[①]的理论结果,它的特征是：

(1) 不确定性原理仅对成双的(a pair of)不兼容变量有效。

(2) 不确定性原理与波函数坍缩(collapse of wave function)无关,与"观测行为"互不依赖。

(3) 不确定性原理仅应用于"多系统的多次测量",而不是"同一系统的重复测量"。

(4) 它说明从物理宏观系统中(被人类自己运用)抽象(思维想象或推理)出来的某些独立存在的物理量对于(微观的)量子系统来说并不独立存在,比如角速度与方向、动量与位置。

(5) 不确定性原理与叠加状态(superposition state)无关。

不接受它的理由是：

(1)由于不确定性原理是统计理论的结果,所以该统计理论是可以被放弃的。如果它因可以解释一切而必须被人接受的话,那么由它示例的不确定性原理与不确定性会相互矛盾。这意味着：要么放弃不确定性原理,要么放弃不确定性。

(2)它除了能通过运用抽象思维想象或理性推理显示出来,不可能被人直观感受。

2.2.5.2.3　不确定性的含义、解决办法

区别于不确定原理,不确定性指的是：如果实验者对多个处于相同状态的量子系统进行多次相同观测(注意并非"同一系统的重复测量"),观察所获得的结果往往不同(由于并非"同一系统的重复测量",所以不是实验误差)。

解决观察结果不确定性的办法通常有：

(1)人们不能确定"相同"的含义,或者发现不了不同。

(2)观测不仅影响了量子系统,而且它本身也创造了实验结果。

(3)不应该用不适合的理论来处理问题,就像我们不该问"一般人类女性头

[①] Griffiths D J, Schroeter D F. Introduction to Quantum Mechanics [M]. 3rd Edition. Cambridge: Cambridge University Press, 2018: 8 - 10. 本部分的叙述均为间接引用该书的现成内容,笔者不再重复注释或强调。

上的角是红色还是蓝色的"①。

2.3 小结与前瞻:四个层次的新困境

本章第一节对格林式实验伦理学的基本内容进行了论述。我们不但较为简单地从格林实验采用的问题、格林实验的操作、格林检验猜想的方法、格林排除无效手段的手段四个角度,说明了格林式实验伦理学的核心实验,而且通过对格林代表性文献的梳理,将格林式实验伦理学的论证总结为七个步骤两大部分。由于电车难题是格林式实验伦理学的核心,所以我们也对"电车难题论域"的历史做了简单的回顾,对该类型思想实验的结构、解决方案与相应的问题做出了评述:抽象概述电车难题式思想实验的起源、重要人物与理论,对该难题的主要版本、主要种类、三种解决路径的优势与劣势给出简单评价。

基于第一章中格林式实验伦理学研究的国内外文献综述,我们在本章第二节中将格林式实验伦理学当前面临的挑战区分为(1)来自休谟式"是"与"应当"区分的批评、(2)来自谢弗-兰道式非自然主义立场的批评、(3)来自艾耶尔式语义学区分的批评、(4)基于观察渗透理论的"纯粹经验"批评、(5)基于非对称性与不确定性的操作批评。

通过重申格林式实验伦理学的立场与研究主旨的方式,我们为格林式实验伦理学给出了应对以上五种挑战的解决方案:

第一,我们从论证、效力、理由三个角度,为格林式实验伦理学给出了针对挑战(1)的反驳式回应;

第二,我们给出了几种构建"同罪论证"的方法,以期最大限度地降低挑战(2)的效力;

第三,通过区分道德语义学的内在主义与外在主义,我们给出了可使挑战(3)丧失效力的解决方案;

第四,依据论证的直觉性与非直觉性差别,我们认为挑战(4)可能引发彻底怀疑论,或者存在三种绕过它的方法;

第五,由于"科学研究与经验现象之间存在鸿沟"实际上指的是科学研究的

---

① Bales A. Decision-Theoretic Pluralism: Causation, Evidence, and Indeterminacy[J]. The Philosophical Quarterly, 2018, 68(273): 801-818.

不对称性与经验的不确定性，因此通过否认不对称性论证中重要前提的合理性、限定不确定与"不确定性原理"的有效范围，我们为格林式实验伦理学给出了能够成功应对挑战(5)的方案。

然而这些解决方案显然不能减少传统伦理学研究者与实验伦理学研究者之间争论各说各话、实验哲学研究者与传统哲学研究者之间对话杂乱无章的现象，也不能令格林式实验伦理学本身取得进步，因为支持者与批评者双方不能实现通常意义上的沟通与交流。也就是说，我们所提出的这些证明格林式实验伦理学能够克服批评所称的局限性的解决方案并没有比已有的拒斥性回应更好。

因此，为了令格林式实验伦理学"闭门造车"的疾患得到解决，我们在后四章中企图将现有的五种批评扩展为四个层次的困境，每个困境包含两个问题，以期仔细地为格林式实验伦理学认真设想摆脱这些困境的出路。

具体来说，我们将针对电车难题论域与理性、情感的批评划分为概念性层次的问题，因而认为"电车难题论域的收敛与否"与"理性与情感的可区分与否"是格林式实验伦理学的概念性困境。通过分析电车难题的本质特征、简并电车难题的描述方式、指出电车难题的两种理论后果、辩护电车难题的适用性，我们以澄清电车难题的内容与区分其研究目的的方式给出"电车难题论域收敛性"方面困境的出路。通过证成情感在道德判断中的核心地位、分析主流道德判断模型中存在的情感因素、说明道德定义对情感因素的必然依赖，我们以证明情感与理性具有相同研究必要性的方式给出"理性与情感可区分性"方面困境的出路。

不过这样概念性的解决思路并不足够，既有的关于两者的批评将被导向到立场性问题中。鉴于此，我们将"伦理的自然主义"与"道德判断的内外在主义"看作格林式实验伦理学面临的立场性困境。通过明确格林式自然主义立场的具体内涵、指出格林式自然主义立场的优势、回应逻辑实证主义的证实原则的挑战、回应科学主义的挑战，我们以厘定方法论自然主义内涵的方式给出"伦理的自然主义"方面困境的出路。通过展示开放问题论证所蕴含的根本主张、确定内在主义论证与内外在主义争论的内容、主张基于延展心灵的道德判断理论，我们以借鉴心灵哲学研究成果的方式给出"道德判断的内外在主义"方面困境的出路。

然而既有的批评仍然能以方法论问题的方式出现。鉴于此，我们将"价值与行动的鸿沟"与"论证方法与论证效力"类型的问题当作格林式实验伦理学面临的方法论困境看待。通过澄清规范性理由、驱动性理由、慎思性意义、解释性意义、心理实体等七种重要概念、辩护行动的因果-心理学说明的有效性、辩护两种驱动性理由,我们以区分、界定已有概念的方式给出"价值与行动的鸿沟"方面困境的出路。通过主张归纳指责的无效性、主张格林式论证的溯因推理性质,我们以说明格林式实验伦理学论证类型的方式给出"论证方法与论证效力"方面困境的出路。

最后,当已有批评延伸到实验操作层次时,我们认为"问卷调查法中的直觉问题"与"fMRI 的多重可实现性问题"是格林式实验伦理学的实验操作困境。因此,我们在分析有关直觉的争论与多重可实现性问题的基础上,通过设想两套完善性方案给出该困境的出路。其中弥补问卷调查法缺陷的方法包括:内隐联想测试、情感错误归因范式、加工分离范式、眼动追踪法。EEG 与 fMRI 技术的结合则是弥补 fMRI 时间分辨率缺陷的完善性方案。

3 格林式实验伦理学的概念性困境和出路

研究者们关于功利主义、义务论、情感、道德判断等定义与概念性的批评可以被看作格林式实验伦理学面临的概念性困境。笔者认为该层次的困境主要包含电车难题论域与理性、情感是否具有相同的道德地位两方面的问题。因此,本书接下来将细致地处理"电车难题的收敛性问题"与"理性与情感的可区分性问题"。企图通过对批评者所指出的相关定义与概念做澄清、区分给出格林式实验伦理学应对如此概念性困境的出路。

3.1 电车难题的收敛性问题

电车难题的纷繁复杂不仅是哲学研究者们的常识,也是非哲学研究者的常识,因为它确实是当今最负盛名的哲学问题之一。[1] 克瓦梅·阿皮亚(Kwame Appiah)曾把这种现象形象地描绘为:人们关于电车难题与它不断涌现出的新变种所做的吹毛求疵、数量巨大的讨论令体量巨大的犹太教经典《塔木德》在这样的事实面前宛如考前小抄一般渺小。[2] 事实上,人们关于电车难题的热情很大程度上抱有嘲讽性质,几乎所有人都认为这样的思想实验没有价值,并以为研究它的行为与小孩子斥责玩具一样,根本是个笑话。[3] 更准确地说,众多关注者如此的举动其实是针对电车难题的伦理学研究方式的,比如伦理学家赵汀阳就曾说"电车难题抹去了人的具体性,因而不具备伦理学的意义""有轨电车困境根本不是一个伦理两难,而是伪装成伦理两难的技术灾难"[4],而非直接研究者则凭借"大多数哲学著作晦涩难懂,但电车难题却过于通俗易懂"这一理由继续助

---

[1] Cova F. What Happened to the Trolley Problem? [J]. Journal of Indian Council of Philosophical Research, 2017, 34(3): 543-564.
[2] 转引自:Paul Bloom. Morality Studies [EB/OL]. [2018-12-08]. https://www.nytimes.com/2008/02/03/books/review/Bloom-t.html。
[3] 参见:Runciman B. Don't Be Derailed by The Trolley Problem [J]. ITNOW, 2018, 60(2)。
[4] 赵汀阳. 有轨电车的道德分叉 [J]. 哲学研究, 2015(5):96-102。

力社会主流文化中哲学(伦理学)无用论观点的盛行。①

因此,为了说明格林式实验伦理学所采用的电车难题的相关概念困难存在解决办法,笔者在本节的论证目的自然是处理像阿皮亚、赵汀阳这样的著名哲学研究者与非哲学研究者关注且提出的有关电车难题的最具有代表性的困难:(1)电车难题的基本特征不明显、(2)电车难题很可能没有伦理学意义、(3)电车难题的伦理学价值与地位值得怀疑。容易发现,这样三个困难所蕴含的质疑性问题旨在考问电车难题的收敛性。如此质疑的具体内容是:电车难题的特征是否收敛、电车难题的意义是否收敛、电车难题的价值是否收敛。该事实意味着,本书此节接下来的行文顺序将会是:首先,依据终生致力于电车难题研究的卡姆教授对待该难题的方法,笔者将通过抽象出电车难题的本质特征,对现存的电车难题变种进行最大限度的简化与合并。其次,笔者将通过指出该难题的使用方式,说明它在伦理学研究中的必要性,以强调电车难题所具有的伦理学意义。最后,笔者将通过反驳人们关于电车难题的批评,辩护"电车难题在伦理学研究中的价值重大"②一类的观点。

3.1.1 电车难题的本质特征

我们知道,最为著名的电车难题变种是由汤姆逊提出的。它与后来世人所知的"旁观者难题"略有不同。两者最大的区别在于:"旁观者难题"中的行动主体是与电车行驶完全无关的旁观者,而汤姆逊这一最著名难题变种中的行动主体是操控电车行驶的最大责任人——电车驾驶员爱德华。因此,汤姆逊在论文里把该难题称呼为"爱德华难题"③。它的内容是:

爱德华是一名电车驾驶员,然而他所驾驶电车的刹车正好失效了,他无法使电车不继续行驶。爱德华发现:自己电车行驶轨道的正前方有五个人,并且,轨道栅栏很高,这五个人因此无法及时离开自己电车所行驶的轨道。不过,在这五个人前方的轨道上有一个向右行驶的道岔。这意味着爱德华可以将失控电车转向到这条道岔上行驶。但不幸的事实是,爱德华发现右侧的道岔上也有一个人。如此一来,爱德华的选择只能是:将电车转向道岔,杀死一个人;不改变电车的行

---

① 苏德超. 哲学无用论为什么是错的?[J]. 四川师范大学学报(社会科学版),2018,45(4):16-21.
② Kamm F M. The Trolley Problem Mysteries[M]. Oxford: Oxford University Press, 2015: 198.
③ Thomson J J. A Defense of Abortion[J]. Philosophy and Public Affairs, 1971, 1(1): 47-49.

驶轨道,杀死五个人。

我们首先应该注意到的特征是:爱德华的行动结果具有悲剧性。上面"杀死一人还是杀死五人"的描述虽然显得不是很准确,比如"杀死"与"任人死亡"没有被明确地区分,但是这样结果的悲剧特征显然已经足够令人惊讶了。按照阿皮亚的话说,这样的悲剧并非体现于"主干道的五个人是老的或者想要自杀的",也不是"五个人相约在轨道上一起结束生命",而是"每个人的生命都是有价值的"[1]。这样一个假设令人想到爱德华不可避免地要对有价值的东西进行侵犯:失控电车继续行驶的结局是牺牲至少一个人的生命。许多哲学家把这种任何行动都会带来坏结果的选择称呼为"悲剧性选择",一些像彼得·瓦伦特内(Peter Vallentyne)这样的哲学家甚至断言悲剧性选择总是与道德难题混合在一起出现的。[2]

第二个特征是:爱德华行动选择的有限性。显然,爱德华只有两个选择:他要么什么也不做,要么将失控电车转向到右边的道岔行驶。

第三个特征"规范性事实缺乏"是爱德华难题成为道德问题的一个重要原因,它是指:难题描述中未出现的规范性因素都不是规范性因素。约瑟夫·门多拉(Joseph Mendola)将该假设描述为"电车驾驶员是对电车的行驶负有全责的人"[3]。或者更为形象地说,汤姆逊创造的爱德华难题只允许研究者考虑唯一的可能与唯一的规范性相关因素,即行动的后果(行动所造成死亡的数量)。因此,我们很容易想象到不遵守这条原则时的情况,即如果我们不只考虑行动的结果。例如,当关于轨道上六个人的某些规范性因素被考虑到难题的研究中来时,爱德华所遇到的悲剧性选择应该会有所改观:当考虑右侧轨道上的人是爱德华的兄弟或朋友时,个人荣誉感被添加到了难题中;当考虑爱德华在道德上亏欠一名工人的时候,正义相关的规范性问题被添加到了难题中。因此,"规范性特征缺乏"特征被粗略地说成:尽管任何因素都可能是与爱德华难题在道德上相关的,但这些因素被假设为并不存在于爱德华难题中,理由仅仅是该难题没有对这

---

[1] Appiah K A. Experiments in Ethics[M]. Cambridge: Harvard University Press, 2008: 89.
[2] 参见:Vallentyne P. Two Types of Moral Dilemmas[J]. Erkenntnis, 1989, 30(3): 301 - 318。
[3] Mendola J. Consequentialism, Group Acts, and Trolleys[J]. Pacific philosophical quarterly, 2005, 86(1): 64 - 87.

些因素进行描述。① 该特征是值得电车难题研究者注意的,理由是:该特征经常被电车难题的研究者忘记,比如汤姆逊在2008年的论文里就曾说"一个或六个潜在受害者在面对即将到来的威胁的时候有自己的过错"②。

采用完全决定论立场是爱德华难题的第四个特征,这意味着行动者所做出的选择完全且唯一地决定自己行动的结果,并不存在任何偶然。这第四个特征能够说明许多电车难题的研究者所提出的解决方案都是有问题的,比如弗兰西斯·卡姆(Frances Kamm)就曾经以行为不一定导致一个人死亡为理由来解决电车难题③。现在,我们能够轻而易举地知道它难以成立的根本原因是:如果电车难题没有"完全决定论立场"的话,电车难题本身是不能够成立的。或者说,"要么一个人死亡,要么五个人死亡"的决定论立场不可能允许卡姆这样的理由存在。因此,我们知道:当研究者用非完全决定论方法作为解答电车难题的方案时,该研究者的行为其实相当于通过消解电车难题的效力来回答道德难题。

爱德华难题的最后一个特征比较隐蔽,因而也是被许多电车难题研究者忽略的,比如企图以德性知识论解决电车难题的研究者就犯了这一错误。该特征是:行动者是全知者。具体地说,在汤姆逊的设想中,爱德华被认为是了解并理解自己所处难题中所有经验事实的人。从另一个角度说,该重要特征也意味着,设想电车难题的人希望处理该难题的人也拥有知道并理解难题中的行动与行动所产生后果之间关联的能力。

总结如下:

特征1:行动结果具有悲剧性

特征2:行动选择有限

特征3:缺乏规范性事实

特征4:完全决定论立场

特征5:行动者是全知者

将以上爱德华难题的五个特征进行分类,我们可以更清楚地发现"电车难题一定不能是真实世界的难题的理由":

---

① Parfit D. On What Matters: Volume Two[M]. Oxford: Oxford University Press, 2011: 73 – 74.
② Thomson J J. Turning the Trolley[J]. Philosophy & Public Affairs, 2008, 36(4): 359 – 374.
③ Kamm F M. Morality, Mortality: Death and Whom to Save from It[M]. Oxford: Oxford University Press on Demand, 1993: 61.

a. "结果的悲剧性"特征是关于电车难题的本质的。这种悲剧性的要求意味着电车难题注定是与现实问题无关的,因为现实生活中的选择不可能永远只导致悲剧性的结果。

b. "选择的有限性""规范性事实缺乏"与"完全决定论立场"三个特征是对人们所生活的复杂现实的抽象。① 例如:我们假设面临道德问题的行动者只有非常有限的行动选择,然而在现实生活中,"道德行动总是具有足够多的行动选择"是不能被否认的;我们假设某些规范性事实超出了道德问题的考虑范围,然而在现实生活中,"许多因素都具有道德意义"是显而易见的;我们假设行动者的行动唯一且完全决定行动的后果,然而在现实生活中,多方面的考虑当然是需要的。

c. "行动者全知"的特征是理想化的。我们知道,在现实生活中,道德行动者不可能拥有并掌握所有与道德决策相关的事实,然而为了电车难题本身得以成立,设想这种难题的人却不得不预设该特征。

3.1.2 简并电车难题的描述方式

卡姆是被公认的最资深的电车难题研究者,因为她的研究几乎都是建立在电车难题之上进行的。② 她所使用的研究方法被人简称为"寻求道德的深层结构"③。这样的方法是指:"研究者们对反事实问题进行研究的过程中发现的原则与理由揭露了'深层次的真实心理结构、人们无意识地思考过程'",即揭露"道德判断的内在过程"。诺曼·丹尼尔斯(Norman Daniels)将该方法对伦理学研究者的要求总结为下面五个特点④:(1)研究对象应是假设性的判断,而不是关于真实生活的判断;(2)研究结果应提供关于行动本身的理由,而不是个人的

---

① Gigerenzer G. Rationality for Mortals: How People Cope with Uncertainty[M]. Oxford: Oxford University Press, 2008: 23 – 24.
② 谢利·卡根(Shelly Kagan)认为"没有人为了解决电车难题而比卡姆更加努力,过去的这些年她可能分析了成百上千个不同的案例"。他认为卡姆所做的工作可以简单概括为:解答为何有时候保护人的准则会成为杀人的准则。或者套入电车难题环境中,更形象地说,卡姆所有的努力都旨在解释下面两个悖反的情况为何会出现:当"那些被杀死的人是依据保全更多人生存(最大多数人的利益)的意图来处置"时,有时人们会认为这样的处置行为是道德上被允许的,但有时人们却完全否认这样的行为在道德上能够被允许发生。参见:弗朗西斯·默纳·卡姆. 电车难题之谜[M]. 常云云,译. 北京:北京大学出版社, 2018:197.
③ Voorhoeve A. Conversations on Ethics[M]. Oxford: Oxford University Press, 2009: 28.
④ Daniels, Norman. Kamm's Moral Methods[J]. Philosophy and Phenomenological Research, 1998, 58(4): 947 – 954.

情感反应;(3)应通过巧妙的改变假设性问题来检验(2)中得出的理由是否充分有效;(4)应根据人们对改变过的假设性问题的反应来校验道德判断做出时所援引的理由或规则;(5)校验应确定这些理由或规则(如"理性的要求")还是能(根据理论)通过其他方式进行解释的。

显然,如果卡姆的理论正确的话,我们可以用这套方法来处理卡姆关于电车难题的研究本身。也就是说:如果卡姆是通过符合以上五个特点的"寻求道德的深层结构"方法来处理电车难题的,那么这样的方法应该也可以用来研究卡姆一直以来关于电车难题的研究本身。

我们首先做出一个理想化的假设性判断:电车难题的最优解已经被人们找到了。这个最优解假设包含三个方面的内容:第一,研究者关于电车难题的绝望态度是错误的,他们不该认为没有任何恰当的原则能够充分地体现并完全地对应人们关于电车难题的直觉判断,因为原则 S 就能做到这一点;第二,人们关于电车难题所作出的判断由于最优解的存在是可以被预测的:某种行为因为符合最优解所遵循的原则 S,所以是道德上被允许的,而不符合 S 的行为在道德上是被禁止或厌恶的;第三,人们关于电车难题的直觉反应总是一致的,不同的人不可能对相关案例做出不同的判断,也就是说:存在一项完全符合每个人直觉的单个原则。

那么电车难题会因为这个最优解而获得解决吗?

存在两个理由可说明该想法无法成立:

第一,我们有理性的理由不接受原则 S。因为我们找不到切实的证据说明人们在任何情况下都会接受 S。例如,如果需要让人接受做道德判断时应该遵循原则 S,那么原则 S 具有道德重要性就应该被说明,理由在于:"规范性的判断理由应该是规范性的。"不难想象,当 S 原则包括"如果今天是星期三,那么该行为在道德上就是被允许的""如果道德判断是人们坐着做出的,那么该判断的内容就是正确的""如果今天天气冷,那么原先道德上被允许的行为就会变成为不允许的"这样的内容时,人们一定不会接受它。当然,更麻烦的情况是 S 原则确实具有道德重要性。这种麻烦已经在研究者对成千上万种电车难题进行探究的过程中显露出来,比如作为研究者之一的卡姆做的所有努力都旨在"校验 S 原则是'理性的要求'还是能通过其他方式进行解释"。形象地说,该麻烦的棘手性在于:即使 S 符合研究者对电车难题的所有直觉反应,人们还是可能无法理解为何它所依赖的那些因素就应当具有道德重要性，更可能无法为它的成立提供令人信服的根本理由。这意味着，我们容易发现：如果电车难题的研究历史像现在这么发展下去——原则 S 包含了许多的条款、依据了许多深奥难懂的观念，那么关于它的成立的令人信服的根本理由就越不可能存在。

第二，电车难题最优解的有效性不因现实性反例的存在而失效。也就是说，通过人们所作出的道德判断来校验最优解的存在与否是不可能的。关于此，笔者在上一部分已经讲过基于电车难题的原因（电车难题的五个特征）。它的另一个基于道德判断者的原因是：不符合原则 S 的道德判断情况是完全可以被人们接受的。例如人们可以在知晓规则的情况下，客观上却不能完全遵守该规则。该理由一般被称为"判断与规则之间的不对称性"。更准确地说，这一理由意味着：即使知晓并掌握了道德判断的完美原则，现实生活中的人们在对道德难题进行判断的时候也不能完全遵守它。关于此，被广泛接受的理由是：各种心理因素的存在将会使判断不能完全遵守原则 S 而做出。套入电车难题情景，该事实相当于"与直觉不符的道德判断原则并不能说明该原则本身不符合直觉"①。该说法的正确性是显而易见的，它类似于逻辑上"'A 属于 B'不能必然说明'B 属于 A'"。

以卡姆提出的 PPH 原则（允许伤害原则）为例，以上第一个理由可以被清晰地表述为下面三点反对电车难题研究的意见：

（1）并非所有人都会分享或认同卡姆关于电车难题问题的直觉判断，从而不接受 PPH 原则。

（2）卡姆所建议的 PPH 原则并未充分体现人们的直觉判断特征，而且它还可能具有其他方面的问题。

（3）PPH 原则所显示出的存在于诸多电车难题变种中的差异可能并不能被人们所接受，理由在于：i. 人们可能在直觉上认为它们并不具有道德重要性；ii. 它们可能并未与人们直觉上具有道德重要性的观念彼此相连。

我们能够想象出，意见（1）可以被辩护，因为卡姆"寻求道德的深层结构"②的研究方法并不要求一种原则直接为人们提供令人信服的根本性理由。如此，

---

① Kamm F M. Bioethical Prescriptions: To Create, End, Choose, and Improve Lives[M]. Oxford: Oxford University Press, 2013: 59.

② 参见：O'Connor J. The Trolley Method of Moral Philosophy[J]. Essays in Philosophy, 2012, 13(1): 14.

使用一项原则来说服他人的时候,我们就可以不从理由而从强调分歧的角度来进行。例如通过下面三种方式进行:a. 如果人们做出了与原则 PPH 相反的判断,我们就可以通过测试这些人在另外的电车难题变种中会做出何种判断,来观察他们是否需要调整自己之前的判断;b. 我们可以通过尽力说服这些做出与 PPH 原则相反的道德判断的人,认识更多的道德重要因素,或者向他们解释 PPH 原则所依赖因素确实具有道德重要性;c. 通过设计包含逆反 PPH 原则和做出道德判断的人所不承认的道德相关性因素,我们可以确定这些道德相关性因素是否真的重要:当把这种因素从道德判断中移除时,如果这些人所做出的道德判断仍然不变,那么它就确实不具有道德重要性,相反,即使人们直觉上不再承认它,它也是具有道德重要性的。

意见(2)在逻辑上显得荒谬,因为这样的理由看起来是与我们最初的假设("电车难题的最优解已经被人们找到了")相违背的,也就是说:这样的最优解所遵循的原则不仅不可能也无法充分体现人们做出判断时的直觉特征,而且它也不会有其他方面的问题。不过,即使如此,意见(2)的逻辑依然是可以接受的,因为电车难题的研究者并没有责任证明自己的研究成果就是完全不变不动的真理。这意味着,研究者可以使用"自己所发现的原则虽然不完美但仍然处于电车难题研究的正确方向"这样的理由来反驳意见(2)。形象地说,以卡姆为例,为卡姆辩护的研究者可以以"卡姆的研究价值并非严重依赖于 PPH 的正确性"[1]来成功回应意见(2)对自己的挑战。难以否认,这样的回应逻辑在直觉上容易被人们所接受,因为任何经过思考的人都会承认一项研究的价值不需要完全依赖该研究成果的正确性,否则几乎所有哲学研究的价值都可能因为意见(2)的逻辑而被彻底否认。即相当于承认,卡姆关于电车难题所做的大部分工作都是进行心理重构:针对那些会影响我们对不同难题变种所做直觉判断的各种差异特征,卡姆都在尽其所能地予以确认。因此,从这个角度看,我们知道:卡姆所依赖的差异特征及其相关观念是否常见,或者它们是否容易被表述清楚,确实不够重要。更简洁的理由是:即便我们并不认可它们,或者认为它们难以理

---

[1] 参见:Kamm F M. Moral Intuitions, Cognitive Psychology, and the Harming-Versus-Not-Aiding Distinction[J]. Ethics, 1998, 108(3): 463-488。

解,它们依然可能是我们直觉判断的基础。①

意见(3)与电车难题不会因最优解的存在而解决的第二个理由几乎是一样的,它们实际上逼迫我们回答的问题是:为了某种更加令人信服的理由而放弃另一种直觉判断,它意味着什么。我们知道放弃某种直觉判断与不再产生某种直觉判断并不一样。也就是说,如果电车难题的最优解并不能说明诸多电车难题变种中的直觉判断是错误的,那么卡姆自己也会承认"当我们基于最深层次的理由讨论后果论、义务论时,我们难以凭借理性说明两种理论何者更为错误"②。套入电车难题语境,它们难以被完全驳倒的形象原因在于,理性的电车难题研究者必须承认"普遍性根本理由直观上的说服力不能作为正确原则的唯一评判标准"③。

通过上面的分析,我们知道即使电车难题的最优解被找到,电车难题这样的复杂问题也不能被解决。因此,一个更为实际的问题就相应诞生了,这个问题是:最优解存在的价值是什么,或者更为准确地说,寻找最优解的行为存在什么样的价值。这个问题的回答方式显然相当开放,所以我们有必要仍以卡姆发现并推崇的 PPH 原则为例来进行必要的思考与回答限制。我们知道,托马斯·胡卡尔(Thomas Hurka)认为这一可能最优解的价值在于"这种对行为的道德评估具有重大意义",而且"它也是一种人们探讨非后果论伦理学时需要考虑的有效区分"④。这类似于卡姆自己对电车难题研究行为形象的比喻:"一幅精心编织的挂毯揭示了我们内在的心理现实。"⑤也就是说,她认为电车难题的研究价值在于考虑导致不同道德判断结果出现的问题的区别。

出于本部分论证要求的考虑,我们现在需要思考的问题已经变成:导致不同道德判断结果出现的电车难题的区别在哪里。

显然,这个问题的回答需要通过对"电车难题"概念的出现原因进行追溯。我们知道,电车难题的出现来源于汤姆逊创造爱德华难题时对富特的纪念、电车难题的演进来自卡姆关于此提出的反例与反例的反例,并且按照《国际伦理学

---

① 卡姆:"人们有可能无法清楚地表述这些方案,但它们根植于人们的判断之中。"转引自:Norman Daniels. Kamm's Moral Methods[J]. Philosophy and Phenomenological Research, 58(4): 947-954.
② Hurka T. Perfectionism[M]. Oxford: Oxford University Press, 1993: 122.
③ Consequentialism and Its Critics[M]. Oxford: Oxford University Press on Demand, 1988: 23.
④ 弗朗西斯·默纳·卡姆. 电车难题之谜[M]. 常云云,译. 北京:北京大学出版社,2018:175.
⑤ Voorhoeve A. Conversations on Ethics[M]. Oxford: Oxford University Press, 2009: 35.

百科全书》上电车难题词条的描述,某个问题被称为电车难题的重要原因是"它们在为最初的电车难题提供进一步说明时能够发挥作用"①。这意味着所谓导致不同道德判断结果出现的电车难题的区分可以简单地看成"理性上,为何新的难题变种会与爱德华难题不同"。如此一来,我们就可以将所有的电车难题变种粗略地化约到一起,合并成单一描述。

爱德华难题可以是被形象地描述为图 2 的样子:

图 2　电车难题的第一种类型

其他电车难题均可以被描述为图 3 的样子:

图 3　电车难题的第二种类型

电车难题的重要区分全都蕴含在了以上两图中。一般情况下,在第二幅图中,第六个人的位置不一定仍然直接处于失控电车行驶的轨道上。从电车难题发展史的角度说,这第六个人既可能被人为主动地推到五个人所在的轨道上,也可能因为非人的客观原因被推到五个人所在的轨道上,比如他会因雪崩的发生而被推到轨道上。

3.1.3　电车难题的两种理论后果

图 3 可以被文字描述为乔治难题:

---

① Hugh LaFollette eds. The International Encyclopedia of Ethics [M]. Oxford: Blackwell Publishing Ltd, 2013: 5204.

格林式实验伦理学的困境与出路

  乔治站在电车经过的天桥上。他知道行驶的电车正在接近自己下方,并且知道这辆电车已经失控了。该电车继续行驶下去的话,它将会撞上该轨道上的五个人(这会导致他们死亡),而且由于轨道的栅栏较高,所以这五个人已经没有逃跑机会了。乔治还知道,此时唯一能阻止失控电车继续前行的办法是在其行驶的轨道上丢下重物。然而遗憾的是,乔治手边唯一比较重的物体是一名胖子。当然,这名胖子也从乔治所在的天桥上看到了电车失控即将撞向五个人的事件。乔治只有两个选择:他既可以把这名胖子推到轨道上,阻止失控电车撞死五个人;也可以不理会这件事,任由失控电车撞死五个人。

  乔治难题与爱德华难题的相似点在于:行动者都有且只有两个行动选项可选,每一个行动选项都会造成死亡——要么一个人死亡,要么五个人死亡。电车难题的研究者们认为人们关于这两个难题中"选择牺牲五个人"的行动选项的道德评价不同:大部分人认为爱德华难题中选择实施"杀死一个人拯救五个人"的行动在道德上是被允许的,但这些人却同时会认为在乔治难题中选择实施"杀死一个人拯救五个人"的行动在道德上是不被允许的。[①] 电车难题研究者在对这两个难题进行研究时所抱持的理念通常相当于经验科学家试图建立理论解释自己实验所得的数据,因为他们试图通过一系列类似于乔治难题的思想实验寻找到解释要点,并以此解释要点建立道德原则或理论。

  不过研究者们还会用这些难题做另外一件事:采用批评的意图使用电车难题,比如把它们作为某种标准来测试道德理论的有效性。[②] 粗略地说,这一目的的实现是通过将人们的实际处理结果与给定的道德理论进行对比完成的。例如,当使用爱德华难题与乔治难题来检验某个道德理论的时候,我们可能因为该理论无法说明爱德华应该做出"杀死一人拯救五人"的选择而批评该理论的有效性,同样,我们也可能因为该理论无法否定乔治"杀死一人拯救五人"的行动选择在道德上的允许性而批评这一理论。电车难题研究者的这种批评方法类似于经验科学家通过检验某种理论是否与所发现实验证据相符来对其进行评判。[③]

[①] 这个预测是汤姆逊做出的。参见:Thomson, J J. The Trolley Problem[J]. The Yale Law Journal, 1985, 94(6): 1395-1415。

[②] Mukerji N. The Case Against Consequentialism Reconsidered[M]. Berlin: Springer, 2016: 56.

[③] 值得指出的是,如果某个事实无法与科学家的理论预设相符,科学家并不需要马上修改自己的理论。可参见本书第五章第二节"论证方法与论证效力问题"。

以上两种电车难题使用方法之间的区分是值得被重视的,原因是:许多人批评格林式实验伦理学在使用电车难题犯了错误时,强调的是使用电车难题时的第一种方法(以此解释要点建立道德原则或理论),这是不正确的。理由在于,我们知道,研究者还有另外一种方式来使用电车难题(采用批评的意图使用电车难题)。这种使用方式不会使格林式实验伦理学研究遭受相应批评,因为格林式实验伦理学只需要能批评性地检验义务论与后果论,即只以第二种电车难题使用方法来处理问题。

笔者下面将通过说明格林式实验伦理学使用电车难题的优势来证明格林式实验伦理学可以应对基于第二种使用方法的批评,也就是为格林式实验伦理学辩护电车难题的使用价值。

3.1.4 辩护电车难题的适用性

电车难题的价值应该是能够帮助人们进行问题研究,因此"是否能帮助研究"可以看作电车难题的优势。从后果论的视角来看,笔者认为电车难题有两个主要的优势。

第一个优势在于电车难题能够消解后果论的复杂性。我们知道后果论在哲学史的发展过程中已经相当复杂,以至于想轻松遍历不同的后果论版本以完成关于它的论述与研究变成了几乎不可能完成的任务。电车难题的存在给我们提供了完成这样任务的快捷方式。通过使用它们,研究者可以从根本上避开不同的后果论变体,至少无须处理怎样理解它们的问题。不过,我们必须因此认识到,基于电车难题的关于后果论的批评并不可能完全处理好后果论本身。

比如,我们通过第一部分的分析知道电车难题是有一个相关于行动者认知情境的假设的(特征5)。

因此,以主观与客观版本的后果论为例。主观后果论一般认为行动的道德状态是被行动者期望的后果所决定的。相反,客观后果论则认为行动的道德状态由行动者做出行动的实际后果决定。这意味着要想明白行动者的行动是正确还是错误的,我们必须得去看客观的行动后果。请注意,这两种后果主义之所以能有所区别,原因在于行动者不具有全知的能力。形象地说,只有当行动者不确定自己行动将导致什么结果的时候,主观后果论与客观后果论才是有所区分的。主观和客观的道德判断应当也是如此的。当然,该情况同样能够说明其他的关于后果论的区分也会因此被磨灭,比如直接后果论与间接后果论这样诉诸不同个体幸福程度的理论(福利享乐主义、福利优先主义)也在处理电车难题时被当成相同的后果论理论。

第二个优势在于电车难题能够将人们做出道德判断时的直觉清晰化。这与电车难题本身简洁明了,而且问题相对不复杂有关。与之相反,现实性的道德问题则相对模糊得多。在处理现实性道德问题时,人们不仅需要考虑大量的规范性因素,而且需要考虑在道德难题中不起作用的非道德因素。按照托马斯·内格尔(Thomas Nagel)的说法,这种情况的后果一定是人们的直觉能力与内容被"耗尽"。[1] 更重要的是,我们的直觉在真实情况下并不将所有应该被考虑到的道德因素都进行处理,这会导致我们陷入"道德盲点"。这就是库马尔·申(Kumar Sen)所谓的"直觉过分注意某些因素,而对其他因素视而不见"[2]。他的观点是:在许多真实的道德考量中,由于直觉总是在相同的方向上诉诸不同的道德原则,所以这样的直觉将导致确定整个判断所诉诸的理论变成不可能的事。

当然,这样的优势也意味着有些类型的伦理问题不能采用电车难题的方案来作分析,比如关于风险与不确定性的伦理问题就是不能用电车难题方法来解决的[3]。而且我们还说到电车难题预设行动者的决定必然会得到相应的结果(特征4),这也是关于它们的问题无法通过电车难题思考的原因。这些东西通常都是研究者对电车难题方法的批评重点。

虽然电车难题的使用者通常都不会为自己所依赖的方法论的正确性辩护,但我们觉得这类批评是可以回应的。笔者下面对一些可能的批评进行具体回应。

3.1.4.1 批评1:人们关于电车难题的意见并不统一

该说法可以追溯到亨利·西季威克(Henry sidgwick),他说"如果我发现自己的判断、直觉或推理与其他人同样的内容直接冲突,那么我们的判断、直觉或推理就一定存在问题"[4]。诚然,这样的理由可以减少人们对自己所做道德判断正确性的信心。在处理电车难题的过程中,如果确实有证据显示人们做

---

[1] Nagel, T. The View from Nowhere[M]. Oxford: Oxford University Press, 1986: 180.
[2] Sen, A.K. Rights and Agency[J]. Philosophy and Public Affairs, 1982, 11(1): 3–39.
[3] 参见:Norcross, A. Great Harms from Small Benefits Grow: How Death can be Outweighed by Headaches[J]. Analysis, 1998, 58(2): 152–158.
[4] 亨利·西季威克,伦理学方法[M]. 廖申白,译. 北京:中国社会科学出版社,1993:342.

出的道德判断存在根本性的分歧,那么这种类型判断的正确性就是值得被怀疑的。事实上,现在许多关于电车难题的经验研究已经显示出人们对同一个电车难题做出了不同的道德判断。① 我们可以把这种批评论证清楚地重构为下面的形式:

P1:如果人们关于某个电车难题案例做出的直觉判断存在分歧,那么这样的分歧将会使人们关于它的直觉变得值得不可信。

P2:人们关于电车难题作出的直觉判断存在分歧。

C1:人们关于电车难题的直觉是不可信的。

C2:电车难题方法不是一个有效方法。

显然,这个推理预设人们关于"某个电车难题"的直觉与所有类型的电车难题的直觉都是一样的。

然而,我们知道,直觉的可靠性依赖于不一致报告数量。② 当我们询问人们关于某个电车难题是怎么想的时候,我们应该设想到人们可能对我们的问题或者对电车难题的描述本身有误解。而且我们不应该期待所有受试者都不会往现有电车难题中插入自己生活中的特设性假设(这恰恰是特征3所禁止的)。事实上,我们甚至应该怀疑有些人说出自己答案的时候只是在给实验者开玩笑。所以P1、P2所要求的是"实质性"主张,而这是很难或几乎不可能得到的。

例如,有人发现人们对于卡姆的意见几乎是完全不同意的。③

这意味着P2几乎不可能是实质性的主张。

3.1.4.2 批评2:电车难题允许非普遍性的道德结论出现

也就是说电车难题所依赖的基础无法被充分普遍化。芭芭拉·弗里德(Barbara Fried)认为如果适用于电车难题的解决方案被企图应用于电车难题之外,那么该解决方案将会没有作用,因为我们不可能从电车难题研究中得到合法

---

① 例如 Bauman C W, McGraw A P, Bartels D M, et al. Revisiting External Validity: Concerns about Trolley Problems and Other Sacrificial Dilemmas in Moral Psychology[J]. Social and Personality Psychology Compass, 2014, 8(9): 536-554。

② Alfano, Mark and Loeb, Don. Experimental Moral Philosophy[EB/OL]. [2017-04-03]. https://plato.stanford.edu/archives/win2016/entries/experimental-moral/.

③ 参见:Norcross, A. Off Her Trolley? Frances Kamm and the Metaphysics of Morality[J]. Utilitas, 2008, 20(1): 65-80。

的实质性建议。① 这是一个令人费解的主张。

我们知道电车难题有两种使用方法,前一种方法是通过解决一系列电车难题建构出普遍化的道德原则②,另外一种使用方法是对既定道德理论做批判③。波珀曾经指出,从逻辑的视角看,这两种研究进路之间存在不对称性④。我们知道,当伦理学家通过电车难题来构筑道德理论时,他们通常认为自己所发现的道德原则不仅能够对原点给出解释,而且能对所有道德事件作出解释。然而,这些伦理学家有资格讲述的内容仅仅是自己所发现的原则能否与原点相匹配。用科学家的行为来作类比,这样的行为相当于科学家不能确定自己的理论一定能对新出现的事物作出合理的解释。确实,从电车难题的本质特征分析上,我们不难想象到,将这种只适用于理想化道德问题的原则应用于现实生活,伦理学家们很可能发现自己在电车难题中所坚持的原则是完全错误的。⑤

诚然,即使批评2很有道理,我们也需要注意到,格林式实验伦理学对电车难题的使用仅仅在批评性的意义上。这样的目的并不需要建立能够符合原点的道德理论。

3.1.4.3 批评3:电车难题所支持的规范性因素是可以被算术分离的

卡根认为电车难题存在问题的根本原因在于它依赖于许多规范性假设,这些有问题的规范性假设应该被拒绝。⑥ 换句话说,他认为,由于电车难题研究并不总是只用一个电车难题案例进行,所以许多电车难题研究因为特设性原则的存在而失效。事实上,电车难题研究通常使用卡根称之为"对比论点"的方法来进行研究,即电车难题的研究使用了多个或者一系列的案例。形象地说,电车难题的研究方法是通过变动单一参数,其他参数和条件保持不变,然后比较新的电车难题变种与原来的电车难题之间的差别。这意味着,如果发现人们关于两个

---

① Fried, B. H. What does Matter? The Case for Killing the Trolley Problem (or Letting Die)[J]. The Philosophical Quarterly, 2012, 62(248): 1 – 25.
② Kamm, F. M. Intricate ethics: Rights, Responsibilities, and Permissible Harm, Oxford Ethics Series [M]. Oxford: Oxford University Press, 2007: 4.
③ 转引自:Mukerji N. The Case Against Consequentialism Reconsidered[M]. Berlin: Springer, 2016: 58。
④ 参见:波珀. 科学发现的逻辑[M]. 查汝强,邱仁宗,译. 沈阳:沈阳出版社,1999。
⑤ 卡姆就受到过这样著名的批评。参见:弗朗西斯·默纳·卡姆. 电车难题之谜[M]. 常云云,译. 北京:北京大学出版社, 2018:201 – 203。
⑥ 参见:Kagan, S. The Additive Fallacy[J]. Ethics, 1988, 99(1): 5 – 31。

电车难题案例给出的道德评价不同,我们就可以得出结论说,这样的不同是由于那个唯一变动的参数引起的。同理,如果发现这样的变动不会造成人们关于它的道德评价的变化,我们就可以得到结论说该参数的变化并不影响道德判断的结果。不过,卡根认为电车难题的研究者通常还会采用更为大胆的推理办法:如果给定参数在任何情况下都会引起不同,那么它将无处不在,这种办法被称之为"无处不在理论"(ubiquity thesis)。[1] 这样的做法是人们所普遍接受的,即如果某个参数的变化对某个电车难题的道德评价来说存在意义,那么我们将能得出结论:该参数的贡献总会存在;如果它在该电车难题中没有起到作用,我们就会得出结论说它永远没有作用。

卡根认为人们信奉"无处不在理论"的理由是将规范性因素看作算术上可分离的。即规范性因素可以像数字加减那样进行简单的运算。而且每次运算都不会引起其他元素的变化。就像我们将数字5与某个数值相加,我们就总是会得到数字5与那个数字的和。同样,那些对一个电车难题案例有贡献的规范性因素在我们看来也会对另一个案例做出同样的贡献。

问题出现了,这样思考规范性因素的方式似乎与许多著名的道德观点不兼容。因为实际上,大部分伦理学研究者都是关于规范性因素的整体论者。确实,我们大部分人会同意如果一个因素的实现能够减轻痛苦的话,那么这个事实就应该被算作规范性因素。但是,我们同时有可能会认为能够减轻痛苦的行动不存在让我们行动的理由。比如当一个有罪的人被惩罚时,人们就不会认为存在让这个人减轻痛苦的理由,因为他应得痛苦。[2] 这两者显然是同一规范性因素。这样的情况当然与"无处不在理论"相违背。

作为对批评3的回应,此处我们不必再说弗里德的批评只适用于通过电车难题构筑道德理论的情况,并不适用于格林式实验伦理学使用电车难题进行理论批判的情况了。理由在于,算术性的预设与"无处不在理论"同时潜藏于两种电车难题的使用方法当中:第一种用法的研究者通过电车难题来支持某个因素的重要性,第二种用法的研究者通过说明某个元素不相关来批评理论。它们都使用了"无处不在理论":第一种用法必须说明相关因素总是存在,第二种用法

---

[1] Kagan, S. The Additive Fallacy[J]. Ethics, 1988, 99(1): 5-31.
[2] 这种立场被称为报应主义,通常与康德有关。他在《道德形而上学》中提出了消解公民社会的思想实验。参见:伊曼努尔·康德. 道德形而上学[M]. 李秋零,译. 北京:中国人民大学出版社, 2013:229.

必须说明该因素总是不相关。

然而,必须注意到,在使用电车难题批评一个理论的时候,我们并不需要说明一个因素是永远不相关的。只要不相关一次就足够了。也就是说,格林式实验伦理学不需要超过个案范围来使用电车难题。因此,"无处不在理论"在我们的论证中将没有作用。按照罗伊·索伦森(Roy Sorensen)在《思想实验》①一书中的说法,格林式实验伦理学可以对卡根的批评视而不见。

3.1.4.4　批评4:电车难题古怪

卡根认为电车难题是古怪的。关于此的一种解释是:由于它的古怪性,我们没有理由说人们关于它具有稳定的直觉。该主张意味着,也许我们确实认为自己所做出的道德判断是鲁棒的,但这仍然是个错误,因为人们的道德直觉从本质上就不适用处理电车难题这类古怪的难题。相反,人们的道德直觉只适用于处理日常生活中的正常道德难题。彼特·辛格(Peter Singer)就是基于这样的理由认为我们不应该相信来自怪异或不寻常思想实验中的道德直觉的。②

然而,正如艾伦·伍德(Allen Wood)所指出的那样,卡根与辛格的这种批评令人非常难以置信。他认为在罕见的道德问题中人们所作出的道德判断并没有研究者做出怀疑,比如人们一般认为"一个男人引诱十几岁的男孩进入他的公寓,然后杀死、肢解"③在道德上是错误的。如果这样的判断值得怀疑的话,将会导致普遍怀疑论的后果。④

另一种解释是:电车难题并不是日常生活中能够发生的事,所以我们不应该使用电车难题来指导道德实践。这样的想法似乎低估了后果论者的野心。后果论其实旨在提供一种普遍化的关于善与恶的理论。⑤ 因此后果论无法以电车难题不常见为理由来拒绝电车难题对自己的批评。鉴于后果论主张的普遍性,他们的理论正如罗伯特·古丁(Robert Goodin)所强调的那样,是"对于这种幻想的传播者来说绝对公平的游戏"⑥。

---

① Sorensen, R A. Thought Experiments[M]. Oxford:Oxford University Press, 1998:272 – 273.
② 参见:Singer, P. Ethics and Intuitions[J]. The Journal of Ethics, 2005, 9(3 – 4):331 – 352。
③ Kirchin S. Reflections from Wolf and Wood[J]. Reading Parfit:On What Matters, 2017:10.
④ Parfit D. On What Matters:Volume Two[M]. Oxford:Oxford University Press, 2011:62.
⑤ 边沁. 政府片论[M]. 北京:商务印书馆, 1997:1.
⑥ Goodin, R E. Utilitarianism as a Public Philosophy[M]. Cambridge:Cambridge University Press, 1995:6.

然而,许多应用伦理学研究者都在一定程度上拥有与之相反的观点。因此卡根的反驳是可以被进一步发展的。比如,研究者们应该放弃道德理论的普遍性,相反将道德哲学理解为一门实践性的学科。这一方面意味着,格林式实验伦理学应该避开假设的例子,应该使用现实的情景来检验学说。另一方面,正如托马斯·波格(Thomas Pogge)所说,"我们的道德理论不适用于虚构的火星人或古埃及人的生活背景,(然而)它们仍然是重要的,只要它们能为我们的问题提供合理的解决方案"[1]。根据这种观点,对超现实场景的理论测试当然是无用的,因为这些情况在实践中无关紧要。此外,它甚至可能是有害的,因为假设性案件的使用可能导致人们拒绝某种道德理论,而这些道德理论却能向他们提供必要的关于实际问题的令其满意的答案。

这确实是值得考虑的挑战,我们承认并非所有的伦理学家都能够采取辩证的立场来看待电车难题。波格实际上不断深化自己最初的观点,后来他认为道德原则的认可"与其有限的范围是一致的"[2]。换句话说,作为一个关于道德领域的多元主义者,波格认为原则在不同的领域有所不同,在某个领域为真的案例可能只是仅适用于特定原则的案例。因此,格林式实验伦理学研究不该采用如此特殊的古怪案例。然而,后果主义论实际上与这种多元主义论断恰恰相反,它是一元论,持有该理论的研究者主张在任何情况下,适用于所有行为的道德标准都唯一地存在。因此,格林式实验伦理学研究的支持者确实无法真正地回应这种挑战——一旦他们能够回应,他们就放弃了自己的道德理论。理由在于,这实际上是单纯的一元论对多元论的立场问题。

该事实意味着电车难题的使用确实是值得争议的。然而在考虑格林式实验伦理学的研究目的的情况下,电车难题的收敛性其实已经足够。所以笔者认为它在格林式实验伦理学中得以使用是无可非议的。

3.2 理性与情感的可区分性问题

格林式实验伦理学的批评者认为情感与理性两者在概念上是无法被比较

---

[1] Pogge, Thomas. The Effects of Prevalent Moral Conceptions[J]. Social Research, 1990, 57(3): 649 – 663.
[2] Pogge, Thomas. On the Site of Distributive Justice: Reflections on Cohen and Murphy[J]. Philosophy and Public Affairs, 2000, 29(2): 137 – 169.

的,比如在《道德心理学手册第二卷:道德的认知科学:直觉和多样性》中,达西亚·那瓦茨(Darcia Narvaez)花了大量篇幅对情感与理性两种概念的模糊性进行了讨论,他最重要的结论是"理性与情感两者是可以相互转换的,而且不存在明显的界分""道德判断是理性的情感状态的作用"①。不过,笔者认为这样的证据即使被确定为真,它也并不能够说明格林式实验伦理学在进行理性与情感比较时存在难以克服的概念困境。重要的理由有:其一,目前道德心理学与道德哲学中关于理性与情感的概念使用经常是冲突的,而且研究者对两者在单一学科内部扮演的确切角色都存在相当大的分歧;其二,即使上面的问题得到解决,道德哲学研究者在使用理性与情感概念的时候,也很少注意到这些概念的心理特征,甚至完全忽略掉了其他自然学科中对两者的深度研究,比如忽视了自身理论与心理学最新研究进展之间的分歧,从而令伦理学理论与实际的生活情形相差甚远,造成理论对实践的指导价值减弱。

简单地说,我们认为约翰·多里斯(John Doris)的理由并不能够说明情感与理性在任何时候都可以相互转换。② 或者按照本节论证目的,更为精确的说法是:该理由不能否定单独的理性与情感在道德判断中的重要性。原因在于,界分不明显不代表不能够进行界分,就像笔者与另一个人都属于人类:两人不存在生物特征上的明显界分,但人们难以否认笔者与他是两个人的实际事实。从另一方面看,如果事情不像上面描述的那样,我们在逻辑上将不难发现多里斯所采用的理由必然会造成支撑该理由得以成立的方法论在处理其他问题上面临的不可挽救灾难:这种彻底怀疑论将在滑坡论证中最终化解掉一切理论分界的可能性。

基于以上事实,笔者认为,我们可以证明独立的情感在道德判断中所具有的价值不能被否认。它的证成意味着研究者应该对目前道德心理学的发现进行更进一步的研究,比如详细说明理性与情感的成分。也就是说,在明白理性与情感两者之间可以互相转换的前提下,研究者仍然应该对两者在道德判断中出现的比重进行比较。就像人们虽然知道男性与女性两种性别可以通过某种方式互相转换(比如通过自然繁衍的方式),但相关研究者还是需要清楚在一定的历史时期,男性与女性何种人类种群性别的数量更多、不同性别的具体功能优势如何(比如研究某一

---

① Sinnott-Armstrong, w. ed. Moral Psychology Vol. 2[M]. Cambridge:MIT Press, 2008:233-240.
② Doris J M, Moral Psychology Research Group. The Moral Psychology Handbook[M]. Oxford:Oxford University Press, 2010:135.

种性别种群在功能性方面对另外一种起到了怎样的作用)。因此,为了实现这样的论证,笔者将通过论述情感对道德判断具有核心的不可或缺的作用来说明人们对道德的定义不得不依赖于"情感"完成。显然,情感如此的确定性意味着它和理性一样能够理所应当地成为道德判断中必不可少的核心条件。这样的论证使更进一步证成"理性与情感的可比较性"的本节目的得以实现。

具体地说,本书将首先为批评格林式实验伦理学的研究者强调一个事实:当人们做出道德判断时,情感会出现。在该部分,我们将论述对道德判断来说最重要的两种情感:愤怒与内疚。这一论述旨在通过仔细分析愤怒与内疚情感在道德判断中的地位来强调它们的绝对重要性。然后,笔者将会简单但中立地评判四种将情感容纳到道德判断活动中的道德判断模型。最后,以之前的两部分内容为基础,通过分析研究者们定义道德规范的方式,本书将得以证成核心论点:道德规范定义方式的根本是"道德定义依赖于情感的定义"。这种方式意味着:与理性一样,任何情感在本质上都一定与道德有关。因而,情感与理性具有相同的地位。如此一来,笔者就实现了本节的论证目标:本书成功通过说明情感与理性具有一样的地位,证明理性与情感两者是可以被比较的,而且这种比较性具有伦理学价值。当然,这也同时是电车难题作为道德两难问题的理由,因为一般情况下,研究者们所谓的义务论与功利主义反映了直觉与规则(情感与理性)的冲突。

3.2.1 情感在道德判断中的核心地位

按照彼得·戈尔迪(Peter Goldie)在《牛津情感哲学手册》中的说法,情感问题在哲学研究中历来不受重视,尤其是在康德与边沁的哲学体系中,情感被降低到了相当低的位置,以至于许多研究者都默许"理性就是规避情感对人们本性的干扰"[1]这样的观点存在且流传。不过,戈尔迪接着指出随着当代社会科学的发展,越来越多的研究者已经开始怀疑过去学界忽视情感地位的问题:这些研究者通过追溯文艺复兴之前的历史发现,哲学家实际上并没有忽视对情感的研究,比如亚里士多德就没有将人类大脑的所有活动归结为理性与情感两种,而是进行过理性、情感与激情这样的划分。依图索骥,我们可以发现,亚里士多德这种划分在当代已经被越来越多的哲学家接受。这些哲学家中较为著名的有杰西·

---

[1] Goldie P eds. The Oxford Handbook of Philosophy of Emotion[M]. Oxford: Oxford University Press, 2009: 3.

普林茨(Jesse Prinz)、肖恩·尼科尔斯(Shaun Nichols)、斯蒂芬·平克(Steven Pinker)三人。值得一提的是,作为心灵哲学家的普林茨、作为认知哲学家的尼科尔斯、作为语言哲学家的平克对情感几乎具有相同的看法。当然,当代西方哲学史上还有许多人在粗略的想法上也是类似的(以高度抽象的方式提出观点),他们普遍认为情感在道德判断和道德动机中扮演着重要角色。例如,艾耶尔认为情感能帮助人们认识到某些行为道德上的错误性;① 约翰·麦克道尔(John Mcpowell)认为道德性行为被个体识别出时,个体的情感会激发行为反应;② 约翰·德雷尔(John Dreber)指出情感是道德行为动机的决定性成分,但认为它们无法提供动机的内容或行动的理由。③

具体地说,普林茨、尼科尔斯、平克在概念上将情感区分为亲社会性情感、反社会性情感与非社会性情感三种。所谓亲社会性情感是指那些"能够引导人们去满足他人需求并导致相应行动"的情感,反社会性情感是指会导致指责他人行为产生的情感,非社会性情感则包含自责性情感与自我鼓励性情感(比如自以为是、感激、敬佩、崇高等情感)两种。通过罗列大脑运作时的功能,三人将共情、同情、关心、内疚、羞愧、轻蔑、愤怒、厌恶八种大脑活动分别归类到了上述概念分类中。其中,共情、同情与关心性的大脑活动属于亲社会性情感④,内疚与羞愧这样的自责情感属于非社会性情感,轻蔑、愤怒与厌恶因是指责情感,从而被归属于反社会情感的类别中。

以上分类与再分类工作并不仅仅是概念性的。20世纪末,保罗·罗金(Paul Rozin)以人类学家理查德·施韦德(Richard Shweder)通过实验的方式指出,普林茨等人所说的亲社会性情感、反社会性情感与非社会性情感确实在人们的认知活动中存在,而且如他们所认为的那样具有不同的作用。⑤ 在他们看来,三种感情可以对应不同的道德规范:社群规范、自我规范、神性规范。在这项使

---

① 可参见 Wilks C. Emotion, Truth and Meaning: in Defense of Ayer and Stevenson[M]. Berlin: Springer Science & Business Media, 2002。
② McDowell J. Virtue and Reason[J]. The monist, 1979, 62(3): 331-350.
③ Dreher J P. Moral Objectivity[J]. The Southern Journal of Philosophy, 1966, 4(3): 137.
④ 有些移情与同情可能不是情感,它们只是体验他人情感的理性能力。
⑤ 参见:Rozin P, Lowery L, Imada S, et al. The CAD Triad Hypothesis: a Mapping between Three Moral Emotions (Contempt, Anger, Disgust) and Three Moral Codes (Community, Autonomy, Divinity)[J]. Journal of Personality and Social Psychology, 1999, 76(4): 574。

用问卷调查法来完成的研究中,罗金等人通过询问具体环境中美国人与日本人道德问题,发现当道德问题与公共物品或社会等级(即社群规范)有关的时候,人们会产生鄙视的情感;当道德问题与自我规范相关的时候,比如涉及对他人伤害的行为时,人们会产生愤怒的情感;在非世俗社会中,当道德问题涉及神性规范的时候(比如,当人们违反神性的纯洁规范时),人们也会产生厌恶的情感。也就是说,该发现具体地揭示了轻蔑情感与社区规范、愤怒与自我规范、厌恶与神性规范六种属性之间的对应与对立关系。哲学史上,这三种情感与具体内容之间的对应关系一般被简称为CAD①模型。

显然,由于篇幅限制,我们不可能在这里回顾研究者们对每一种道德情感的研究。因此,撇开亲社会情感不谈,作为一个关注格林式实验伦理学所研究问题的论文,笔者理应在本书中关注与责备相关的情感。理由在于,它们与人们最熟悉的道德规范相关。这样的情感一般被称作是愤怒和内疚。按照罗金等人所提出的分类方式,这样两种情感分别列示了他者责备和自我责备的范畴:罗金等人指出,在绝大多数情况下,愤怒与内疚是普通人最为熟悉的违反自主性规范②状态时所出现的情感。

愤怒和内疚两种情感在研究发现的逻辑顺序上是前后关联的。

首先,关于愤怒情感,达尔文在《进化论》中的说辞相当有名。③ 他认为愤怒就是指一种动物有攻击其他物体的意图或欲望。这样的发现激发了许多研究者对愤怒情感的兴趣,使得许多研究者积极地对它进行了研究。到目前为止,愤怒的研究已经取得了突破性进展,这些研究者所发现的相关知识几乎成为当代人的基本常识,比如:① 愤怒是每一种哺乳动物都具有的情感④;② 愤怒是进行过程中诞生出来的相对纯净的情感,它通常与特殊的诱导因素有关,

---

① 蔑视与共同、愤怒与自主、厌恶与神性。英文原文为:Contempt and Community, Anger and Autonomy, Disgust and Divinity.
② 自主性规范是规范我们如何对待个体的规范,而规范性违反自主性规范涉及伤害他人。有时人会受到身体上的伤害,有时财产会被拿走。在其他情况下,什么都没有被拿走,但是这个人没有得到自己应得的或者有权得到的。在另外一些情况下,一个人被阻止去做一些事情即使预防是没有根据的。大多数情况下,自治规范的特点以伤害或权利的方式解释。当他们受到伤害或失去财产时,他们就会受到伤害。当某人没有得到某些福利或津贴时,他的权利就受到侵犯。
③ 参见:Kövecses Z. Emotion Concepts[M]. Berlin: Springer Science & Business Media, 2012.
④ 参见:M. Lewis & J. Haviland eds. Handbook of Emotions, 2nd ed[M]. New York: Guilford Press, 2000: 87–107.

表现为某种生理反应、行为倾向,且可能出现语言表达;③ 愤怒情感具有独有的特征,与皱眉、眼睑上扬、嘴巴方、嘴唇薄直接相关,且依据心率与皮肤温度测试结果的反映,这种情感与其他类型的情感在显性特点上明显不同;④ 神经科学研究发现,愤怒情感与大脑的杏仁核、下丘脑和中脑四周灰质的激活程度存在紧密联系。

艾伦·基巴德(Allen Gibbard)通过将以上四种发现分别归类为心理特征、道德动机两个方面将愤怒情感限定为愤怒性的道德情感。① 这两个特点可以简单概括为:①导致愤怒的原因是不公正的出现;②愤怒将产生报复性的动机。

道德心理学研究基本是通过问卷调查的方式完成的,其中一种要求受试者回忆自己过去生气时的情景,然后详细地说明当时的情况与细节。② 这样的许多研究都指出"愤怒的心理特征由违法与否的价值判断产生""愤怒是一种归咎行为"③。例如在大型的关于愤怒情感的跨文化研究中,安德鲁·奥托尼(Andrew Ortony)和特伦斯·特纳(Terence Turner)认为,愤怒情感出现的首要原因在于人们认为行动者做了道德上应被谴责的事④;理查德·拉扎勒斯(Richard Lazarus)认为愤怒情感的核心在于自我的反击性保护⑤;菲利普·谢勒(Phillip Shaver)等人认为流行的认知前因是"判断这种情况是非法的、错误的、不公平的,与应该是什么相反的"⑥。

另一种研究以此研究为基础,它通过向受试者展示包含公正因素的文字问

---

① Gibbard A. Moral feelings and moral concepts[J]. Oxford Studies in Metaethics, 2006, 1: 195 – 215.

② 事实上,总的来说,在所有的情感中,引起愤怒的情况得到了最高的不公平评分。例如 Burney D M K, Kromrey J. Initial Development and Score Validation of the Adolescent Anger Rating Scale [J]. Educational and Psychological Measurement, 2001, 61(3): 446 – 460. 此外,当人们被要求回忆一件他们受到不公正待遇的事件时,报告的最常见的情感是愤怒与义愤。参见:Mikula G. The Experience of Injustice: Toward a Better Understanding of Its Phenomenology[J]. Justice in Social Relations, 1986: 103 – 123。

③ Averill J R. Studies on Anger and Aggression: Implications for theOries of Emotion[J]. American psychologist, 1983, 38(11): 1145 – 1160.

④ Ortony A, Turner T J. What's Basic about Basic Emotions? [J]. Psychological Review, 1990, 97 (3): 315 – 331.

⑤ Lazarus R S, Lazarus R S. Emotion and Adaptation[M]. Oxford: Oxford University Press on Demand, 1991: 123.

⑥ Shaver P, Schwartz J, Kirson D, et al. Emotion Knowledge: Further Exploration of a Prototype Approach[J]. Journal of Personality and Social Psychology, 1987, 52(6): 1061 – 1086.

题或影像问题完成。许多研究者借此确定,愤怒情感确实是人们面对不公正情形时会出现(或期望出现)的主要情绪[1],而且明显的不公正情形会导致与愤怒情感相关的行为效应产生。例如,达契尔·克特纳(Dacher Keltner)等人要求受试者根据文字想象自己处于受到不公正待遇与处于社交尴尬的场景中时,受试者所表现出的情感与相应的行为是完全不同的:接触到不公正情景的受试者相比于接触到尴尬社交场景的受试者来说,前者更容易将当时自己所遇到的问题归咎于他人。[2] 另一个比较有名的研究是詹妮弗·莱纳(Jennifer Lerner)和他的同事们完成的,他们要求受试者观看两种影像片段:街头流氓殴打青少年的视频片段和仅有抽象数字的视频片段。研究者认为前一个片段为受试者提供了愤怒情感的条件,后一个片段则提供了中性情感的条件。受试者观看完视频片段以后,研究者通过向受试者呈现了另一个包含问题的视频[3],发现观看流氓殴打青少年的受试者比观看抽象视频的受试者更容易认为他人应受到道德惩罚。[4] 这些研究者认为此实验结果意味着,相比于经历中性情感时,人们在愤怒情感条件下,所做出的道德判断将更为严厉,更容易具有道德性的行为动机。

以上不够精致的实验被海特和约翰·萨比尼(John Sabini)完善了,他们的实验旨在测试由愤怒情感所产生的道德惩罚冲动是否是由于人们拥有改善社会的本意。[5] 在实验中,海特和萨比尼虽然依然向受试者展示包含不公正内容的视频片段,但他们要求受试者对该视频中的施暴者后来所遇到的事件进行道德打分。实验者发现,受试者并不满意受害者(被施暴对象)原谅施暴者的结局,而且即使在这样的结局中,受害者倘若可以很好地处理自己所遭受的全部损失,受试者也不满意。更准确地说,该实验结果与实验者所预言的一致:当受试者意识到不公平事件中的施暴者后来遭受了之前自己对待他人的

---

[1] 参见:H. W. Bierhoff, R. L. Cohen, & J. Greenberg eds.. Justice in Social Relations[M]. New York: Plenum, 103 – 124。
[2] 参见:Keltner D, Ellsworth P C, Edwards K. Beyond Simple Pessimism: Effects of Sadness and Anger on Social Perception[J]. Journal of Personality and Social Psychology, 1993, 64(5): 740。
[3] 视频中,某个人的疏忽导致他人受到伤害,受试者需要判断该人是否在道德上应受惩罚。
[4] 参见:Lerner J S, Goldberg J H, Tetlock P E. Sober Second Thought: The Effects of Accountability, Anger, and Authoritarianism on Attributions of Responsibility[J]. Personality and Social Psychology Bulletin, 1998, 24(6): 563 – 574。
[5] 转引自:Doris J M. Moral Psychology[M]. Oxford: Oxford University Press, 2010: 111 – 146。

不公行为时,受试者对这样的事实最为满意。该事实说明受试者更喜欢他人得到应有的报应。因此,莱纳和他的同事们所谓的不公正感觉确实激发人们产生了报复的欲望。

另一种完善性实验是由实验经济学家们做出的,他们指出经由愤怒道德情感导致的惩罚动机与人们对于利益的关注没有关联("愤怒可以激发良好行为,而不会简单地被自我利益关注同化")。这些研究者向受试者展示了一个公益游戏场景。在这个场景中,受试者会被匿名地分配一笔金钱,他们可以自己决定是否将这笔钱用于投资公共泳池、是否对自己所在投资小组的人进行惩罚(比如在四人小组中,惩罚者每支付 1 元钱,被惩罚者将被扣除 3 元钱)。并且,实验者告知这些受试者重要的实验前提:他们对公共泳池的投资能导致自己所在集团总体财富的增加,但对他们个人来说,这样的投资只意味着财富的损失。即使不强调该前提,受试者也能发现,当自己向公共泳池投资 1 元钱时,所在的小组中的每个人都能够因此获益(比如四人小组中每个人都将获利 0.25 元)。也就是说,受试者最多只能获得投资的部分回报,该回报及不上受试者所付出的投资。当然,实验者不可能会安排两个受试者在同一个游戏中再次出现(不会再进入同一个分组)。恩斯特·费尔(Ernst Fehr)和西蒙·加赫特(Simon Gächter)通过该实验发现:惩罚在受试者与受试者之间经常发生,大多数受试者至少受到过一次惩罚,惩罚主要针对受益者(贡献低于平均水平的"搭便车者")。[1] 他们借由对受试者的情感心理问卷调查的证据指出,自己的发现连同惩罚反应的模式——愤怒等消极情感提供了惩罚搭便车者的动机,非常符合海特与萨比尼的结论:愤怒情感所产生的道德动机是惩罚而并非繁荣或导致其他幸福结局的东西。

诚然,以上的研究可能并没有理由让我们接受"愤怒在道德行动过程中起到直接作用"的观点:直觉上,人们认为愤怒情感不太可能激励人们拯救溺水儿童、抵制或抑制偷窃行为、反对杀戮或强奸。否认这样的观点是因为我们对以上实验并没有清晰的认识,而且也不清楚"作用"可分为两个方面:内在作用与外在作用。我们已经知道,费尔和加赫特已经证明惩罚心理在公益游戏场景中的

---

[1] Fehr E, Gächter S. Cooperation and Punishment in Public Goods Experiments[J]. American Economic Review, 2000, 90(4): 980–994.

作用是强大的。事实上,在实验中,两位研究者进一步测试了惩罚心理在实验任务中的有效强度:通过分别测量惩罚心理在不同实验阶段出现时的作用,他们发现当惩罚心理出现时,原有活动的效率将会大幅度提高。显而易见,这种情况可能是由两个原因导致的:a. 当人们知道自己可以惩罚他人时,更愿意为集体做贡献;b. 由于害怕自己被他人惩罚,所以更愿意为集体做贡献。然而无论哪一种原因成立,它们都已经证明愤怒情感确实直接有助于道德行为的发生,即"愤怒在道德行动过程中起到直接作用"。如果以上两种原因都成立,那么愤怒情感显然以多种方式在道德行为的过程中起到直接作用。

不难发现,以上两种原因都与内疚情感有关:在费尔和加赫特的另一次实验中,内疚相对于愤怒情感,对道德行动的作用来说可能更为直接。[1] 当然,我们也不难想象出内疚情感在道德行动过程中具有作用的更为抽象的逻辑证据:愤怒可能合情合理地发生在非道德场景当中,但由内疚所表现出的罪恶感则几乎一定在任何场景中都扮演着重要的道德角色。理由在于,人们直觉上一定认同内疚对道德判断来说的必要性。例如:当人们对某些事态采用道德立场时,罪恶感才能够感知。这是难以被否认的观点。同样,只有发现人们在非道德事件采用内疚态度的时候,我们才能知道自己所使用的立场是否应该是道德的。该观点同样难以被否认。因此,在哲学史上,内疚情感对道德发展、道德动机与道德判断的重要性才会一直被强调,比如王阳明认为内疚与良心这个概念紧密相连、康德将内疚解释为一个道德指南,认为它才能告诉人们什么时候行为是错误的。[2]

自弗洛伊德认为内疚是一种弊大于利的表现人类心灵内在冲突的情感以降,内疚情感的重要性被学界广泛认同,心理学研究者因而对内疚情感这一研究对象做了相当多的经验性实验。这些研究促使学界几乎普遍认同内疚情感是一种基本的社会情感,具有积极的亲社会作用。

不过该事实也意味着,如果我们承认愤怒情感在道德行动过程中能发挥积极的直接作用,那么愤怒与内疚两者似乎不容易被区分开来:容易想象当行动者违背道德规则的时候,多种情感都将对他的行动产生积极的推动作用。然而我们上面叙述过,按照拉扎勒斯的说法,研究者可以使用某种情感与自我的核心关

---

[1] 参见:Fehr E, Gächter S. Altruistic Punishment in Humans[J]. Nature, 2002, 415: 137-140.
[2] 这里存在争议。参见:曼弗雷德·库恩. 康德传[M]. 黄添盛,译. 上海:上海人民出版社,2008:98.

系来作为此种情感的特征。如此,我们将能够发现愤怒与内疚两种情感的显著区别:相对于评价者来说,愤怒情感一般产生于他人违反规则时,内疚情感一般产生于自己违反规则时。更准确地说,内疚情感的表现范围要比愤怒情感更狭小一些,比如当做出愚蠢行为的时候,人们可能对自己感到愤怒,但当他们认为自己的愚蠢行为违背了既定规则的时候,他们才会抱有内疚情感。而且,即使愤怒情感与内疚情感两者都在道德语境下出现,内疚情感也显然只会在一些特定的道德规范中出现,例如人们可能不会为自己行车时碾压了马路上的实线而内疚,也不会对自己占商业规则便宜的行为内疚。

罗伊·鲍迈斯特(Roy Baumeister)等人的心理学实验结果确实反映出了内疚情感的上述特点。[①] 它们令研究者认为内疚情感的基本特征在于该情感经常在行动者受到自我分离或自我排斥威胁的时候产生。简单地说,这意味着内疚情感具有两种核心内容:①行动者伤害了自己关心的人;②行动者置身于不公平的利益获取过程中。两者的形象区别在于,如果我们对欺骗自己的爱人感到内疚,那么,我们所体验到的内疚情感拥有第一种核心内容:对造成伤害感到内疚;如果我们对挣得比隔壁房间的人多而感到内疚,那么我们所体验到的内疚情感拥有第二种核心内容:对未能防止伤害感到内疚(比如未能抗议不平等的财富分配)。

如此的细致区分令人担忧另一个问题,即内疚情感可能只是其他更基本情感的副产品,或者其他更基本大脑运行过程的副产品。

3.2.2 四种主流道德判断模型中的情感

越来越多的实证研究被用来证明情感在道德判断中的作用。依据这些研究所产生的结果,伦理学研究者构造了不同的强调情感在道德行动中作用的道德判断模型[②],这些理论分别是:情感理性主义模型、社会直觉主义模型、情感规则理论、情感构成模型。它们的具体主张承认,与否认下面五种观点有关:

• 理性起源:人们在判断某事是否道德时,通常依据某个推理过程得出,该过程可以在没有情感的情况下进行。

---

① 参见:Baumeister R F, Stillwell A M, Heatherton T F. Guilt: An Interpersonal Approach[J]. Psychological Bulletin, 1994, 115(2): 243。
② Experimental Philosophy, Rationalism, and Naturalism: Rethinking Philosophical Method[M]. New York: Routledge, 2015: 69.

- 理性本质:情感在道德判断语境中的出现是偶然的——没有这些情感时,具有相同特征的道德判断仍然可以出现。
- 情感起源:判断某事是否道德的标准通常是情感作用的结果。
- 情感本质:当情感在道德判断的语境中出现时,它们是必要的,因为如果没有这些情感,同样的判断就不会出现。
- 情感动机:在促使人们按照自己的道德判断行事时,情感因素发挥着核心和可靠的作用。

3.2.2.1 情感理性主义模型

本书所研究的格林就采用这种认为情感应该加以防范的观点。

这样一种道德判断模型之所以被简单地指称为"情感理性主义",原因在于,它是判断理性主义和动机情感主义的结合。

我们知道判断理性主义主张"理性起源"与"理性本质"观点,动机情感主义主张"情感动机"观点。这三种观点的结合意味着,持有情感理性主义立场的人可能认为,人们虽然只需要理性理由来认识道德规律,但可能需要情感来关注道德规律。因此,情感在道德判断中出现的原因一般是:人们对道德规律的关注与在意。当然,这样的理由也使情感理性主义者必须承认,情感可以影响道德判断。不过这种温和理论的变种较多,具体的理论主张并不明确,比如该立场持有者可以认为情感对道德判断的影响是负面的——当情感对道德判断的影响发生时,情感对做出道德判断来说是一种偏见或噪声的形式。

3.2.2.2 社会直觉主义模型

乔纳森·海特(Jonathan Haidt)是主张该模型的代表人物。

顾名思义,该道德判断模型不承认"情感理性主义"模型所谓的"理性起源"主张。[①] 这样一种较为激进的立场认为道德判断通常是由人们的直觉做出的,即直觉令人们在道德判断过程中得出某事善与恶的结论。简单地说,社会直觉主义模型建立在"情感起源"观点的基础之上。

值得强调的是,该种模型的持有者虽然在理论上能够接受"情感动机"主张,但他们也可能接受认知主义观点,比如海特就曾经在自己的论文中暗示道德判断是一种认知状态,这意味着道德判断原则上可以在没有感情作用的情况下

---

① 参见:贾新奇. 论乔纳森·海特的社会直觉主义理论[J]. 道德与文明, 2010(6):52-57。

产生(即使这种情况在实际生活中难以或不会发生)。

3.2.2.3　情感规则理论模型

肖恩·尼科尔斯是采用该道德判断模型的代表人物。他在《论规范的谱系:情感在文化进化中的作用》中强调,没有情感的道德判断并非不可能(当情感缺失时,规范理论部分仍然可以发挥作用),只是这样的道德判断不正常(难以出现在实际生活中)。① 这相当于强调说道德判断是一种由情感支持的判断。

该道德判断模型认为道德判断特征的关键在于情感,常见的理由是:即使权威告示某种残忍行为在道德上是正确的,情感仍然会提醒人们该行为是错误的。

事实上,该模型比"情感理性主义模型"更加的二分化,将道德直接区分为了规范理论与情感系统部分——规范理论规定了道德规则的内容,情感改变道德规则的性质(并赋予人们遵守这些规则的动力)。因此,该道德判断模型在理论上同时接受"理性起源""情感起源""情感本质"观点,但明确否定"理性本质"观点。它意味着:虽然道德规则非常严肃且独立于权威,但由于其通过诉诸道德受体的情感反应来树立自身的正当性,所以道德规则的特征通常是情感反应的结果。这样的道德判断模型显然比温和的"情感理性主义模型"激进。

我们可以认为该判断模型采用了"情感本质"的高级因果版本:

● 情感本质(因果版本):当情感在道德判断的语境中出现时,它们是必要的,因为它们会因果地影响这些判断的功能作用,使它们成为与情感缺失时不同类型的道德判断。

3.2.2.4　情感构成理论模型

杰西·普林茨是采用这种道德判断模型的代表性人物。

这种道德判断模型与上一种不同的地方在于该模型不能将情感作可能性的解读,相反,必须承认情感对于道德判断来说的必要性。这意味着"情感构成理论模型"②所采用的"情感本质"观点相对于因果版本更加高级,可以把它看作新的构成版本:

● 情感本质(构成版本):情感是道德判断的必要条件。因为它们是基本的

---

① Nichols S. On the Genealogy of Norms: A Case for the Role of Emotion in Cultural Evolution[J]. Philosophy of Science, 2002, 69(2): 234 – 255.

② 参见:Prinz J. The Emotional Construction of Morals[M]. Oxford: Oxford University Press, 2007。

部分:道德判断是包括情绪状态作为部分的心理状态,如果没有这些情绪状态,一个判断就不算是道德判断。

3.2.3　道德定义的情感依赖

介绍完以情感为基础的道德判断模型之后,本章第一节中的担忧(情感是一种副产品)将在此得到解决:笔者将借由这些模型的存在论述它们相对于其他依赖理性的模型来说的优势。这意味着对情感何以具有道德资格问题进行解答。

哲学史上,研究者对各种基于情感的道德判断模型的诟病建立在它们所采用的观点之上:批评旨在对"情感本质""情感起源"与"情感动机"观点的正确性进行质疑。不难想象,如果批评者试图诉诸支持者错误理解当前存在的经验性证据来支持自身的观点,那么他们就必须对"道德"与"情感"两个概念进行辨析。

众所周知,道德与规范有关。在绝大部分伦理学家看来,与礼仪性规范相比,道德规范所具有的特点有:严肃、较少依赖权威、与同情心或他人的痛苦直接相关。

因此,许多伦理学研究者选择将道德规范消极地界定为"不依赖于特定社会习俗的规范"。这种想法意味着,人们遵循礼节性规范与否,取决于他人的意见或行为,人们遵循道德性规范取决于推理。

然而,该界定方式存在明显的问题,以下三个问题的存在解释了依赖理性的道德判断模型的劣势:

(1)礼仪性规范可能并不依赖于他人的意见,即礼仪性规范的正确性可能是被推理性决定的。例如像行为应谨慎这样的个人性规范。

(2)道德规则的正确性与否可能依赖于他人。例如在某些文化中,饮食习惯可能是道德语境下的问题。

(3)如果人们是否能够遵循道德规范取决于推理,而推理又取决于个体的思考能力,那么道德规范应该是一个对个体智力要求很高的东西。这样的观点不得不令我们认为一些人不可能遵守道德规范,使道德规范失去对所有人的效力,进而令道德规范概念本身失去意义。

该种界定所依据的道德规范特点本身也存在问题,理由在于,相对于礼仪性规范来说,这些特点具有模糊性与非必要性。例如:有些礼仪性规范具有相当的严肃性(开车时应靠右行驶),有些道德规则依赖于权威,而且与同情心、他人的痛苦无关(双方认可的乱伦与计划生育行为)。

使用情感来定义道德可以避免以上概念性的认知麻烦。这种定义将道德规范界定为引发道德性情感的规范。我们知道,如果一个人违反了礼仪性规范,他可能因此感到尴尬,但不太可能拥有内疚或羞愧情感。然而这种方式的新问题似乎是显著的:如果我们不能说明清楚情感的定义,那么情感定义道德、道德定义情感的做法很有可能是循环论证的。

笔者认为该新问题并不存在,理由在于道德情感不可能与非道德情感没有区别,原因如下:

当道德情感与非道德情感没有区别时,我们要么承认(1)所有情感都是道德的,要么承认(2)没有任何情感在本质上是道德的。(1)的正确性可被否认,反例容易被批评者找到,比如"恐高"这样一种情感似乎就不具备道德性。(2)意味着两种情况:a. 情感在道德语境中发生但它不是道德本质;b. "道德情感"相较于"道德判断"的内容,范围更大(即道德情感被包含于道德判断中)。显然,a、b两种情况的实现需要承认情感在道德判断中地位的情感认知立场成立。

该事实意味着两种情况:i. 情感是道德判断的构成要素,ii. 道德情感以特殊的方式与道德判断间存在因果关联。

如此一来,我们就能以此理由为根据将道德情感定义为能够促进道德行为的情感,并更进一步把某些情感定义为与道德判断活动存在本质联系或因果联系的情感。这样的定义能够避免循环论证问题,也就是说,简单规定道德情感与道德规范的方式相对于理性主义方式的优越性能够说明道德定义对情感定义的依赖性。

3.3　小结与前瞻:导向立场性困境

我们在本章中结束了研究者关于"电车难题的收敛性与否"和"理性与情感的可比较性与否"的争论:本书已经证明电车难题具有收敛性,理性与情感也可以被比较。

具体地说,此重要论证是通过下面的顺序完成的:

(1)通过论述电车难题的本质特征,笔者将数量庞大的电车难题式思想实验限定为两种最根本的描述。使得电车难题的特征收敛。

(2)借助电车难题式思想实验两种最根本的描述,笔者将伦理学领域中纷繁复杂的电车难题使用方式进行了总领性的归纳。使得电车难题的意义收敛。

(3)借助电车难题式思想实验的使用方式,笔者以强调电车难题的意义为基础,对四种有力指责电车难题无意义的挑战做出了反驳,成功证明:i. 人们关于电车难题的不统一意见不影响电车难题的价值,ii. 电车难题允许非普遍道德结论不影响电车难题的价值,iii. 电车难题所支持的规范性因素虽可算术分离但不影响电车难题的价值,iv. 电车难题的古怪不影响电车难题的价值,使得电车难题的价值收敛。

(4)通过论述个体规范与情感之间牢不可分的关系,笔者证成情感在道德判断中的重要价值与地位。这意味着,情感在道德判断中的作用无法被否认。因此研究者应该对两者在道德判断中出现的比例进行比较。

(5)通过分析发现"理性起源""理性本质""情感起源""情感本质""情感动机"五种理论预设被目前流行的道德判断模型所依赖或蕴含,笔者指出情感在道德判断过程中的比重不但不低而且较高。因此研究者值得对情感关于道德判断的影响做进一步研究。

(6)借助(4)与(5)关于情感对道德判断具有核心且不可或缺作用的辩护,笔者分析说明人们对道德的定义不得不依赖于"情感"完成"简单规定道德情感与道德规范的方式相对于理性主义方式的优越性能够说明道德定义对情感定义的依赖性",使得情感和理性一样能够理所应当地成为道德判断中必不可少的核心条件。即理性与情感具有相同地位。

这六个分论证所提供的辩护显然是格林式实验伦理学最需要的,因为格林式实验伦理学关于义务论与功利主义的结论依赖于电车难题成立的假设(理性与情感互斥的假设),电车难题成立的假设则依赖于义务论与功利主义互斥的假设,而理性与情感互斥的假设依赖于电车难题是道德两难问题的假设,即概念性困难繁复且互相依赖。因此,它们得以将本书导论部分笔者所提出的五个困境的解决方案进一步深化:成功说明格林式实验伦理学所面临的困难并不像批评者所说的那么严重。

然而,虽然笔者通过上面的方式给出了格林式实验伦理学回应概念困境的出路,但它们显然并不足够,因为格林式实验伦理学的批评者几乎必然会将概念性困难引申到立场性困难中。事实上,我们在本章的具体论证中也有多次或明或暗地提到立场问题，比如论文第三章第一节中提到电车难题古怪性的指责实质是立场性指责，第三章第二节中理性与情感的争论也最终将流于立场性指责。因此，本书第四章将处理格林式实验伦理学所遭遇的立场困境。

4 格林式实验伦理学的立场性困境和出路

研究者们针对格林式实验伦理学所持自然主义立场、道德判断的性质、道德判断与理由之间关系的指责应被当作关乎格林式伦理学立场的批评。笔者基于文献梳理认为这类批评已经使格林式实验伦理学陷入立场性困境中,并且"伦理学的自然主义问题"与"道德判断的内在主义和外在主义问题"是该层次困境最重要的两个方面,值得被细致地处理。因此,本书接下来将通过明确格林式自然主义立场的具体内涵,指出格林式自然主义立场的优势,回应逻辑实证主义的证实原则的挑战,回应科学主义的挑战,处理前一个方面的问题。通过展示开放问题论证所蕴含的根本主张,确定内在主义论证与内外在主义争论的内容,主张基于延展心灵的道德判断理论,处理后一个方面的问题。

4.1 伦理学的自然主义问题

格林式实验伦理学作为实验伦理学的分支之一,自然由于该原因而受到了许多来自反对自然主义立场的研究者的批评。并且该立场性困境所造成的后果经常被批评者们看得过于严重。比如托马斯·内格尔(Thomas Nagel)的《你不能从脑扫描中学习道德》一文就以研究采用了"无本之木"("神经心理学方法不能使问题得到解决"[1])为由将自己的批评延展到了格林式实验伦理学几乎所有的方面。然而鉴于该质疑理由的作用范围在逻辑上并不如此巨大——或者说,它们可以不涉及"立场困难"之外的问题,在这里本书将只考虑该困难本身并给出相应的处理方法。

笔者认为,该困难显然应被放置在伦理学研究的大环境中对待,即格林式实验伦理学所采用自然主义立场的有效性应放在伦理学研究者对其提出的常见难

---

[1] Thomas Nagel. You Can't Learn About Morality from Brain Scans: The Problem with Moral Psychology[EB/OL]. [2018-12-03]. https://newrepublic.com/article/115279/joshua-greenes-moral-tribes-reviewed-thomas-nagel.

题中考察。理由在于:"没有任何一种理由被单独查看时可以显现出'完美'。"①这意味着,该困难的处理应该通过比较格林式实验伦理学的自然主义立场相对于其他伦理学家研究道德哲学问题时所用立场的优劣势进行。更准确地说,倘若考察发现,格林式实验伦理学所用自然主义立场在处理研究者提出的既有难题方面存在优势且劣势并不致命,那么该研究所面临的自然主义立场困难就得到了合理的回应与解决。

为达成上述目的,本节的论证将通过考察开放问题难题、验证原则与科学主义指责②进行,因为如果我们能证明这些在伦理学研究中意义重大的问题在自然主义立场下并不完全成立,且格林式实验伦理学没有可能因为这些困难的部分成立而被击倒,那么格林式实验伦理学所采用自然主义立场相对于其他伦理学研究方法的优势就能够重新地被彰显(方法论自然主义的优势被重新彰显)。当然,本节如此行文的更重要原因在于,将多种不同的伦理学立场放在同样的伦理学难题中考察几乎是不可能的,也没必要进行:比如检验标准难以确立、相同难题不一定适用于不同的伦理方法。不过,在开始本节论证之前,笔者会对"自然主义立场"一词本身进行必要的说明,因为如果我们不将这种在伦理学研究历史中过于宽泛的词清晰界定的话,格林式实验伦理学所采用的自然主义立场就可能由于包含太多模棱两可的内容而绕过以上难题的实质性要求。

4.1.1 格林式自然主义立场的具体内涵

自然主义是当代哲学研究中被经常使用的概念,但该概念的内涵与边界并不清晰:它可能因奎因及其追随者在反形而上学方面所做的工作而成名,不过随着历史的发展,当代哲学研究者并不像20世纪时那样企图彻底否认形而上学进路的研究价值了。然而,该概念的起源事实显然意味着,人们通常将自然主义立场看作用自然科学的方法与态度来研究哲学问题,或者以此立场拒绝承认任何不能被科学解释的非自然、超自然、神秘观点的正确性与事物的存在价值。关于此,在一些相关研究者眼里,自然主义立场成为处理哲学问题的唯一方法。例如斯特劳森认为,哲学家们处理普遍怀疑论麻烦时采用自然主义立场才是有效的,

---

① Skorupski, John, ed. The Routledge Companion to Ethics[M]. New York: Routledge, 2010: 112.
② 我们认为这些难题都是值得被检验的,因为它们既是研究者批评格林式实验伦理学的内容,其本身在伦理学研究中也意义重大。

即借助自然科学方法(尤其是心理学方法)对"'经验的输入'与'将经验输出为某种关于三维外部世界的描述'两者之间过程与关系"进行解释,因为唯有如此,传统的形而上学问题才能被回避。① 维特根斯坦在《论确定性》一书中也表达了与斯特劳森类似的自然主义观点。②

斯特劳森与维特根斯坦两人所持有的自然主义立场被皮特·雷尔顿(Peter Railton)更进一步细化区分。他认为自然主义立场可以被彻底地区分为概念性主张与本体论主张两种,并将前者命名为"方法论自然主义",后者为"实质性自然主义"。具体地说,该区分类似于亚当·斯密所谓的"人文自然主义"与"科学自然主义"的差别,"方法论自然主义"顾名思义只是一种关于方法的立场,它意指哲学研究与自然科学、社会科学中广泛开展的经验性研究活动处于同样的地位。也就是认为后天的解释方法可以说明认识论、语义学、伦理学等领域的人类实践活动。相对于此,雷尔顿认为"实质性自然主义"是一种关于研究结论的立场。该立场的持有者认为像科学这样的经验研究方式可以对哲学领域的核心概念给出有效的答案:"实质性自然主义者对某个领域的人类语言或实践提出哲学解释……并且这种解释依据是可以在经验科学中'发挥作用'的属性与关系。"③

通过例子的方式,我们容易明白两者的区别。设想某位哲学家在先验的角度试图分析"善"的成分,他可能认为"善"就是总体上可以促进最大多数人幸福的东西。也就是说,该想法实际上将"善"解释为了一种"总体上可以促进最大多数人幸福"的代表性属性。如果这位哲学家认为该代表性属性可以在经验科学的研究中出现,比如它可以在心理学中被研究,那么他就持有了实质性自然主义立场,原因在于:"善"被解释为一种经验属性显然是基于先天哲学分析得到的结果。相应地,另一位哲学家可以拒斥这类想法,反对任何形式的实质性自然主义:他只需采用后天的解释方法对道德表述进行说明就可以持有方法论自然主义立场。显而易见,这位哲学家当然认为"'善'之类的谓词不能被理解为任何一种代表性属性",它们更不可能在经验科学的研究中出现。该事实意味着"方法论自然主义"与"实质性自然主义"两种立场可以在逻辑上没有联系:人们可以在持有一种立场的同时否认另一种立场。

---

① P. F. 斯特劳森. 怀疑主义与自然主义及其变种[M]. 骆长捷,译. 北京:商务印书馆,2018:19.
② 参见:马芳芳. 维特根斯坦论确定性[D]. 天津:南开大学哲学学院,2017.
③ Railton P. Naturalism and Prescriptivity[J]. Social Philosophy and Policy, 1989, 7(1): 151-174.

格林式实验伦理学的研究者多次指出自己所持有的立场只是上述的方法论自然主义。

因此,笔者认为内格尔批评所依赖的"实在性测试"(test of reality)对于格林式实验伦理学来说是不适用的,理由有三:

第一,格林式实验伦理学对道德哲学进行研究的旨趣仅仅是利用自然科学方法提出修正性定义(reforming definition),比如格林认为自己的自然主义核心主张在根本意义上是综合而非分析的。例如,该领域的研究者虽然提出"好"可以被理解为代表某种自然属性的N,但只研究N这种属性是否有助于后天地解释人们的经验特征。这意味着,研究者并没有主张自己可以提出一种关于"好"的充分的描述性解释,即没有对"x是好的"此类道德判断的意义进行评价,更没有认为该类判断等价于"x是N"。或者更为简单地说,对于格林式实验伦理学的研究者来说,"x是好的"与"x是N"具有两种不同的意义,虽然自然主义方法可以将两者相等同。

第二,格林式实验伦理学所采取的是非支配式(non-hegemonic)的自然主义立场。持有该立场的研究者不必认为世界只包含自然属性,或者抱有某种认为世界只包含科学所研究属性的"唯科学论"(scientistic)观点。准确地说,格林式实验伦理学的研究者并未在对道德问题进行后天研究之前预设"实在性测试"的成立,没有意图使伦理领域中人类实践的命运与这种测试的结果绑定在一起,比如前者的成立并不依赖于后者的成立。

第三,格林式实验伦理学研究并不涉及自然主义立场的还原论与非还原论之争。也就是说,研究者既不需要主张自然词汇能对道德词项进行还原性定义,也不需要主张"道德谓词无法被翻译成自然谓词"或"道德词项与自然谓词具有相同的外延"。该事实意味着格林式实验伦理学所采用的自然主义方法不会与既有的元伦理学问题过多纠缠。这就是内格尔批评格林时所谓的"他(格林)并没有真正地理解伦理学问题……但他能这么做的原因在于其对道德心理学领域的熟悉,因此即使他所理解的观点常常不准确,也不重要"[1]。

---

[1] Thomas Nagel. You Can't Learn About Morality from Brain Scans: The Problem with Moral Psychology[EB/OL]. [2018-12-03]. https://newrepublic.com/article/115279/joshua-greenes-moral-tribes-reviewed-thomas-nagel.

4.1.2 格林式自然主义立场的优势

摩尔著名的"自然主义谬误"结论来自开放问题论证。这一著名的结论的含义可以简单理解为:"任何依据自然属性来定义'善'的做法都犯了'自然主义谬误'。"[1] 不过摩尔这种批评所依赖的开放问题论证并不仅仅针对自然主义立场,因为他在1903年的《伦理学原理》一书中多次强调自己认为"善"完全无法被定义:"即使'善'确实是某种自然对象……我所说的一切依然如故,只是我称呼这种错误的名字不再如我所想的那样合适了。"[2]

我们可以将摩尔得出该结论的开放问题论证还原成下面的样子:

P1:如果谓词"善"同义或等价于(分析的等价于)自然谓词N,那么"x是N"意味着"x是善的"。

P2:"是N的x也是善的吗?"这一问题并不会令人感觉到混乱或不可思议。也就是说,即使"'x是N'意味着'x是善的'"成立,直觉上人们应该仍然可以询问"'x是N'能否意味着'x是善的'"。

C:由于P1、P2两个命题矛盾,所以P1的条件是错误的,即"谓词'善'不能同义或等价于自然谓词N"。

上述论证显然类似于柏拉图借苏格拉底之口在《柏拉图对话录:尤西弗罗篇》提出的"尤西弗罗悖论":由于人们的行为因其善而被神所爱,所以善不能被定义为神所爱之事。[3] 因此,该论证的成立至少需要下面三个条件:

(1) P2中人们的直觉应该具有更加充分的依据。否则我们就可以构建新的开放问题论证来怀疑开放问题论证本身,比如质疑"大家直觉上认为正确的就是正确的吗?"或者更进一步质疑"自然主义谬误的成立是因为大家都如此认为,还是由于它本身就是先天'成立'的"。这意味着,摩尔的开放问题论证若想成立,就得在结论C得出前就确立P1命题的错误,否则人们确实有可能错误地"感觉到混乱或不可思议"。而且,该论证同尤西弗罗悖论一样模糊了自身论证

---

[1] 如果某人试图将善定义为任何东西,那么他一定犯了自然主义谬误。摩尔相信,开放问题论证能够说明密尔、康德、斯宾塞、卢梭、斯宾诺莎和亚里士多德在研究道德哲学时都犯了自然主义谬误。

[2] 摩尔. 伦理学原理[M]. 方梦之,导读,注释. 上海:上海译文出版社,2019:142.

[3] 参见:Joyce R. Theistic Ethics and the Euthyphro Dilemma[J]. Journal of Religious Ethics, 2002, 30(1): 49–75。

的适用性,因为它需要人们确保对于任何自然属性 N 来说,"'x 是 N'能否意味着'x 是善的'"都是一个开放性问题。这样的承诺显然需要摩尔开放问题论证所试图批评的 P1 不成立,即"谓词'善'不能同义或等价于自然谓词 N"。

(2) 分析行为完全不能提供信息或其他有趣的内容,即"分析悖论成立"。否则人们当然可以在知道两个物体的等价关系时仍然继续探寻两者的关系。该情况有些类似于常被称作"苏格拉底悖论"的"学习悖论":任何人既不可能学习他知道的知识(他已知道,所以不用学习),也不可能学习他不知道的知识(他不知道,所以无法学习)。我们知道,该悖论的出现是由于知识被看作了整体。倘若知识被区分为技艺知识与事实知识两种,那么人们学习知识当然是可能的:比如懂得如何合乎语法的表达的人确实也需要对语法规则进行学习。显然,摩尔所依赖的"分析悖论"的成立也需要自然谓词 N、善两者是完全不可区分的整体。

(3) 指称与含义不存在区别。否则,当自然谓词 N 与善之间具有相同的指称与不同的含义时,人们当然在直觉上仍然可以继续询问"'x 是 N'能否意味着'x 是善的'"。弗雷格举例使用的长庚星与启明星差别可以形象地说明该问题:我们当然可以指出,就像长庚星与启明星一样,"善"与"N"也具有相同的指称和不同的含义。不过值得注意的是,强调指称与含义之间的区别仅在开放问题不将"等价于"强调为"分析地等价于"时才成立,因为一般认为"分析地等价于"相当于承认被等价的两者在指称与含义上是等同的,甚至所有方面都是等同的。然而,该特点显然意味着摩尔的"自然主义谬误"最多只能针对那些特别声称"道德属性分析的等价于自然属性"的自然主义立场。

因此,格林式实验伦理学所采用的自然主义立场并不会被以上受到诸多限制的开放问题难题击倒。

4.1.3 回应证实原则的挑战

证实原则是维也纳哲学流派中逻辑实证主义哲学家所持有的代表性原则。我们知道在《逻辑哲学论》中,维特根斯坦通过论证的方式,在综合并修改弗雷格与罗素的语义值、指称、意义与限定摹状词理论的基础上,做出了一些论断:"不存在先验为真的实质性命题""逻辑命题是重言式""逻辑命题(分析命题)不包含任何内容"。[①] 也就是说,在他看来,命题要么是先验分析的,要么是能够

---

① 江怡.《逻辑哲学论》导读[M].成都:四川教育出版社,2002:221.

被经验知晓或被后验知晓的,并且先验分析命题不能表达任何内容。因此,倘若一个陈述既不是分析性的,也不是后验性的,那么该陈述就不能表达任何命题内容。维特根斯坦认为道德判断就符合这个特征,因为它既不能被先验分析,也不能被经验所知晓。正是在这个意义上,他在书中得出结论说道德判断是不可能的,而且"道德不能用语言来表达"。该结论在哲学史上被认为是对意义进行检验的原则,石里克将其概括为"陈述的意义取决于是否可被验证"①。这一原则被艾耶尔认为能够确保哲学家不被卷入毫无意义的形而上学思考而极大地促进了哲学的进步:"逻辑实证主义的独创性在于他们使形而上学理论的不可能性不再依赖于'人们可以知道什么',而是使它取决于'人们可以说些什么'。"②

艾耶尔在《语言、真理和逻辑》中具体陈述证实原则时指出该原则要求有意义的陈述具有字面意义,拥有字面意义要求陈述要么是先验分析的,要么可被直接证实或间接证实。他认为该原则只是对休谟所发现的"是"与"应当"鸿沟的另一种表述,"即认为规范性方面的陈述是不可能从描述性的陈述推出来的"③。该定义中所谓的直接证实与间接证实的要点如下:

ⅰ. 当陈述本身是经验观察性的,或者当它是多个观察性陈述的合取,且该陈述不能被这些陈述的前提单独演绎推理出来时,一个陈述就被认为是通过了证实原则的,是直接可证实的。

ⅱ. 当一个陈述自身与其他陈述合取就能导致一个或多个可证实的陈述,且(a)它们不可能从被合取陈述的单独前提中推导出来、(b)这些前提中不包含既非分析又非可证实的陈述时,该陈述就是间接可证实的。

艾耶尔还强调证实原则的作用范围,他指出证实原则并不仅仅是一个用来区分哪些陈述具有现实意义、真实内容、真假与否的标准,也是区分是否有意义的标准。这意味着证实原则既可以说明某个陈述是否具有字面意义,也可以说明它是否具有无关紧要的意义。

因此,如果这样的可证实性原则为真,或者被用来当作检验陈述的标准,那

---

① 石里克. 伦理学问题[M]. 张国珍,赵又春,译. 北京:商务印书馆,1997:110.
② A. J. 艾耶尔. 二十世纪哲学[M]. 李步楼,俞宣孟,苑利均,等译. 上海:上海译文出版社,2015:19.
③ 转引自:查尔斯·L. 斯蒂文森. 伦理学与语言[M]. 姚新中,秦志华,等译. 北京:中国社会科学出版社,1991:197.

么价值判断必然是使用该原则的研究者所排斥的对象,因为在他们看来,价值判断是一种不依赖于自然世界而独立自存的价值领域的形而上学观点。也就是说,在描述性陈述不能给作为价值判断的道德论断提供通过证实原则检验的办法的情况下,现有的伦理学研究并不具多大价值。[①] 采用自然主义立场处理道德问题的格林式实验伦理学显然受到了该原则的挑战。

然而,我们不难发现该挑战的四个问题:

第一,该原则在逻辑上是自败的(不会对陈述的性质具有任何限制),因为按照艾耶尔的叙述,任何陈述都将是可通过该原则验证的。例如,亚历山大·米勒(Alexander Miller)指出:令 O 为可经验观察性陈述、N 为无意义陈述(无法通过验证原则检验的陈述),假设命题 S 的表达式是:$(\neg O_1 \wedge O_2) \vee (\neg N \wedge O_3)$,那么 S 将能够通过验证原则的检验。理由在于,由于 S 是 O_1 与其他命题的合取,所以逻辑上,S 可能蕴含 O_3。这意味着,当命题 O_1 存在时,S 必然包含可经验观察性陈述 O_3。但是,O_1 在逻辑上显然是与 O_3 独立存在的,即 O_1 不蕴含 O_3。因此,虽然 O_3 的成立并不来自另一陈述 O_1,但 S 由于蕴含 O_1 与 O_3 的合取,所以 S 是能够通过验证性原则检验,被直接证实的。同理,当 N 与 S 存在合取关系的时候,它蕴含了 O_2。[②] 也就是说,由于 O_2 是经验观察性陈述,所以 N 也是可通过验证性原则检验,被间接证实的陈述(O_2 的成立并不来源于 S 本身[③])。关于此,迈克尔·史密斯(Michael Smith)做了另一个角度的形象论证。他认为许多既非分析又非可证实的陈述在人们的直觉上是具有字面意义的,比如"大爆炸前,宇宙中的所有事物都汇聚于一点"[④]。

[①] 众所周知,艾耶尔自己持有伦理情感主义的非认知主义立场,认为道德话语等于情感叫喊。这种立场虽然由于难以正面回应弗雷格-吉期问题和随附性难题而在伦理学领域不再流行,但它却是值得注意的,因为艾耶尔并没有把自己的验证原则贯彻到底,即把伦理学研究完全排除出哲学领域之外(将道德话语归入无意义的范畴),转而采用道德虚无主义立场。他自己给出的理由是:意义的类型有很多种,因此道德话语即使不能通过验证原则也是具有意义的。鉴于本文旨在对验证原则本身而非艾耶尔的叙述进行讨论,所以笔者在讨论验证原则的问题的时候,没有将艾耶尔撰写《语言、真理和逻辑》时给出的上述自败理由涵盖在内。

[②] Miller A. Philosophy of Language[M]. New York: Routledge, 2008: 120.

[③] 可以设想 O_2 为假的情况,比如 N 为假、O_3 为真、O_1 为真、O_2 为假。这是阿隆佐·丘奇(Alonzo Church)的发现,参见:Church A. Review of language, Truth and Logic[J]. Journal of Symbolic Logic, 1949, 14(1): 52 − 53。

[④] 迈克尔·史密斯,道德问题[M]. 林航,译. 杭州:浙江大学出版社,2011:23.

第二,该原则过于宽松或过于严格,要么所有陈述都可被认为是可通过验证原则检验的,要么我们需要假定可被经验科学观察的对象不存在。约翰·福斯特(John Foster)指出艾耶尔并没有说清陈述在原则上可以通过经验证实的含义,理由是他在《语言、真理和逻辑》一书中使用了两种相互不能兼容且不一致的证实原则:在该书第一版中,艾耶尔试图强行说明证据支持或反对的概念,而不论对于意义标准而言需要怎样的合适限制①;在第二版,艾耶尔将之前的证据概念替换为内容原则,认为"陈述的事实性意义在于其可观察内容,即陈述对基于可观察内容的推演的贡献""当且仅当陈述的内容是纯粹可观察的,或者当且仅当该陈述属于观察性语言的范围时,一个陈述才具有事实意义"②。例如,有些可被经验科学观察的对象显然并不是纯粹可观察的,一些物理基本粒子就是如此,而且它们也不处于观察性语言的范围内。也就是说,包含这些基本粒子的陈述不能通过内容原则的检验。然而,由于这些基本例子提供了对现有基本数据的最佳解释,所以有关它们的陈述可以通过《语言、真理和逻辑》第一版所述验证原则的检验。说得更具体一点,如果艾耶尔认为道德判断没有字面意义,但又不完全否认它们的意义③,那么他就需要提供新的标准来说明这种意义与字面意义应该如何区分。而且他还需要进一步论证伦理学具有意义、其他对象不具有的原因,比如需要论证形而上学理论为何不与伦理学一样具有意义。

第三,艾耶尔所强调的先验分析性可能只是人们生活中惯例的反映,因而"先验分析"与"后天经验"的区分可能并无道理。理由在于:逻辑命题虽然可以是纯粹先验分析的,比如同义反复式的变换,但这些命题所承载的内容可能对日常生活中的人们具有意义,因为人们并非无所不知。比如,人们在面对[¬P∧(P∨Q)]的例示时可能不能得出正确的知识 Q。当我们令 P 为琼斯戴了帽子、Q 为琼斯戴了手套的时候,"先验分析"与"后天经验"的区分可能没有道理的情况就变得比较形象了,因为上面的逻辑形式将变更为:如果我知道琼斯没有戴帽子,并且我还知道要么琼斯戴帽子了要么琼斯戴手套了。显然,对于一个普通人来说,上面的句子很难令人直接想到"那么我知道琼斯戴手套了"这一答案。因此,我们无法否认先验分析命题也增加了人们的知识,因而它也是可以被后天经验观察的,就像我们可

---

① Miller A. Philosophy of Language[M]. New York:Routledge, 2008:118.
② 转引自:Miller A. Philosophy of Language[M]. New York:Routledge, 2008:117-125。
③ 艾耶尔实际上认为道德判断具有情绪性意义。

以通过数学研究来发现已存数学表达式中所隐含的知识。

第四,格林式实验伦理学可以绕过验证原则来完成伦理学研究工作,比如主张道德判断必须依靠事实证据来得到客观的处理。该主张显然没有否认"规范性结论无法从描述性前提中推导出来"的验证原则。而且值得注意的是,该主张并不仅仅是格林式实验伦理学研究者才会做出的;相反,它应该是大多数伦理学研究者都会做出的。因此,鉴于麦凯所谓的"伦理学研究者最好不是回避问题,而是寻找难友(companions in guilt)"[1],我们可以以其他伦理学研究者承认或者信奉的原则作为靶子来构筑格林式实验伦理学回应验证原则挑战的方案。

例如,下面论证的效力就是难以被批评者否认的,因而可以帮助格林式实验伦理学回应验证原则挑战。

P1:人们关于某些案例的道德直觉能给出可辩护的理由使人们相信道德直觉的内容。

P2:人们关于某些案例的道德直觉能跟踪道德原则。

P3:道德直觉跟踪道德原则的证据能给出可辩护的理由使人们相信道德原则。

P4:道德直觉跟踪何种道德原则的证据部分是经验性的。

P5:格林式实验伦理学的研究对象包括道德直觉。

C:格林式实验伦理学可以为某种道德原则的可靠性提供辩护性理由——格林式实验伦理学的结论具有规范性价值。

4.1.4 回应唯科学论的挑战

科学主义(唯科学论)是研究者们对自然主义思想进行批评时使用的重要批评性标签,它意味着所有持有自然主义立场(包括格林式实验伦理学所采用的方法论自然主义立场)的人都认为科学方法适用于用来研究包括精神现象在内的一切事物。相应地,所谓"超自然"的东西就是指不可能被科学认识的事物[2]。该批评性标签被对立的神学立场研究者使用的最为清晰和频繁,基督教哲学家阿尔文·卡尔·普兰丁格(Alvin Carl Plantinga)是其中较为著名的代表:

---

[1] 约翰·L.麦凯.伦理学:发明对与错[M].上海:上海译文出版社,2007:39.
[2] 参见:P.F.斯特劳森.怀疑主义与自然主义及其变种[M].骆长捷,译.北京:商务印书馆,2018.

他主张科学主义立场会破坏人们的理性能力,相信并持有自然主义立场是非理性的,使用自然主义立场进行研究会弄巧成拙。这些观点的支持性论证被称作"反对自然主义的进化论论证"(Evolutionary Argument Against Naturalism, EAAN),它可以粗略地被简化地概述为:由于自然主义立场不承认人类的生活与神圣的东西有关,比如按照达尔文的进化论说法,人类过去、现在和未来的生活完全是毫无目的的随机性活动,那么我们将因此没有理由相信人类所具有的理性能力是可靠。[1]

具体地说,该论证包含下面三个步骤:

首先,普兰丁格主张自然主义(Naturalism, N)与进化论(Evolution, E)两者立场的同时采用将导致认识论的可靠性(Reliability, R)变得很低,或者说,$P(R/N+E)$要么很低要么不可理解。他支持该命题成立的一个的理由是:进化论所谓的适应性选择机制不能保证信念的真实性,这意味着适应性行为的正确性得不到保证。

其次,普兰丁格主张那些同时接受自然主义与进化论立场的人将意识到自己的认识论可靠性是有问题的。该命题的表达式为:如果 S 接受 N 和 E,那么 S 将有一个理性的不信任 R 的击倒性理由。支持性的原因在于,普兰丁格认为,即使 $P(R/N+E)$ 的概率不低,两种立场加成的分母也可以让人有放弃 E 的理由。而且,此命题无法被反驳掉的另一个原因是,该击倒性理由涉及所有信念,类似于休谟的怀疑论。

最后,上述命题的成立在逻辑上意味着:人们将具有关于所有信念的击倒性理由,其中一个理由是关于自然主义立场与进化论结合的信念。这一结论可以形式化为:S 具有关于所有自身信念的击倒性理由,其中之一是关于 N 和 E 的信念。

以上论证步骤显然涉及许多方面的哲学问题,比如信念与行为的关系问题、怀疑论自身的可靠性问题、概率判断的条件化问题(Conditionalization Problem)、击倒性理由的适用范围问题。然而笔者认为,普兰丁格论证的最大失误在于对自然主义立场与进化论立场存在错误的理解,反映在论证形式上即 R、N、E 三者并不独立,因而第一与第二个命题并不成立。理由在于:

---

[1] Plantinga A. The Evolutionary Argument against Naturalism[J]. Naturalism defeated, 2002: 1-12.

第一，人类的信念并不完全是由进化（比如遗传和大脑生物学）决定的，我们必须考虑文化知识对信念而言的重要作用。休谟曾经讨论过文化习俗对人类成长的重要性，他认为一个人如果没有受到文化习俗的熏陶，将没有足够丰富的概念框架来使用自己的能力，虽然他并不会在社会中难以生存（即在进化上被淘汰）。① 可以想象，如果一个人出生在亚里士多德时期，那么他的概念框架将是土、气、火、水、以太五种物理元素；如果在启蒙时期，他将学习哥白尼天文、牛顿运动学定律、基督教理论或自然神论；如果在当代，他并不需要重新制造一台交流发电机、推导出相对论和薛定谔方程。也就是说，文化进步将导致人们的经验理论模型更加精细与复杂化，从而导致进一步的文化增长。这种知识的进步并非源于拥有可靠的认知能力，而是源于人们对现有文化知识的学习与再学习。

第二，自然主义研究方法并不是僵化的非黑即白的认识论方法。普兰丁格批评人类认识能力的可靠性的说法是正确的，但他的怀疑论（关于任何信念的击倒性理由）却与自然主义方法是一样的：自然主义者持有科学方法的原因并不是因为它们"可靠"，而在于研究者可以利用它们来改善人们的学习环境，并从该环境中获得更为具体的反馈。也就是说，自然主义者坚持方法论自然主义的原因正好在于人类认知能力的不可靠：他们知道自己难以发现真理，从而仅寻找或求助于不那么坏的"最佳解释推理"。

4.2 道德判断的内在主义和外在主义问题

许多批评者质疑格林式实验伦理学所测试的结果是否确实是大脑中理性与情感的反映。在排除理性与情感两种元素无法比较的条件下（本书已在第三章证成"理性与情感的可比较性"），这一问题实际上与道德判断的内外在主义立场直接相关②。虽然理由的内在主义（理由存在的内在主义）也是格林式实验伦理学可以考虑采用的立场③，即主张"规范性理由与动机之间的联系是必然的""理由必须具有规范性的状态"，但按照康妮·罗萨迪（Connie Rosati）编撰的斯坦福哲学百科的"道德动机"同等所述，主张强的理由的内在主义立场的必要条

---

① 参见：休谟. 宗教的自然史[M]. 曾晓平,译. 北京：商务印书馆,2017.
② 本文所提到的内在主义均指道德判断的内在主义，它有时也被称作动机的内在主义。
③ 这种做法将对双加工理论进行弱化，因为需要承认"理由依赖于欲望"，即理性与情感的信息加工过程不能被分离。

件是承认道德判断的内在主义。这意味着,格林式实验伦理学若主张理由内在主义立场,就需要先承认本书所讲述的道德判断内在主义理论的正确性。然而,在罗萨迪看来,当代的哲学家一般不会在理由的内在主义角度持有强烈的主张了,因为该立场"需要将规范性理由与动机性理由(又被称为驱动性理由)看作是等同的"①,而规范性理由与动机性理由两者的不同已经为学界所公认②。

我们知道,内在主义认为道德判断蕴含道德动机,道德判断与道德动机完全捆绑在一起,而外在主义认为道德判断与道德动机之间需要有额外的可变化的东西给予两者联系,比如情感因素。也就是说,相对于外在主义立场,持有内在主义立场的研究者在批判格林式实验伦理学效力的时候不需要考虑关于理性与情感区分的决定性理由,因为极端理性主义的道德判断显然不需要情感参与、极端情感主义的道德判断也不需要理性参与,即人们在做出道德判断时大脑中的理性与情感两种元素并不会复杂地相互交织。这意味着,如果格林式实验伦理学采用道德判断的内在主义立场,现有研究方法与相应研究成果将避免遭受许多研究者的批评。然而,笔者认为格林式实验伦理学并不需要将道德判断的内在主义者作为难友来辩护自身价值(否则,格林式实验伦理学优劣势的评判将取决于道德判断的内外在主义争论的结果);相反,道德内外在主义的争论完全可以被格林式实验伦理学彻底规避,研究者不必再考虑关于理性与情感区分的决定性理由,从而使自身完全不受到关于理性与情感交织的批评性指责。理由在于:格林式实验伦理学所提出的道德双加工机制并不需要限制道德判断仅由理性或情感两种元素产生,也不需主张人们的道德判断过程存在单一的核心运作机制。

上述想法意味着,本节论证的第一步应指出部分关于格林式实验伦理学的

---

① 参见:Rosati, Connie S., Moral Motivation[EB/OL]. [2018-12-05]. The Stanford Encyclopedia of Philosophy (Winter 2016 Edition), Edward N. Zalta (ed.), URL = https://plato.stanford.edu/archives/win2016/entries/moral-motivation/.

② 关于这两个理由的区分,瓦莱丽·提比略(Valerie Tiberius)认为它早已是大众接受的常识——两者的区分"是幽默性言论的基础",比如当某人问"星期天你能帮我搬家吗?"时,其他人可以合理地回答"嗯,我会帮你,但是我不想"。该事实意味着下面的情况是可能的:一个人本以为会被人以规范性理由为据来拒绝提供帮助,但没想到会被人以驱动性理由拒绝自己。参见:Tiberius V. Moral Psychology: A Contemporary Introduction[M]. New York: Routledge, 2014: 34-72。

立场性指责与道德判断的内外在主义立场有关;第二步应指出格林式实验伦理学的研究者可以通过偏安一隅地选择道德判断的内外在主义争论中较为成功的立场,避免受到一部分研究者的指责,为自己所持理论的正确性辩护;第三步应指出格林式实验伦理学可以彻底地规避掉道德判断的内外在主义的争论,从而更好地回应批评者作出的立场困难指责。因此,为完成这些论证,笔者将通过修正摩尔提出的开放问题论证,首先将格林式实验伦理学的现有研究引入道德判断内外在主义立场的争论中,接着以迈克尔·史密斯(Michael Smith)的《道德问题》作为蓝本,对格林式实验伦理学与内外在主义双方的争论要点做剖析性论证,最后指出格林式实验伦理学可以合理诉诸道德心理学中逐渐流行的"道德判断不必局限于个人推理"的延展心灵理论。也就是说,格林式实验伦理学能够完全规避有关道德判断内外在主义立场的争论。

4.2.1 开放问题论证蕴含的根本主张

自从摩尔以开放问题论证为基础提出"自然主义谬误"后,许多哲学研究者对该问题进行了研究,其中托马斯·鲍德温(Thomas Baldwin)、史蒂芬·达沃尔、艾伦·基巴德、彼得·雷尔顿的研究较为有名。他们将摩尔的开放问题论证重述得更加精致。

鲍德温主张"如果(关于道德言说)的概念分析是正确的,那么我们应该认为它能够引领人们的思想……摩尔之所以反对关于内在价值的概念分析,理由在于人们不能够经过反思发现这样的概念分析能够被接受(引领人们的思想)"[①]。该主张的精致化论证可被重述如下:

P1:如果道德属性 M 与自然属性 N 两者分析性地等价,那么合格的道德言说者在经过概念反思后应该发现:采用 M 或 N 任意两种道德话语表达方式都能够做出正常的道德判断。

P2:经过概念反思后,合格的道德言说者仍然认为"属于 N 的 x 也是善的吗?"这一问题是开放性问题。因此,经过概念反思后,他们并未发现"采用 M 或 N 任意两种道德话语表达方式都能够做出正常的道德判断"。

C:道德属性 M 与自然属性 N 并非分析性地等价,除非有办法解释为何合格

---

① 转引自:Miller A. Contemporary Metaethics: An Introduction[M]. Hoboken: John Wiley & Sons, 2014: 18.

的道德演说者没有发现"采用 M 或 N 任意两种道德话语表达方式都能够做出正常的道德判断"。

达沃尔、基巴德、雷尔顿主张(a)道德言说者容易接受"自然属性 P 是否是好的?"这样的问题是开放性问题、(b)人们认为道德属性应该具有行为引导性:"自然属性 P 是否是好的?"可以被理解为"人们真的应该或者必须致力于遵从自然属性 P 所描述的命题吗?"、(c)摩尔的开放问题论证并不是对"自然主义谬误"的证明,而是阻止人们将任何已知的自然属性或形而上学属性当作善的东西。[1] 这一主张的精致化论证可被重述如下:

P1:人们认为道德判断和依照该判断进行行动的动机之间存在概念性关联。该观点意味着,只要做出道德判断的人没有意志薄弱或其他心理缺陷,当他做出道德判断认为一个行动或事件是善时,那么该判断就应该能够促使他行动,即道德判断蕴含着进行行动的动机。相应地,如果一个人没有意志软弱或者其他心理缺陷,在明确对一个行为做出善的道德判断后,却没有获得施行该道德判断内容的动机,那么他就没有对道德的善做出正确的理解。

P2:合格且具有反思能力的道德言说者能够想象到:不具有意志薄弱或其他心理缺陷的人在单纯使用自然属性 P 描述自己做出的道德判断时,没有或找不到依循该道德判断的内容进行行动的动机。

P3:如果单纯使用自然属性 P 进行描述的道德判断与行动动机之间不具有概念性的联系,那么合格且具有反思能力的道德言说者就能够发现这一特点。

C1:除非能找到解释 P2、P3 不成立的理由,否则"单纯使用自然属性 P 进行描述的道德判断与行动动机之间不具有概念性的联系"。

C2(P1 + C1):除非能找到解释 P2、P3 不成立的理由,否则"单纯使用自然属性 P 进行描述的道德判断"不是道德判断。

C3(P1 + C1 + C2):除非能找到解释 P2、P3 不成立的理由,否则自然属性不可能分析性地等价于道德属性。

以上两例开放问题精致化论证的成立显然依赖于论证中命题 P1 的正确性。例如,鲍德温依赖于"采用 M 或 N 任意两种道德话语表达方式都能够做出正常

---

[1] 转引自:Miller A. Contemporary Metaethics: An Introduction[M]. Hoboken: John Wiley & Sons, 2014: 19 – 20。

的道德判断",达沃尔等人依赖于"人们认为道德判断和依照该判断进行行动的动机之间存在概念性关联"。两者看似依赖的命题内容不同,然而,我们容易发现:虽然前者对"道德判断与动机之间存在概念性关联"的诉求没有后者那么明显,但它对此主张的诉求却是可见的,因为所谓的"正常道德判断"相当于隐含地主张正常的道德判断就是"道德判断与动机之间存在概念性关联"那样一种道德判断,否则该论证就乞题了。理由在于:鲍德温并没有解释"为何合格的道德言说者能够发现当N不分析性地等于M时的道德判断是有问题的",这类似于说"因为N不能分析地等价于M,所以N不能分析性地等价于M"。循环论证。

所以,以上两个精致化开放问题论证实际上被决定于内容为"道德判断与动机之前存在概念性关联"的主张:如果该主张不正确,那么论证无法成立。

在伦理学领域,该主张被称为道德判断的内在主义。

4.2.2 内在主义论证与内外在主义争论

一般认为道德判断的内在主义立场意味着将道德判断与动机之间的联系看作概念性关系,即道德判断存在,依循该道德判断行动的动机就一定存在。不过,这一立场的含义实际上在伦理学领域的讨论中比较复杂:在马克·罗恩(Mark Roojen)编写的《元伦理学:当代导论》一书中,它被认为至少具有两大类四种极端形式——第一类是有关道德判断是否做出,第二类是有关道德判断是否为真,这两类中分别有可废止的形式与不可废止的形式,是一种程度依赖的分布性立场。[①] 顾名思义,"道德判断是否做出"与"道德判断是否为真"的差别在于前者认为当道德主体做出道德判断的时候就拥有了执行该判断内容的动机,后者只有确认道德判断为真的时候,相应的动机才存在。所谓的"可废止"与否则是指与道德判断绑定的动机的存在性是否可被取消,比如意志薄弱或其他心理问题的存在是否可导致遵循相应道德判断行动的动机不存在。鉴于此,笔者将通过具体学术研究中的实例来叙述道德判断的内在主义立场的论证。迈克尔·史密斯(Michael Smith)著名的《道德问题》一书就是很好的关于内外在主义争论的实例,能够满足本节的论证要求。

在该书中,史密斯首先描述了道德问题的含义,然后花费了大量的笔墨为内

---

① Van Roojen M. Metaethics: A Contemporary Introduction[M]. New York: Routledge, 2015: 68.

在主义立场的正确性辩护。我们知道,他所谓的道德问题是指以下三个看来可信的命题(断言)看起来相互不兼容的问题:

(1) 道德判断表达信念;

(2) 道德判断与动机具有必然联系;

(3) 动机即欲望。

以"夏天让中暑的人喝盐水的行为在道德上是正确的"为例,断言(1)是指当道德主体真诚地做出"夏天让中暑的人喝盐水的行为在道德上是正确的"这一道德判断时,他所表达的内容是可以被认知的信念;断言(2)是指当一个人做出或相信该道德判断时,他将拥有让中暑的人喝盐水的动机;断言(3)是指拥有该动机的人也一定具有"让中暑的人喝盐水"的欲望。断言(1)+(2)+(3)同时成立意味着"信念等于动机等于欲望"。史密斯认为以上荒谬现象的解决并不需要放弃支持三种断言的立场,比如不必采纳非认知主义[放弃(1)保留(2)、(3)]不必采纳外在主义[放弃(2)保留(1)、(3)]不必采纳反休谟主义动机理论[放弃(3)保留(1)、(2)],相反应该坚持认知主义[保留(1)]、捍卫内在主义立场的正确性[保留(2)],并坚持理性主义(蕴含内在主义立场)方法将休谟主义动机理论精致化[保留(3)],否则就将陷入道德虚无主义。因此,在整本书中,捍卫内在主义立场的正确性是史密斯的论证核心之一。

他在捍卫内在主义立场时坚持的内在主义主张是:

如果一个道德主体把在环境 C 中做某件事的行为判断成道德上正确的,那么他将有在 C 中做这件事的动机,否则他就是实践非理性的。

不难发现,这一被史密斯称为概念性主张的观点是可废止的道德判断的内在主义立场。也就是说,虽然史密斯承认道德判断与动机之间存在概念上的联系,但两者之间的概念联系是可废止的。用他自己的话说,如果琼斯判断帮助遭受饥荒的人在道德上是正确的,那么只要琼斯没有遭受诸如意志薄弱、情感淡漠与绝望这样的实践非理性麻烦,琼斯就一定具有"帮助遭受饥荒的人"的动机。

简单地说,这一主张可以解释人们被道德劝说后改变道德行动方式的事实。比如,假设约翰是一个善良、意志坚强、情感良好且各方面都具有实践理性的人,如果汤姆成功劝说约翰承认"欺负他人是道德上错误的行为",那么当约翰改变了自己关于"其他他人"的行为的道德判断的时候(假定过去约翰认为欺负他人的行为在道德上是正确的),他就一定会获得不欺负他人的行动动机。显然,该主张意味着承认斯密斯所提出的内在主义立场,等于承认"人们改变自己关于已有道德问题的相应动机的时候重新做出了道德判断"①。

然而,"人们被道德劝说后改变道德行动方式的事实"还有另外一种解释方法:道德判断的外在主义方法。顾名思义,外在主义意味着道德判断与动机之间的关系可以进行外在于道德判断的解释,比如认为此处的动机来源于"善良、意志坚强、情感良好且各方面都具有实践理性的人"的动机性倾向。容易想到,内在主义解释是从道德主体所作出的道德判断中寻找相应动机的来源,外在解释则是从道德主体本身的角度去寻找。

史密斯认为外在主义者不可能在这个角度成功解释"人们被道德劝说后改变道德行动方式的事实",理由在于:道德性的解释必然是从言(de dicto)而非从物(de re)的,即道德性的动机应该来自道德表达本身的活动,与主体怎样理解或解读道德表达无关。例如,当我们从言的理解主体想要做正确之时,逻辑表达式是$\exists x(x$正确$\wedge$我做);当我们从物的理解时,逻辑表达式是$\exists x(x$正确$\wedge$我想做)。形象地说,人们只能设想到约翰承认"欺负他人是道德上错误的行为"时,他所产生的不欺负他人的动机来源于新做出的道德判断与他善良的道德动机之间的自发作用。即人们一定会否认约翰不欺负他人的动机来自不依赖相应道德判断的东西,比如应该做道德上正确的事的"道德信仰"。

伯纳德·威廉姆斯(Bernard Williams)反对伦理学强调无偏倚性时也提出过类似的理由。史密斯因此将威廉姆斯提出自己论证时所依赖的思想实验叙述出来以加强自己论断的效力。该思想实验被称作"想太多的人",内容是:设想一个人看到两个人意外地落入了水里,他们是自己的妻子和陌生人。这两个人都因为不会游泳而即将溺水身亡。这时,如果这个人选择救助自己妻子的行为来源于道德无偏倚性的动机,那么他的妻子有理由在道德上生气,因为自己的丈夫的想法是在疏远自己,"在相关方面完全把自己当成了陌生人"。因此,作为这个人的妻子,她完全有道德性的理由期望自己的丈夫不是"一个想太多的人",对选择拯救自己的生命有着"清晰明确的动机性想法"。

---

① Iakovos Vasiliou eds. Moral Motivation: A History[M]. Oxford: Oxford University Press, 2016: 111.

"欲望是否派生"是史密斯关于此的另一种解释。在他看来,如果道德判断的内在主义立场是正确的,那么相应的动机就并不是派生的;相反,认为道德判断与动机没有概念性联系的外在主义立场无法将相应动机看作是非派生的。例如,再次设想约翰是一个善良、意志坚强、情感良好且各方面都具有实践理性的人,他判断诚实守信在道德上是正确的,或者在道德上是被允许的。按照史密斯的"欲望是否派生"解释,道德判断的外在主义者必须要求此时的约翰具有"应该做道德上正确或被允许的事"的支配性欲望,然后该欲望再派生出"自己应该做道德上正确或被允许的事"的欲望。史密斯认为这样的事实不能被人们接受,因为人们必然认为像约翰这样具有实践理性的人应该直接拥有诚实守信的非派生欲望,而不是遵从其他支配性欲望所派生出的诚实守信欲望。

显然,以上史密斯关于道德判断的内在主义的叙述与证成存在以下两个问题,它们可以被外在主义者用来反驳内在主义:

第一,史密斯陈述的内在主义立场是无意义的。理由是"如果一个道德主体把在环境 C 中做某件事的行为判断成是道德上正确的,那么他将有在 C 中做这件事的动机,否则他就是实践非理性的"这一主张的"实践非理性"并没有明确且令人信服的定义,因此"实践非理性"等同于"处于可以破坏道德判断与动机之间概念性联系的状态",即史密斯的内在主义理论实际主张"如果一个道德主体把在环境 C 中做某件事的行为判断成是道德上正确的,那么他将有在 C 中做这件事的动机,否则他处于可以破坏道德判断与动机之间概念性联系的状态"。也就是说,这样的主张是一个完全琐碎的主张,它无法在任何哲学争论中立足。

第二,史密斯所谓的欲望派生与否区分并不明显,因为内在主义解释下的非派生欲望其实仍然是非派生的:在约翰诚实守信的例子中,虽然史密斯主张外在主义者需要将"应该做道德上正确或被允许的事"的欲望派生为约翰"自己应该做道德上正确或被允许的事"的欲望才能解释诚实守信判断导致的动机,但内在主义者也不能主张道德判断蕴含欲望,不能说成是欲望派生于道德判断。这也反映在"想太多的人"思想实验中,女人不满丈夫的原因不在于丈夫是出于符合道德要求的工具性欲望来救自己,而在于丈夫在决定救自己之外还拥有一种决定是否救自己的心理状态(这种状态是信念还是欲望并不重要)。所以,史密斯除非采用非认知主义立场才能将派生与非派生特征区别性地应用于内外在主义立场。然而这样一来,史密斯就放弃了自己全部解决道德问题的论证,因为他的论证目的是令认知主义、内在主义与休谟主义动机理论三种立场同时成立。

事实上,根据《牛津理由与规范性手册》所述,以上证成与辩护的理由同样被内外在主义者在争论"无道德者"问题上使用①。该争论可以简单地概括为:外在主义者主张做出道德判断而不实行该道德判断的无道德者是可以想象的,而内在主义者对他们所做出的概念性论证与采用的经验性事实进行了挑战。内在主义者使用的理由完全是唯一的,内容是:外在主义者论证中所谓的道德判断根本不是真正的道德判断,经验性实验中检测的道德判断也不是实质性的道德判断,即无道德者根本没有做出真正的道德判断。该事实意味着,道德判断的内外在主义争论起源于"道德判断"一个词出现了两个概念,它们分别具有了不同的含义,比如当我们在谈论执行道德判断的动机(是否遵循道德判断行动)的时候,我们实际上讨论的是两种动机:如果我认为约翰有说实话的动机,我就是在说"存在令约翰说实话的动机";如果我认为存在令约翰说实话的动机,我则是在说"即使约翰是一个不可救药的骗子,但世界上依然存在一个能使约翰说实话的独立于其能力的动机"。

因此,格林式实验伦理学的研究者在试图回应与道德判断概念相关的批评时,只要主张自己所研究的道德判断是内在主义或外在主义立场所支持的那种道德判断概念就足够了。这样可以寻找到许多难友。例如可以通过主张自己研究中所出现的道德判断是指在概念上蕴含动机的道德判断,从而借助道德判断的内在主义的支持者的辩护力量,避免批评者以道德判断与动机之间存在缝隙为由做出理性与情感的活跃性因此存在误差的指责。这样一来,格林式实验伦理学就成功地避免了多种基于更精致化立场的概念性批评。格林式实验伦理学的研究者也确实可以合理地这么做,因为格林式实验伦理学没有也没有必要对道德判断的类型给出实质性断言。

这种做法当然只能使格林式实验伦理学对基于道德判断类型的批评性论证做出部分回应,也就是无法完全规避来自道德判断的内外在主义立场的批评。因此为完成本节论证目标,笔者将在下一部分从肖恩·尼科尔斯与隆·马隆(Ron Mallon)对格林式实验伦理学所做批评着手,找到格林式实验伦理学彻底规避此类指责的方法:强调道德双加工理论与延展心灵理论,主张不局限于个人

---

① The Oxford Handbook of Reasons and Normativity[M]. Oxford: Oxford University Press, 2018: 361.

推理的道德判断理论。

4.2.3　基于延展心灵的道德判断理论

在名为《道德困境与道德规则》的文章中,尼科尔斯与马隆站在类似于道德外在主义的立场对格林式实验伦理学进行了指责①,他们认为:(1)道德行为中大脑情感区域活动量的显著增加之所以发生在天桥难题而不是道岔难题中完全是因为道德判断以外因素影响的结果,格林式实验伦理学错误地将"人身接触"与"情感"两个元素在概念上捆绑到一起;(2)人们处理道岔难题与天桥难题时表现出的差异是由于遵循习俗性规则导致的,并不由情感决定。前一指责成立的理由是:人们经常判定引起大脑处于高情感激发状态的包含人身接触的行为是道德上被允许的,比如自卫、战争、惩罚、教育自己的孩子。而且基于一些研究者的报告,他们还发现人身接触、大脑的高情感激发状态两种因素与道德错误性之间的关联存在文化与地域差异,比如拿破仑·查贡(Napoleon Chagnon)就报告巴西原住民亚诺马米人认为殴打自己的妻子在道德上是被允许的行为,西方文化普遍接受对男性施行割礼这样的人身接触行为是道德上被允许的。②

为了说明指责(2)的正确性,他们设计了一个能反驳格林式实验伦理学现有实验结论的实验:在这个实验中,人们关于道岔难题与天桥难题的不同反应将来自"情绪最小化且不包含人身接触"的社会习俗性规则。然后询问受试者新难题中的道德行动者是否有打破道德规则、在完整考虑的情况(即不只考虑道德因素)下这样的行为是否应该实施。当然,这一仍然使用问卷调查法做出的实验与格林式实验伦理学研究者所采用的道德两难问题略有不同——实验中被展示在受试者眼前的道岔难题与天桥难题描述不再涉及与人类生命相关的死亡:原有道德难题中的一人与五人的比较被替换成一个茶杯与五个茶杯的比较。

具体地说,茶杯版本的道岔难题与天桥难题描述信息如下:

新道岔难题:孩子的母亲明确禁止自己的孩子打破厨房柜台上的茶杯。孩子在厨房建立起了自己的铁路模型。不过,孩子并不经常守在该铁路模型旁边,因为孩子总是因为厨房中零食的存在而被吸引走注意力。一次,当回头注意铁

---

① Nichols S, Mallon R. Moral Dilemmas and Moral Rules[J]. Cognition, 2006, 100(3): 530-542.
② 转引自:Brown G R, Dickins T E, Sear R, et al. Evolutionary Accounts of Human Behavioural Diversity[J]. Philosophical Transactions of The Royal Society B: Biological Sciences, February 12, 2011.

路模型的时候,孩子发现自己的妹妹已经把厨房柜台的茶杯放在了铁路上。如果玩具火车继续在原来轨道上行驶,火车将不可避免地打破五个茶杯。孩子现在只能够通过把火车转向来改变这一结局,然而该做法将造成火车驶向第六个茶杯,这一个茶杯会因此被打破。孩子最终选择将火车转向,将一个茶杯打破。

新天桥难题:孩子的母亲明确禁止自己的孩子打破厨房柜台上的茶杯。孩子在厨房建立起了自己的铁路模型。一次,孩子的妹妹发现自己的哥哥正在将茶杯与玩具火车放在一起玩。她看到,火车即将撞向五个茶杯,撞碎五个茶杯。这时,自己正好坐在茶杯柜台上,茶杯柜台上有很多个茶杯,她可以通过将一个茶杯推向正在行驶的玩具火车,阻止五个茶杯被撞碎的厄运。当然,她的举动也是当时唯一有用的选择:妹妹知道自己可以推得很好,而且打碎另一个杯子是唯一拯救其他几个杯子被打碎命运的办法。妹妹最终将一个茶杯推向正在行驶的火车,该行为虽令一个茶杯被打破,但也使火车停止行驶,拯救了另外五个茶杯被打破的命运。

另一个依据天桥难题修改的新难题描述如下:

灾难难题:火车正在运送一种极端危险的人工制造的病毒到指定的安全位置进行处理。该病毒具有极强的传染性,它几乎总能在几周内导致感染者死亡。如果病毒被释放到大气中,数十亿人将因它死亡。事实上,如果这样的事情发生,地球上一半的人可能因为感染该病毒失去生命。乔纳斯是一名负责确保该病毒能够被销毁的科学家,并且他正站在天桥上看着运送该病毒的火车通过。当火车驶近天桥时,他通过双筒望远镜看到火车行驶前方的轨道上有一枚体积硕大的炸弹。他已经来不及通过与火车驾驶者沟通,令他们在火车撞向炸弹前停下火车了。乔纳斯知道,如果火车碾过炸弹,炸弹将爆炸,火车车厢将遭到损毁,病毒将被释放到环境中,灾难性的后果就将发生。此时,乔纳斯面前有一个身材庞大的陌生人。乔纳斯知道陌生人无法对炸弹的爆炸做出任何干预,但将他从天桥上推到火车轨道上,他的身躯可以阻止火车继续运行,从而阻止火车撞到炸弹,引起爆炸。相比于陌生人来说,乔纳斯的身材不足以使火车停下。乔纳斯最终选择将陌生人推下天桥,虽然这使陌生人失去了生命,但该生命阻止了炸弹的爆炸,拯救了数十亿被病毒感染后将要失去的生命。

依据以上三个难题,尼科尔斯与马隆完成了三个实验:①令每一个受试者都回应旧道岔难题、旧天桥难题、新道岔难题、新天桥难题(问题是:"道德行动者是否有打破道德规则、在完整考虑的情况下这样的行为是否应该实施");②按照分组,令受试者分别回应新难题与旧难题;③令受试者回应灾难难题。他们得到的实验结果是:与存在人身接触的难题回应方式相当,人们回应新难题时给出的答案也是在道岔难题中扳动道岔比在天桥难题中推下人更可行(前者比后者更违反规则),而且人们始终能够了解到仅考虑打破道德规则与完整考虑之间的区别(面对引起强烈情感反应的灾难难题时也是如此)。这意味着尼科尔斯与马隆实现了自己的实验预期,成功反驳了格林式实验伦理学的结论:道德判断与规则之间存在显著联系;相反,人们在做出不允许的道德判断时,这种判断与情感的活动与否不存在明显因果关系。

然而,笔者并不认为尼科尔斯与马隆成功的经验证据对格林式实验伦理学研究成果构成了威胁,因为自 2001 年那篇发表在《科学》上的论文后,格林再没有单独使用"情感"来描述自己的研究成果,而是为它添加了定语,即"社会性情感"。例如在 2004 年论文《道德判断中认知冲突和控制的神经基础》一文的导论部分,格林介绍自己的研究成果时说:"我们认为一些人身性的道德判断主要由社会性情感驱动,而非人身性的道德判断较少受到社会性情感驱动,它们更多地被(大脑)认知加工过程驱动。"①在 2014 年名为《道德部落:情感,理性,以及我们与他们之间的差距》的专著中,格林也强调大脑 VMPFC 区域受损的人更容易做出功利主义类型道德判断的原因在于他们有"社会性情感缺陷"。② 因此,依据格林式实验伦理学所谓的"情感"其实是"社会性情感"这一特征,我们可以设想出回应尼科尔斯与马隆提出的反例的解决方案:该解决方案能够将基于规则的道德判断理论包含在格林式实验伦理学研究成果的内部。

社会心理学史中社会性情感的研究有许多,其中最有名的一些研究认为这种情绪与人们社会性服从行为的出现有关。斯坦利·米尔格兰姆(Stanley Milgram)的服从性实验最具有代表性。在这个实验中,受试者被告知米尔格兰姆进行的是关于"体罚与学习效率关系"的实验,同时被告知自己将扮演学校中"老师"的角色,整个实验将会对隔壁房间的另一位扮演"学生"角色的参与者给予

---

① Greene J D, Nystrom L E, Engell A D, et al. The Neural Bases of Cognitive Conflict and Control in Moral Judgment[J]. Neuron, 2004, 44(2): 389–400.
② Greene J D. Moral Tribes: Emotion, Reason, and the Gap between Us and Them[M]. London: Penguin, 2014: 355.

"体罚":如果"学生"学会了自己给予的学习任务才不会被体罚。受试者并不知道这里的学生实际上是由实验人员假扮的,体罚也是假的。受试者在实验者不断的要求之下不自觉地对学生进行惩罚。实验结果是令人惊奇的,许多人都认为很少有人会狠下心来对陌生的学生进行惩罚,比如米尔格兰姆和同事们认为最多只有10%的人对他人施加最高伏特数的电击惩罚。然而真实的实验结果是60%左右的人都会对陌生人施加最高伏特的电击惩罚。①

相较于米尔格兰姆的实验来说,所罗门·阿希(Solomon Asch)的研究就更为细致,他发现人们在社会压力之下会承认明显错误的答案。例如,在实验中,阿希要求受试者判断三条线段中的哪一条与自己给出的标准线段在长短上相似,同时设置一个实验者假扮受试者来给出答案:前三轮实验中,这名假受试者都会给出正确的答案,但在第四轮实验中给出错误的答案(假受试者故意对自己眼前清晰且简单的正确答案视而不见、听而不闻)。实验的结果出乎意料:50—80%的受试者会选择同。②

约翰·萨比尼(John Sabini)与莫里·绥瓦(Maury Silver)认为上面的现象是由人们面对社会压力时出现的情感反应造成。这意味着拥有服从能力的道德主体在作出判断的时候之所以能够跟踪其他行动者的观点,是因为人们的心理结构如此。该事实可以被理解为道德判断只是人际关系调节的工具③。也就说是,人们作出道德判断时的目的仅仅是通过各种方法来调节和规范其他人的态度行为。它可以被总结为下面的主张:

如果一项行为违背了流行的社会观点,那么一个人就会认为该行为在道德上是不被允许的。

这一关于道德判断的社会性主张相当于将道德判断的概念进行了延展:道德判断不再局限于道德个体的内部。因此采用该概念后,研究者也不再需要从单一的角度来理解道德判断:道德判断既可能是关于信念(比如尼科尔斯与马隆所谓的规则)的表达,也有可能是关于非认知状态的表达,更有可能是两者间

---

① 托马斯·布拉斯. 电醒人心:20世纪最伟大的心理学家米尔格拉姆人生传奇[M]. 北京:中国人民大学出版社,2010:41.
② 转述自:Rozin P. Social Psychology and Science:Some Lessons from Solomon Asch[J]. Personality and Social Psychology Review,2001,5(1):2–14.
③ Sabini J, Silver M. Ekman's Basic Emotions:Why not Love and Jealousy? [J]. Cognition & Emotion,2005,19(5):693–712.

协同或拮抗的表达(比如"人身接触"与"情感"两种元素间的协同或拮抗),因为道德判断只是对社会主流观点的遵循。该事实意味着承认道德判断的内外在主义者所争论的道德概念确实不同,道德概念有两种或更多种,从而同时承认道德判断内外在主义两种立场的正确性。此种做法当然也将尼科尔斯与马隆对格林式实验伦理学做出的挑战解释掉了。

持有道德双加工理论的格林式实验伦理学显然可以采用类似这样的道德判断主张。因此,格林式实验伦理学能够完全规避基于道德判断的内外在主义立场的指责。

4.3 小结与前瞻:导向方法论困境

我们在本章中结束了研究者关于"伦理研究的自然主义立场"和"道德判断的内外在立场"的争论:本书不但成功通过考察开放问题难题、验证原则与科学主义指责说明格林式实验伦理学采用方法论自然主义立场的优越性,也通过强调道德双加工理论与延展心灵理论,证成格林式实验伦理学能够完全规避有关道德判断内外在主义立场的争论。

具体地说,此目的是通过下面的行文顺序完成的:

(1)通过考察自然主义立场的概念,笔者指出格林式实验伦理学所持有的方法论自然主义立场不会受到"实在性测试"的三个原因:i. 格林式实验伦理学仅仅企图使用自然科学方案提出有关伦理学理论的修正性定义;ii. 格林式实验伦理学采取的自然主义立场是非支配式的;iii. 格林式实验伦理学研究并不涉及自然主义立场的还原论与非还原论之争。这意味着大部分研究者基于自然主义字眼对格林式实验伦理学提出的挑战是无效的。

(2)通过考察摩尔提出的开放问题难题的论证,笔者指出研究者企图通过它对格林式实验伦理学进行挑战是不可能的,因为它自身存在三个问题:i. 难题论证中重要命题的辩护证据不充分;ii. 论证依赖分析悖论成立;iii. 论证需要指称与含义不存在区分。这意味着大部分研究者基于开放问题难题对格林式实验伦理学提出的挑战是无效的。

(3)通过考察逻辑实证主义理论中具有代表性的验证原则,笔者指出该原则本身相比格林式实验伦理学来说更应该受到挑战,理由在于:① 验证原则所依赖的逻辑实际上将导致任何陈述都能通过它的检验;② 验证原则模棱两可,它要么过于宽松,要么过于严格:宽松时所有陈述都能通过检验,严格时必须排除被经验科学认可的对象;③ "先验分析"与"后天经验"的区分可能并无道理;④ 验证原则可以被绕过。笔者在给出最后一个理由的时候构筑了一个符合格林式实验伦理学诉求的具体论证。这意味着大部分研究者基于验证原则对格林式实验伦理学提出的挑战是无效的。

(4)通过考察科学主义或伪科学论的代表性论证,笔者指出了普兰丁格的反自然主义的进化论论证的两个核心逻辑问题:i. 人类的信念并不完全是由进化决定的,普兰丁格必须考虑文化知识对信念而言的重要作用;ii. 自然主义研究方法并不是僵化的非黑即白的认识论方法,普兰丁格必须认识到自己的怀疑与基于自然主义立场的怀疑实质上是一样的:自然主义者知道自己难以发现真理,从而仅寻找或求助于不那么坏的"最佳解释推理"。这意味着大部分研究者基于科学主义或伪科学论对格林式实验伦理学提出的挑战是无效的。

(5)笔者通过列举两种有效的精致化摩尔开放性问题论证的论证,分析它们的实质,说明摩尔开放性问题论证所蕴含的根本主张,证明部分批评者关于格林式实验伦理学的立场性指责与道德判断的内在主义、外在主义争论直接相关。

(6)假设格林式实验伦理学采用道德判断的内在主义立场,笔者以史密斯的《道德问题》为例对内在主义立场这样样式众多的理论进行了概要性介绍,然后以外在主义视角对史密斯的论证给出反驳意见。论文此部分意图说明格林虽然可以通过占据道德判断的内在主义立场回避掉部分研究者关于"道德判断测试是否是关于大脑理性与情感的"指责,但仍然不可避免地遭遇基于道德判断的外在主义视角的指责。

(7)通过分析尼科尔斯与马隆站在类似于道德外在主义的立场对格林式实验伦理学所做的指责,笔者提出了延展心灵理论的应对进路。本书从而在强调双加工理论与格林式实验伦理学研究结果的包容性的基础之上,说明了道德判断的内外在主义者所分别持有的道德概念过于狭隘的理由,实现了格林式实验伦理学可以同时承认道德判断的内外在主义两者立场的章节论证目的。这种新应对进路几乎能够成功地将所有关于格林式实验伦理学的反例性挑战完全解释掉。

然而,这样七次论证存在两个明显的缺陷:

(1) 在第一部分论证中,笔者仅使用枚举法击破格林式实验伦理学的批评者提出的挑战,并没有在逻辑上给出完全辩护格林式实验伦理学所采用自然主义立场的方法或出路。

(2)在第二部分论证中,笔者所提出的延展心灵处理进路可能过于温和,将格林式实验伦理学研究结果的有效性变得琐碎。保留了批评者继续挑战其他问题的可能性。

因此,笔者将在下一章处理研究者可能基于如上两个逻辑缺陷将格林式实验伦理学的立场性困境延伸成理论方法困境的问题。

5 格林式实验伦理学的方法论困境和出路

研究者们针对格林式实验伦理学的方法论提出了许多批评:有人针对其研究方法的还原论性质,有人针对其论证方法。笔者认为这些指责最重要的两个方面在于主张格林式伦理学无法跨越价值理论与行动理论的界分、格林式经验性研究的论证不完备且效力不足。因此,本书将"价值与行动的鸿沟问题"与"论证方法与论证效力问题"当作格林式实验伦理学的方法论困境,并指出应对两者的出路:通过澄清规范性理由、驱动性理由、慎思性意义、解释性意义、心理实体等七种重要概念、辩护行动的因果-心理学说明的有效性、辩护两种驱动性理由,我们给出了前者的应对出路;通过主张归纳指责的无效性、主张格林式论证的溯因推理性质,我们给出了后者的应对出路。

5.1 价值与行动的鸿沟问题

研究者认为格林式实验伦理学必然面临价值与行动无法联结的重大困难:类似于意识难题中的意识与身体,价值与行动两者也被认为很可能无法统一,因而完全是二元的。它们通常是来自两个方向的批评意见:其一,格林式实验伦理学即使指出了何种价值理论在一定的条件下更有意义(比如相比于义务论来说,功利主义更适合处理新鲜的突发性事故),这样的发现也无法被应用于行动理论中,因为格林式实验伦理学做出该发现的时候已经预设价值理论与行动理论两者在理论上无法被分离;其二,由于格林式实验伦理学无法否认"价值理论与行动理论可以分离"的理论可能性,所以格林式实验伦理学无法将两者弥合在一起,从而极大地降低自身研究成果的价值:其所采用的理论方法甚至最多只能给道德哲学研究领域带去噱头。[1]

不难发现,以上两个方向的批评都在诉诸价值理论与行动理论之间的沟壑

---

[1] 参见:Berker S. The Normative Insignificance of Neuroscience[J]. Philosophy & Public Affairs, 2009, 37(4): 293-329.

问题。在哲学史上,认为它们两者间存在沟壑的观点经常被简化为驱动性理由与规范性理由之间的问题。该问题经常被表述为:驱动性理由与规范性理由的本体论性质不同,但相关研究者却普遍持有 CPAA,因而这类研究无法正确地研究两者。它们之间的沟壑有时也被研究者表述为:由于驱动性理由与规范性理由的性质不同,所以 CPAA 不能像笛卡儿的松果腺那样将两者联合起来,因此承认 CPAA 的研究是错误的。这些论证显然是关于 CPAA 这一理论方法的反对性主张。此种归谬逻辑意味着,如果 CPAA 本身是正确的,那么驱动性理由与规范性理由将并不会因研究者持有 CPAA 而变得更无法弥合,或者显得更无法弥合。

因此,为了说明格林式实验伦理学可以应对价值与行动困难的挑战,笔者将指出研究者批评 CPAA 时出现的失误,并给该理论做实质性的[①]有效性辩护。具体来说,笔者将首先澄清驱动性理由、规范性理由与 CPAA 三者的概念,其次以这些概念为基础清晰说明以它们为据的反对 CPAA 的归谬论证的实现步骤,最后为该 CPAA 的最温和版本的有效性做出辩护。如此一来,我们将在此意义上成功填平横亘在格林式实验伦理学前的价值与行动沟壑。

5.1.1 七种重要概念的澄清

5.1.1.1 规范性理由

规范性理由通常是指客观上支持某项行动的实体。许多哲学家认为这样的实体不需要与行动者的心理关联,其中比较有代表性的有迈克尔·史密斯、托马斯·斯坎伦(Thomas Scanlon)、德里克·帕菲特(Derek Parfit)、乔纳森·丹西(Jonathan Dancy)。例如在《道德问题》中,史密斯指出:"说某人具有一个规范性理由去做某件事,就是说,存在她去做那件事的规范性要求,并且,她正在做的那件事是从产生出要求的规范性系统的角度得以辩护的。"[②]从这定义性的表达中,我们可以知道史密斯认为规范性理由是一种来自行动者外部的要求,也就说是,能够支持行动者实施某项行动的东西可能是有关他周围环境与其他人的事

[①] 笔者认为,如果通过讨论得出该理论兼容所有驱动性理由与规范性理由概念的温和版本,该理论在遭遇批评的时候没有问题,那么我们就成功地为所有因果-心理理论的有效性做出了辩护。理由是:(1)温和版本的理论是所有试图规避该理论的批评者都应该面对的;(2)怀疑论式批评者的挑战应该面对温和版本的理论仍然有效;(3)由于温和的论证承认对立立场的更多命题,所以争论双方能够更有效和更有意义地呈现自己的观点;(4)关于温和版本的因果-心理理论的讨论结果更有意义,因为适用范围更广。

[②] 迈克尔·史密斯. 道德问题[M]. 林航,译. 杭州:浙江大学出版社,2011:94.

实或命题:类似"不会游泳的孩子落入水塘"这样的事实可以客观地对道德行动者提出行动要求。

5.1.1.2 "出于"或"符合"要求

按照康德在《道德形而上学基础》中的说法,我们知道"出于"与"符合"要求两者之间是存在差别的:他认为出于义务的行动与仅仅符合要求的行动两者存在显著差别。① 因此,出于规范性理由的行动与仅仅符合规范性理由的行动两者是迥然不同的,例如在关于"不会游泳的孩子落入水塘"这件事情上,符合规范性理由的行动是:下水救孩子为了获得奖励,而出于规范性理由的行动是指"下水救孩子"的行为受到了行动者本能的驱使。因此,分辨行动者是"出于"还是"符合"规范性理由的要求行动,关键在于考察该行动者是如何被规范性理由驱使实施自己的行动的。

5.1.1.3 驱动性理由

驱动性理由在哲学文献中的含义并没有基本的定论,许多研究者建议应该避免或至少在消除歧义的情况下使用该术语。从哲学史中,我们可以发现这一在本书即将辩护的原因-心理理论中起决定性作用的术语主要包含两种性质的意义:慎思性与解释性。

5.1.1.4 慎思性意义

较为有名的将驱动性理由与规范性理由进行区分的研究者是对原因-心理理论提出反对论证的丹西。在他看来,所谓驱动性理由实际上意味着人们关于激励性的慎思性考虑:慎思性过程就是"对每一个行动来说,行动者采取行动的理由,这样的理由可以看作是说服行动者行动的东西。当我们在这个意义上使用理由概念的时候,它就被认为是驱动性的"②。这意味着,慎思性的驱动性理由并不仅仅表现为行动者做了一个决定;相反,它表现为行动者的慎思过程得出行动结论的富有积极性地思考。该积极性思考就是使行动者被"说服"的方式,是使行动者采取行动的方式。简单地说,这样的思考可以被简单地概括为对行动者有利因素的思考。

丹西认为该理由不必然具有解释功能。也就是说,虽然慎思性思考可以驱

---

① 伊曼努尔·康德.道德形而上学基础[M].陈少伟,译.北京:中国社会科学出版社,2009:121.
② Jonathan Dancy, Constantine Sandis eds. Philosophy of Action: An Anthology[M]. Hoboken: John Wiley & Sons, 2015:195.

使行动者行动,能够让行动者觉得自己将要实施的行动对自己来说具有价值,但慎思性理由并不意味着关于行动的解释,因为该理由是基于理由内容本身的,即它是关于行动者的思考本身的,不是关于行动者的信念与其外在事实的。我们知道,哲学家们普遍认为关于行动的解释必须是:行动者是否相信理由的内容,或者是否被该理由的内容所劝服。或者粗糙地说,慎思性理由应该被理解为"心理状态的内容在(行动者)慎思状态中起的驱动性作用"。例如,当有人相信户外正在下雨并因此决定带上伞的时候,他的驱动性慎思就是"户外正在下雨"本身,而无关于户外是否真的在下雨。

5.1.1.5 解释性意义

刚好与丹西相反,史密斯则主要是在解释性的意义上使用驱动性理由这个术语。他把驱动性理由定义为一种能够将单纯行为的行动与有理由的行动区分开来的东西。唐纳德·戴维森(Donald Davidson)也同样如此看待驱动性理由。支持这种定义的哲学家们普遍认为解释性因素与行动者的心理状态有关。也就是说,解释性因素是诸如事实、命题、事件这样的东西。这当然意味着,当行动者相信"户外正在下雨"时,"户外正在下雨"这样的内容并不仅仅只在他的慎思过程中发挥作用,而且也是"关于行动者的信念与其外在事实的"[1]。

显然,慎思性的驱动性理由与解释性的驱动性理由两者并不相同。我们可以简单地把它们的区别理解为"驱动性"上的不同:只要驱动性的慎思能够使一个行动在行动者的慎思过程中表现出吸引力,那么驱动性的慎思就能够驱使行动;解释性意义上的驱动性理由则要求该理由能够解释行动者实施该行动的原因。这样一来,两者的关系就是一个关于研究者是否承认驱动性慎思(使得行动具有吸引力的思考)是行动的解释因素的问题。即如果研究者承认解释性因素可以是非事实性的,那么慎思性的驱动性理由是与解释性的驱动性理由相同的。不过,我们需要注意到,这样的情况不太可能发生,因为能够提供解释作用的是信念、事实、命题或事件,而不单纯是信念的内容。这也是戴维森与史密斯同样认为解释性因素是心理状态本身的原因(行动者带伞的理由使他相信"户外正在下雨")。

---

[1] Renée Jeffery. Reason and Emotion in International Ethics[M]. Cambridge: Cambridge University Press, 2014: 185.

总而言之,以上两种概念的明显区分在于:慎思性的驱动性理由从定义上说是关于心理状态的内容的,这样一种内容能够在行动者慎思时支持行动的发生;解释性的驱动性理由的定义则是取决于解释因素理论的,依据该理论的主张,解释性理由可以关于心理状态的内容、关于心理状态的事实与命题,或者心理状态本身。这意味着在概念上辨析两种驱动性理由概念何者正确是不太可能的,因为它们在行动者实施行动时可能并不互相排斥,可以共同发生作用。所以,我们应该同时考虑以上两种性质的驱动性理由概念。

5.1.1.6 行动的因果-心理学说明

温和的行动的因果-心理学说明是指行动可以与如单纯行为这样的其他事件区分开来,也就是说,行动者的行动仅仅在特殊的解释方式上与某种心理实体相关联。按照大卫·威尔曼(David Velleman)的说法,这样的行动的因果-心理学说明因为戴维森颇具影响力的论文《行动、理由与因果》(*Actions, Reasons and Causes*)而被人们所熟知并被称为"标准故事"①,它承认休谟式的信念-欲望模型。不过,我们知道信念-欲望模型的版本众多,比如艾尔弗雷德·米尔(Alfred Mele)和洛克认为信念与欲望组合实际上仅仅需要欲望,或者两者能够完全地被信念替代。② 另外丹西认为行动不能被心理状态解释,相反只能被关于心理状态的事实解释。这些内容依赖于"心理实体"概念。它们在我们即将进行的辩护论证中将被完全考虑。

5.1.1.7 心理实体

"心理实体"是一个概括性词语:它既指心理状态,又指相关于心理状态的事件、事实与事态。准确地说,所有与心理状态相似或相关的实体都是心理实体。比如,当我们的信念是阳光灿烂时,它就类似于心理状态。而且我们也应该注意到,倘若有人因此形成了"阳光灿烂"的信念,"相信'阳光灿烂'"是事实、事态或命题,那么"阳光灿烂"就是关于心理状态的实体。这意味着,心理状态与非心理实体的组合也可以被看成复杂的心理实体。例如,欲望与非心理事实的组合构成的规范性理由就可以看作是心理实体。如此一来,我们接下来将要进行的论证中所谓的"非心理实体"就是一个对照性的概念,它仅指不符合上述要

---

① 转引自:David Owain Maurice Charles. Agency and Action[M]. Cambridge:Cambridge University Press, 2004:2。

② Alfred R. Mele. Motivation and Agency[M]. Oxford:Oxford University Press, 2003:30.

求的实体。或者粗略地被表述为：不与心理状态相联系的事实（如单纯"阳光灿烂"的事实）就是非心理实体。另外，值得强调的是，本书所谓的心理实体与非心理实体都是相对于行动者而言的，它们是关于行动者的心理状态，或者与行动者心理状态有关的实体。

以上事实意味着 CPAA 包含三个假设：

(1) 这一类行动的特征是其目标性。

(2) 行动者的目标是被某种心理实体指定的。

(3) 该目标与心理实体的因果解释方式有关。

这些假设的存在使 CPAA 理论可被表述为：

当且仅当存在心理实体指定了行动 A 的目标，并且能够被心理实体因果性解释时，A 是行动。

通常该理论都是基于某种规范性理由或者解释性概念来表述的。比如，依据解释性概念，驱动性理由就是能够以某种特殊方式解释行动的实体，解释性方式能够将行动与单纯的行为区分开。也就是说，按照 CPAA，相对于单纯的行为，行动与行为的区分取决于两者能否被具有目标特质的心理实体解释。

这意味着，当解释性的规范性概念应用于 CPAA 时，CPAA 可被表述为：

当且仅当行动 A 出于心理实体的驱动性理由，A 是行动。

许多研究者批评 CPAA 时针对的就是上面的表述。比如丹西与弗雷德里克·斯陶特兰（Frederick Stoutland）认为上面这样的驱动性理由实际上被歪曲了，理由是：在许多行动中，驱动性理由并不是心理实体，只能作为非心理实体。[①]

5.1.2 辩护行动的因果-心理学说明的有效性

由于本书要处理的反对 CPAA 的论证是基于归谬法做出的，所以笔者将它简称为归谬论证。它的总体意图是指出驱动性理由、规范性理由与 CPAA 不兼容。该兼容性悖反在于：当我们为了非心理性的规范性理由而行动的时候，驱使行动的驱动性理由将等同于规范性理由，因而变成了非心理性的东西。然而，CPAA 指出驱动性理由是心理性的。更进一步的矛盾是：我们已经说过非心理

[①] Martin Gustafsson eds. Philosophical Topics: Essays on the Philosophy of Frederick Stoutland[M]. Jonesboro City: University of Arkansas Press, 2016: 118.

性的东西如同否定心理性,既然如此,驱动性理由就没有办法既是心理性的又是非心理性的。

上面的论证可被重构为如下步骤:

P1:存在许多令行动者行动的规范性理由是非心理性的,它们并不关涉行动者的心理。

P2:如果行动者出于规范性理由行动,那么该规范性理由将等同于他的驱动性理由。

C1(P1+P2):存在一些行动使得行动者的驱动性理由是非心理性的。

P3:如果 CPAA 是正确的,那么对于每一个行动来说,行动者的驱动性理由都是心理性的。也就是说驱动性理由是一个关涉行动者心理的实体。

C2(C1+P3):CPAA 是错误的。

显然,以上论证中的许多概念都是模糊的,都存在解释的空间。例如人们至少有两种理解 P2 的方式:(1)如果行动者的行动是出于规范性理由的,那么该行动将有唯一的实施该行动的驱动性理由,并且该驱动性理由与规范性理由相同;(2)如果行动者的行动是出于规范性理由的,那么该行动将至少有一个驱动性理由,并且该驱动性理由与规范性理由相同。而且我们已经论述过,研究者认为驱动性理由有慎思性意义与解释性意义两种。

P2 命题的多种理解方式是本书即将做出辩护的重点。在具体叙述它们之前,我们得先对消解 P1 命题的多样性。

通常,当人们想询问规范性理由的时候,都会要求非心理性地考虑,比如:"为何我应该离开房子?","因为房子着火了";"我有什么理由不喝这只杯子里的水?","因为它正盛放汽油"。也就是说,日常语言让我们认为许多规范性理由是非心理性的。不过有时候心理状态也会参与到关于规范性理由的问答上来,比如"为何约翰应该去看心理医生","因为他相信自己能飞"。不过丹西认为这样的情况只是特例。这样的两种事实确实对 P1 的合法性构成了挑战,因为我们可以认为"因为房子着火了"和"因为它正盛放汽油"的成立需要心理预设,例如房子着火之所以对我来说是一个离开房子的理由正因为我想要活着:在回答"为何我应该离开房子?"时,合理的理由可以是"因为你不希望被烧着的房子损坏身体"或者"如果不这样做的话,你将感到痛苦"。然而,我们知道,这样认为所有的规范性理由都是心理实体的说法会造成道德问题,因为在人们看来道德性的行动理由应该是独立于欲望和感受的。例如,许多人认为"不会游泳的孩子落入水塘"的事实是下水拯救孩子行动的道德理由,这样的道德理由对于那些不希望通过下水救孩子获得利益的人来说仍旧是有效的。这样一来,道德理由就最多被包含在他人的欲望与感觉中,而不是道德行动者的感觉中。

不过需要注意的是,反对 CPAA 的论证并不只关涉实体的心理属性与否,而且也关涉这种实体与行动者的心理状态之间的关系。因此,即使所有的规范性理由都与心理状态有关,比如认为它与欲望的实现有关,但只要规范性理由仍然涉及行动者以外的人的心理状态,那么反对 CPAA 的归谬论证就仍然可以实现。不过我们必须注意到,承认道德性的规范性理由全都与行动者的心理状态有关是不正确的,因为这样的事实与人们的常识相悖。因此该论证的 P1(至少存在行动者为了道德理由而行动)就是正确的。当然,我们据此也可以想象出驱动性理由并没有关涉行动者心理的反例(CPAA 也主张所有的驱动性理由都是关涉行动者心理的)。由于同样的理由,这样的反例依然是不奏效的。

然而,即使有人不承认道德理由存在,反对 CPAA 的论证仍然成立。例如,迈克尔·伍兹(Michael Woods)和富特可能持有不承认道德理由存在的主张:她们认为被应用于人的道德要求独立于人的心理状态,或论断说道德要求的存在并不意味着人们有服从它的道德理由。他们曾指出理由只能来自理性的要求而不是道德的要求(一个人完全可以是理性的但不遵守道德要求)。① 这意味着关于规范性理由的理性解释包含着一种被称作休谟式理性理论的工具理性观点。该事实令我们发现,如果人们拥有实施某个行动的规范性理由,那么他必须被工具性地要求这么做。即工具性的道德要求蕴含道德理由。如果该主张是正确的,那么道德理由将不存在,所有的规范性理由都是心理性的。在这个意义上,我们确实可以认为反对 CPAA 的归谬论证是不成立的。然而我们需要注意到富特、斯坎伦、帕菲特和布鲁姆其实也认为道德理由存在,他们只是不通过理性要求来定义规范性理由,或者认为理性的人们都将遵守道德要求。

另外一种挑战 CPAA 的无效论证方法是否认道德与理性要求的存在,或者认为道德要求或者理性要求在应用于人时独立于人的心理状态,从而主张非心

---

① 参见:Woods M, Foot P. Reasons for Action and Desires[J]. Proceedings of the Aristotelian Society, Supplementary Volumes, 1972, 46: 189–210.

理性的规范性理论不存在,即规范性理由必然是心理性的。比如一个人可能既没有拯救不会游泳却落入水塘的孩子的欲望,也不会因为做了这件事而感到愉悦。马克·施罗德(Mark Schroeder)就持有这样的看法。不过在他看来,通过精巧的论证可以证明:即使我们没有利他性欲望和感觉,这种主张也并不会导致人不为人(变成动物)以及人完全无法被要求的麻烦。[①] 这种精巧论证是否有效存在很大争议,并且当我们采用这样的极端性论证来支持 CPAA 时,这种 CPAA 立场也就变得不再温和了。因此,这样一种辩护方法本书不会采用。

我们对以上两种反驳的说明足以表明基于归谬法做出的反对 CPAA 的论证不会受到威胁,因为支持"所有规范性理由都是关涉行动者的心理实体"主张的代价太高,该主张要么会否认道德理由,要么会导致其他不可接受的问题。具体地说,总结性的理由是:如果所有的规范性理由都是关涉行动者的心理性实体,或者这些规范性理由都完全拥有心理性的背景条件(因而不是非心理性的实体),那么这类观点必然肯定道德理由与行动者心理之间的关联。但是,道德理由与行动者的心理存在必然联系将导致许多立场性的错误,甚至导致道德虚无主义。而且,即使我们像施罗德那样为休谟式的规范性理由辩护,同意规范性理由经常扮演非心理实体的角色,也就是承认欲望完全是规范性理由的背景条件,这种不再温和的新 CPAA 立场仍然会受到归谬法的挑战。

5.1.3 辩护两种驱动性理由

5.1.3.1 慎思性驱动性理由

假设 P2 所谈论的驱动性理由是慎思性的驱动性理由,也就是说,拥有这种类型驱动性理由的行动者因为某些信念而被驱使实施行动(因被"说服"而相信某些东西)。这样的归谬性论证可被重构如下:

P1:存在许多令行动者行动的规范性理由是非心理性的,它们并不关涉行动者的心理。

P2′:如果行动者出于规范性理由行动,那么该规范性理由等同于他的驱动性慎思。

C1′(P1 + P2′):存在一些行动使得行动者的驱动性慎思是非心理性的。

[①] Schroeder M. Slaves of the Passions[M]. Oxford:Oxford University Press,2007:17.

P3′：如果 CPAA 是正确的，那么对于每一个行动来说①，行动者的驱动性慎思都是心理性的。也就是说，驱动性慎思是一个关涉行动者心理的实体。

C2(C1 + P3′)：CPAA 是错误的。

不难发现，P3′中的"驱动性慎思"与 P2′中的"驱动性慎思"并不是同一个东西，因为 CPAA 所关涉的仅仅是行为的解释，并不是行动者的驱动性慎思。例如，如果人们实施"下水救孩子"的行动是出于"不会游泳的孩子落入水塘"这样的规范性理由，那么按照 CPAA，他的行动是因为自己有"不会游泳的孩子落入水塘"的信念才实施的。这种信念显然不像 P3′所谓的那样关涉行动的心理因素。也就是说，作为驱动性慎思的驱动性理由可以同时是非心理性的，因为 P2′仅要求它具有驱动性心理状态的内容（P3′不要求行动者所具信念的驱动性包含心理性内容）。所以归谬论证中所谓的驱动性理由、规范性理由、CPAA 三者间不兼容的问题没有在这里出现。

然而，这样的说明并不符合本书的目标，因为笔者并没能成功论证"即使规范性理由不是心理性的，驱动性理由也仍然可以是心理性的"：上面只是简单地指出当规范性理由是非心理性的，那么驱动性考虑也是心理性的，相当于说，如果规范性理由不是心理性的，那么慎思性意义上的驱动性理由也不能是心理性的。

5.1.3.2 解释性驱动性理由

假设 P2 所谈论的驱动性理由是解释性的驱动性理由。这意味着当行动者出于规范性理由行动的时候，该规范性理由等同于行动的解释性因素，这种解释性因素可以将行动与单纯的行为区分开，即 P2″：如果行动者出于规范性理由行动，那么该规范性理由将等同于该行动的解释性因素，这样的解释性因素可以将行动与纯粹的行为区分开。

如果我们假设命题中的"等于"没有问题的话，该命题就是正确的。也就是说，如果人们实施"下水救孩子"的行动是出于"不会游泳的孩子落入水塘"这样的规范性理由，那么该行动将可被"不会游泳的孩子落入水塘"的解释性因素完全解释。

---

① "对于每一个行动来说"虽然确实是一个可以用来构建反驳的要点，但主张这方面的问题相当于修改因果-心理理论的版本。本文已经交代将为温和版本的因果-心理理论辩护，所以我们这里并不考虑该反驳的实现可能性。

然而,我们需要注意这里的解释存在多种含义,比如解释可能是因果性的、非因果性的与非因果非事实性的,非因果解释又包含目的性解释、关于未来的逆向解释(backwards explanations)、倾向性解释[①]。而且,解释性还可能同时是非因果性与非事实性的。即这些解释的存在可以使归谬论证不成立。

例如,丹西就做出过这样的主张。粗略地说,他认为当命题是驱动性考虑的时候,该考虑所驱动的行动可以被这一命题解释。这样的解释方式显然不需要命题为真:仍以"不会游泳的孩子落入水塘"为例,行动者冲进池塘的行为如果是因为他相信"不会游泳的孩子落入水塘",那么即使该信念是错误的,他的行动仍然可以被"不会游泳的孩子落入水塘"解释。[②] 这意味着解释性因素既是非事实性的,也是非因果性的,理由在于:"不会游泳的孩子落入水塘"信念是假的,并且假的东西不能作为事件的原因。

不过,研究者确实以上面的行为是特设的为由来反对非事实性的解释存在,比如帕梅拉·杰罗姆(Pamela Hieronymi)就认为非事实性的解释只适用于行动者有意的行动,如果行动者的行动是非故意或者下意识做出的,比如进行无意识的道德回应,那么假的信念在直觉上就显然不能被算作对该行动的解释。但这种辩护显然不能使归谬论证成立,因为研究者无论怎样否认解释类型的多样性也无法找到办法说明 P2″中的解释有且只有一个,即主张将行动与纯粹的行为区分开的解释仅有一个。

简单地说,对于一个行动来说,存在多种不同的解释因素,并且在解释性意义上的驱动性也是多种多样的。

因此,鉴于 CPAA 并不要求非因果或非因果非事实的解释因素是心理性质的,所以 P2″的正确并不能说明 CPAA 不正确。即下面的归谬论证不正确:

P1:存在许多令行动者行动的规范性理由是非心理性的,它们并不关涉行动者的心理。

P2″:如果行动者出于规范性理由行动,那么该规范性理由将等同于该行动

---

① 例如行动者之所以冲进池塘的水里出于规范性要求,而且行动者倾向于通过做规范性理由要求的事来跟踪规范性理由。这样的解释方式并不需要预设"不会游泳的孩子落入水塘"的规范性理由是行动的原因,因为跟踪一个理由并不需要与该理由发生因果关系(比如跟踪理由只是为了回应某些东西)。

② Dancy J. Practical Reality[M]. Oxford: Oxford University Press, USA, 2000: 131 – 137.

的解释性因素,这样的解释性因素可以将行动与单纯的行为区分开。

C1″(P1+P2″):存在一些行动的解释因素(而且这个心理解释可以将行动与纯粹的行为区分开)是非心理性的。

P3″:如果 CPAA 是正确的,那么对于每一个行动来说,存在一个行动解释是心理性的(而且这个心理解释可以将行动与纯粹的行为区分开)。

C2(C1+P3′):CPAA 是错误的。

可以想象归谬论证的辩护者还可以将 P2″限定得更加细致。从强到弱这些命题的内容依次是:

P2‴:如果行动者出于规范性理由行动,那么该规范性理由将等同于该行动的因果解释性因素,这样的解释性因素可以将行动与纯粹的行为区分开。

P2″″:如果行动者出于规范性理由行动,那么该规范性理由将等同于该行动的因果解释性因素,这样的解释性因素可以将行动与纯粹的行为区分开。并且根据 CPAA,该解释性因素是心理性的。

P2″″′:如果行动者出于规范性理由行动,那么该规范性理由将等同于该行动的因果解释性因素,这样的解释性因素可以将行动与单纯的行为区分开。并且不存在其他的关于行动的解释可以将其与纯粹的行为区分开。

但我们认为这些做法全都在逻辑上无法成立,具体理由如下:

P2‴不成立的理由是:这种限定需要进一步的论证支持,因为出于规范性理由的行动并不需要蕴含规范性理由与行动具有因果关系。并且,这种因果性解释并不必然是 P3″提到的那种,即 P2‴与 P3″可能指的不是同一种因果性解释,该事实意味着由于数量的关系,因果解释性因素可以同时是心理性和非心理性的。

P2″″不成立的理由是:"根据 CPAA,该解释性因素是心理性的"主张没有论证支持,并且 P2″″中的因果性解释因素同样不必然是 P3″中提到的那种。

P2″″′不成立的理由是:如此的主张不再以归谬法来反对 CPAA 的有效性,而是建立了一种新的否认解释多样性的理论。也就是说,由于它需要直接对 CPAA 做出反驳,所以论证的话题被转换了。

总的来说,本书的论证目标("即使规范性理由不是心理性的,驱动性理由也仍然可以是心理性的")在这里得到了实现,我们找到的理由是下面两点:

(1)归谬论证中多个命题提到的驱动性理由可能所指并不同。

(2)同一个行动可能有多个驱动性理由。

至此,我们通过为最温和版本的 CPAA 辩护,成功说明格林式实验伦理学可以应对价值与行动无法联结的难题。

5.2　论证方法与论证效力问题

对格林式实验伦理学最有冲击力的批评在于从逻辑上指出它所得到和采用的证据类型根本无法得出有力的伦理学结论,从而使这种研究无法被看作有效的实质性的规范伦理学研究。并且,研究者在做出该进路指责时通常会在论证中掺杂关于格林式实验伦理学的论证效力的批评,马太·廖(Matthew Liao)编写的《道德大脑:神经科学的道德研究》中的研究者就普遍采用了这样的方法。他们持有的理由是:经验事实与理论之间不存在逻辑通道。[1]

笔者认为该指责进路的本质在于对经验科学研究中论证方法与论证效力的挑战,但这样的挑战难以说明格林式实验伦理学"根本无法得出有力的伦理学结论"。原因主要是:(1)研究者通过将经验性证据与理论性证据进行区分,令格林式实验伦理学被割裂成了两个部分——它的经验性研究与理论性研究不存在明显关联,使得格林式实验伦理学所犯的证据性错误被放大;(2)研究者通过坚持有关格林式实验伦理学证据的反例拥有直接和强大的力量,令格林式实验伦理学显得没有渠道消化反例,而且还依据归谬论证式的平行论证使得格林式实验伦理学研究的成果失去了被经验检验的价值。它们意味着,格林式实验伦理学的批评者由于过度强调经验科学研究中与证据相关的词汇与分歧,混淆论证方法与论证效力的区分,使得格林式实验伦理学研究的旨趣与价值被过度简化和看低。

因此,本书将从科学哲学史的角度来对这一挑战作出回应:对论证方法与论证效力的谬误进行澄清,并为格林式实验伦理学给出应对该谬误的出路。具体来说,为实现该目的,笔者将首先论证科学研究者所采用的研究方法并非如批评者所想的那样需要过分强调证据,然后通过强调经验科学研究方法的多样性来说明解释困惑性观察[2]的推理类型在逻辑上也是可能的(即格林式实验伦理学的研究方法在逻辑上是可行的)。以上两个论证足以说明研究者基于论证方法

---

[1] 参见:Liao S M. Moral Brains: The Neuroscience of Morality[M]. Oxford: Oxford University Press, 2016.

[2] 参见:刘大椿,等. 分殊科学哲学史[M]. 北京:中央编译出版社, 2017.

与论证效力的谬误对格林式实验伦理学做出的挑战是不合理的。

5.2.1 归纳指责的无效性

研究者普遍认为科学研究者都遵循归纳法传统,因为他们在进行科学研究时需要至少主张两种观念:其一,科学研究者必须知道某些科学原理、方法、理论或规律是真理,或者它们在一定的概率意义上被表明是真理;其二,科学研究所得的成果只能依赖于客观的观察实现,所发现的规律、理论的真理性只能通过归纳法证明。这样两种观念在哲学史上被称为归纳主义。可以想象,持有这两种主张的人容易认为归纳法是所有推理的基础,甚至以为每一种有效的推理,比如三段论都只是归纳法的变形。事实确实如此,牛顿、穆勒就曾经鼓吹归纳主义立场,20 世纪初量子理论的创立者普朗克也反复强调该立场的先进性,指出科学研究除了归纳法以外别无他法。[①]

归纳法的论证步骤是:

P1:M = {a, b, c, d, e, f, g, ……z, ……}

P2:a–P, b–P, c–P, d–P, e–P, f–P, g–P, ……z–P

P3:如果 a,b,c,d,e,f,g,……z 元素在各种条件下都被观察到无例外地具有性质 P,那么 M 集合中的所有元素都具有性质 P。即单称陈述将变为全称陈述。

C:M–P 或 M = {x/P}

即当集合 M 所包含的元素具有性质 P 的时候,原来每一元素与 P 之间对应的单称陈述就能变为每一具有 P 性质的元素都能被 M 集合包含(或 M 集合包含每一具有 P 性质的元素)的全称陈述。

为防止轻率、片面与以偏概全等错误出现,归纳主义者对 P1、P2 命题提出了限制条件:

(1)P1 应是可靠的,即作为归纳基础的经验性陈述是可靠的。

(2)P 命题中 M 集合元素的数量必须多,即经验性陈述的数量必须多。

(3)P1 的正确性必须能在多种不同的条件下重复实现,即经验性观察应在相当不同的条件下予以重复。

[①] 江天骥. 逻辑经验主义的认识论-当代西方科学哲学-归纳逻辑导论[M]. 武汉:武汉大学出版社, 2012:12.

(4) 不存在关于 P2 正确性的反例,即"无一反例"。

但是,我们知道,理论是全称陈述,关于实践活动的经验观察却是单称陈述,即理论是对所有对象属性的描述,而经验观察仅仅对相关对象属性做出描述。两者的区别在于特指与单指。① 这意味着经验和理论之间存在鸿沟,同时支持以上两种观念的归纳主义者在跨过它的时候必然引发逻辑和认识论方面的难题。该难题在哲学史上常常被称作认识论的休谟问题:休谟指出归纳论证是循环论证,因为虽然 P3 的正确性需要被说明,但证成它的方式只能通过 P3 本身。

也就是说,作为归纳论证成立的基本条件之一的 P3(被称为归纳原理)所依据的也是 P3。在形式上,休谟认为人们证成归纳原理的论证只能如下:

命题 1:P3 在 x1 场合下正确

命题 2:P3 在 x2 场合下正确

命题 3:P3 在 x3 场合下正确

……

P3′:如果 P3 在条件 x1、x2、x3……下都被证明为正确的,那么 P3 将被证明为在任何条件下都是正确的。

结论:P3 在任何条件下都是正确的。

以此理由批评格林式实验伦理学的研究者就是以上面的事实(归纳原理的正确性无法在理性上被正确证明)为理由来批评格林式实验伦理学的研究成果在理论上只具有可能性,或者温和的断言格林式实验伦理学的研究结果只能随更多实验结果的发现而提高自己为真的概率。

然而,笔者认为研究者以为格林式实验伦理学必然遵循归纳主义立场是对科学研究的严重误解,科学史中关于光线研究的故事可以帮助我们明白这一点。

我们知道,在近代光学理论发展的过程中,牛顿、惠更斯及其继承者们的工作相当重要。牛顿设想光是一些微粒,这些微粒服从自己提出的牛顿三定律工作,因此解释了光的直射、反射与折射。另外,他还通过创立光的猝发震动理论、光的附从波理论与牛顿环理论,对光的绕射和干涉现象做出了解释。相比于他,惠更斯则把光的本质看作以"以太"作为媒介传播的机械波,创造惠更斯包迹理论进行解释。然而在 18 世纪的历史条件下,牛顿的微粒说在科学家们的常识范

---

① 参见:张继华.科学探究推理研究[D].重庆:西南大学哲学学院,2012:13。

围内完全压制了惠更斯的波动说。[1]

理由在于,惠更斯的波动说,看起来明显有四个层次的错误。第一,波动说相当于认为光波是突发性的脉冲,它并非具有固定波长的波列。这使该理论在逻辑上无法解释光的干涉现象。第二,惠更斯波动说所蕴含的纵波理论与光的偏振现象不兼容,因此偏振现象不能被该理论理解和认识。第三,惠更斯的包迹原理无法说明光的子波可以相干,所以他的波动说甚至难以解释大众所熟知的光的直射现象。第四,惠更斯的理论由于没有像牛顿那样假设猝发震动与服从波原理,因此波动说无法解释光线绕射的现象。

但是,尽管在18世纪到19世纪100年的历史中,牛顿的微粒说获得了数量众多的经验证据支持,而且人们也已经根据这些原理研制出了许多光学仪器,然而这种符合归纳证明要求的理论却没有被认为是真理,波动说也没有被证伪。

1801年,托马斯·杨通过改进惠更斯的波动说重新树立起了"光是一种波"的证据。他更改了牛顿所谓的猝发震动理论,认为光不是爆发性的脉冲性波,而是一种具有波长的波列。因此,他的这种理论批评了牛顿的光微粒说的许多缺陷,比如:(1)微粒说无法解释强光与弱光的传播速度相同的现象;(2)微粒说无法预测光在进入不同介质时发生的不同运动,比如在进入棱镜时,一部分光被反射,另一部分光被折射;(3)微粒说难以经过"双缝干涉"实验的检验。

然而,托马斯·杨的这一设想依然被新的反例推翻了,因为1808年马吕斯发现了反射光的偏振(狭缝绕射)现象。该现象与杨的精致版波动说不相容。随着杨自己验证了马吕斯的发现,他自己承认波动说的理论缺陷很多,比如它连光线的直射现象也不能正确解释。

戏剧性的是,1815年菲涅耳又用波的干涉原理补充了惠更斯的包迹理论,指出波阵上的每一个质点应该被看作可产生子波的光源,还应该看到子波的包迹能够形成新的波阵,因此光波是可以相互干涉的。这样,他不但从理论的角度对上述波动说的反例进行解释,而且出色地对光的直射、反射和折射现象做出预言。比如:当狭缝的长度与光波的波长处于同一数量级时,光的绕射现象就会发生;相反,当光波的截面相当于狭缝来说较大时,该光波的子波之间就会发生互相干涉的现象,这时每一子波的球面波就并不会向其他方向传播而只能直线前

---

[1] 参见:赵凯华.新概念物理教程:光学[M].北京:高等教育出版社,2004.

进。菲涅耳还因为该理论发明了一种名为光的单缝绕射的实验来进行自我辩护。在这个实验中,当一束平行光线照射到单个狭缝上再经过透镜时,狭缝后的平面上仍然显示出白光,而它的两边则因光的绕射显现出间隔的彩色光带。

不幸的是,实验结果并不能决定性地证成或反驳一个理论,因为反例并不能证伪一个理论:阿拉果在菲涅耳设计的实验中发现了光的双折射现象,即自然光与非自然光之间是不产生干涉反应的,而非自然光之间才相互干涉。这样的实验结果与菲涅耳强化后的光的波动说是不相容的。但是,托马斯·杨在不修改理论的情况下解释掉了该反例,他试探性地提出了光是横波的假说。我们知道,"光是横波"的说法在当时的人们看来是相当不可思议的,因为这样一种依靠介质来传播的波若是横波的话是无法被想象的,它与牛顿式的经典力学理论相矛盾——这一假说本身将成为力学理论的反例。不过,菲涅耳立刻理解了托马斯·杨的试探性假说,接着依靠自己设想出的具有高弹性模量的光的以太动力学模型得出了许多重要结论:从光是横波的假设出发,他把惠更斯的包迹理论与托马斯·杨的干涉理论巧妙结合了起来,以此定量的对已知的所有光学现象进行了说明。

不过菲涅耳这一震动科学界的创举并没有令所有人信服,当时许多科学家仅仅从逻辑上就对它进行了强有力的挑战。比如泊松通过归谬论证的方法对菲涅耳的学说提出了平行论证:即使波动说理论能够解释光的小孔与狭缝绕射,但这些经验事实也同样能被光的微粒说解释,并且光的微粒说跟光的波动说一样都能对当时尚未发现的光学现象进行预测。因此,泊松大胆地主张,进一步的光学实验无须再做,光的微粒说与波动说之间的争论仅仅是概念性争论,他简单的逻辑论证已经站在光的微粒说角度不可辩驳地对光的波动说造成了挑战。

至此,反观科学史,我们可以发现:由于当时许多顶尖杰出科学家的努力,光的微粒说与波动说之间的概念性争论反而致使牛顿式经典力学理论崩溃了——19 世纪末至 20 世纪初的物理学革命发生,机械论自然观被科学家们抛弃了。然而,这一崩溃并不是由反例导致的,传统机械论自然观依然在物理学界运作,比如弗兰克就曾指出机械论自然观的困难并未证明光的传播不可能是一种力学现象,量子理论的创始人普朗克也认为出于学术目的而利用机械论自然观立场是可行的。

从上面一小段关于光的故事中,我们容易得出下面的结论:

（1）有关光的理论的推进并不是完全凭借归纳法做出的。

（2）违反理论的证据,或者与背景不协调的经验事实并不能决定理论的正确与否。

（3）从单称陈述到全称陈述的跨越并不依赖于归纳原则。

（4）科学家们用想象力跨越经验与理论之间的鸿沟,跨越方法是通过经验找到或设想不同理论之间的区分方式(比如找到对立理论的错误、解释掉自己持有理论的缺陷)。

（5）实验性证据是理论依赖的(比如人们早已依据微粒说制造了许多光学仪器)。

（6）理论之间争论的后果并不一定会带来此消彼长,相反会带来背景理论的崩溃。

（7）人们在研究科学问题时,面对的都是尽量简化或抽象过的对象(比如自然光与非自然光)。

因此,根据这些结论,笔者猜测作为经验科学研究之一的格林式实验伦理学研究并不依赖于归纳原则的正确性,即格林式实验伦理学的支持者与反对者不需要也不应该过分看重经验性论证方法与经验性论证效力。这意味着,批评者基于归纳论证的指责并不应该发生在格林式实验伦理学身上,否则他们实际上是误解了格林式实验伦理学研究的。

5.2.2 格林式论证的溯因推理性质

上面的论述显然无力正面回应批评者关于格林式实验伦理学的论证方式的指责,即无法回应格林式实验伦理学挑战者所主张的论证方法与论证效力存在谬误的批评,因为它没能够说明格林式实验伦理学所能够采用的研究方式具体是什么。鉴于此,笔者下面将通过讨论发现格林式实验伦理学研究方法的具体方式,强调"经验科学研究方法的多样性来说明解释困惑性观察的推理类型在逻辑上也是可能的"(即格林式实验伦理学的研究方法在逻辑上是可行的)。

我们知道格林式实验伦理学的推理过程是:

P1:当大脑的 BA9、BA10、BA31 与 BA39 区域被激活时,大脑出现情感活动。

P2:人们在面对道德两难问题中的人身性困境时所做出的义务论类型的道德选择激活了 BA9、BA10、BA31 与 BA39 脑区。

C:人们在面对道德两难问题中的人身性困境时做出的道德选择等同于大

脑出现情感活动时做出的道德选择,即义务论类型的道德选择等同于大脑情感活动时做出的道德选择。

如果把该推理当作演绎推理,那么下面的批评将是显而易见的:

(1)P1 仅仅是或然为真的陈述,因为已经有研究者指出"认知功能难以在脑机制层面被区分""认知过程缺乏可分离性"。即同一个脑区可能被多种不同性质的认知过程激活。例如,情感脑区也可能被理性思考激活。事实上,诸多认知科学研究已经从经验层面上证实了这种可能性:在著名的词汇识别过程中,研究者已经发现大脑左梭状回区域的激活既可以由人们主动的词汇识别行为导致,也可以由被动的面部感知活动导致。①

(2)P2 的准确性完全依赖于观察的准确性。研究者已经指出观察准确性的实现无法规避哲学中的"多重实现"问题,即同一现象可能由多种不同的原因导致。而且研究者也已经注意到科学观察并非客观的,相反是理论依赖的,因此观察的准确性将必然受到某种循环论证的影响:研究者采用某种观察结果的理由在于它所依赖的理论正确,而同样的观察结果却又被实验者用来证明其依赖理论的正确性。②

(3)该结论可能是一个肯定后件的谬误推理,因为它蕴含多个在确定结论的情况下推出前提正确的企图。例如有研究者指出"人们在面对道德两难问题中的人身性困境时所做出的义务论类型的道德选择"是不可信的,因为格林式实验伦理学研究者在指出这一点时从结论推出了原因,但该主张的成立需要"人们不扳动道岔的选择确实是符合义务论要求的行为""人们不从天桥上推下胖子的选择确实是符合义务论要求的行为""人们扳动道岔的选择确实是符合功利主义要求的行为""人们从天桥上推下胖子的选择确实是符合功利主义要求的行为"四者同时成立作为前提。③ 该谬误类似于承认起晚了、堵车、扶老人过马路都能作为汤姆上学迟到的原因,却又指出汤姆上学迟到的唯一原因是扶老人过马路。

---

① Pulvermüller F, Shtyrov Y, Ilmoniemi R. Brain Signatures of Meaning Access in Action Word Recognition[J]. Journal of Cognitive Neuroscience, 2005, 17(6): 884-892.
② Kordig C R. The Theory—Ladenness of Observation[C]//The justification of Scientific Change. Dordrecht: Springer Netherlands, 1971: 1-33.
③ 参见本书第二章第二节与第三章第一节的相关讨论。

(4)演绎推理不能为人们带来新知识,即使能,它也只是揭露了某种内在关系的微小揭穿论证,因此它本身不可能是一种有价值的伦理学发现。①

该推理无法被看作单纯归纳推理的原因在前面已经进行了论述,这里补充的另一理由与上面研究者反对演绎论证的原因相同,即"认知功能难以在脑机制层面被区分"②。举例来说,假设我们认可正确的归纳推理应该是基于贝叶斯理论的推理,也就是归纳推理的前提导致真结果的概率应该高于它导致假结果的概率。比如拉塞尔·帕德瑞克(Russell Poldrack)可能认为格林式实验伦理学推理的正确性应该取决于脑区 A 被激活时认知活动 C 参与的条件概率 P(A∧C)。③ 显然概率 P(A∧C)由 A 与 C 的分离度决定。然而,我们知道,神经科学已经证明 A 与 C 的分离度是无法得到的。因此,在缺乏 A 与 C 分离证据的情况下,认为格林式实验伦理学的论证是归纳论证的观点是不正确的。

上述的反驳确实被回应过,其中较为著名的是,弗洛里安·赫茨勒(Florian Hutzler)、马可·南森(Marco Nathan)和吉列尔莫·皮纳尔(Guillermo Pinal)给出的辩护。赫茨勒认为解决这些难题应采用限定任务(Task Seting)策略。④ 该策略是指在进行实验时,实验者应通过实验设计尽可能只考虑受试者行为激活特定脑区的情况(忽略其他行为对此脑区的激活)。这样一来,即使行为 A 与行为 B 都能引起同一脑区的激活反应,但当实验者保证自己施加给受试者的刺激只能够是行为 A 的时候,那么行为 B 的可能性将被排除。南森和皮纳尔的策略则是对推理的方式进行区分。⑤ 他们认为推理存在基于定位(基于特定脑区定位)与基于模式(基于脑区运行模式)两种。基于模式的推理是依据多立体像素模式分析方法(multi-voxel pattern analysis)实现的。该方法利用机器学习技术建立大脑成像数据集,使得推理不再局限于特定的大脑区域,从而避免"认知功能难

---

① 参见本书第一章第二节"国内外文献综述"部分。
② Charles L, Van Opstal F, Marti S, et al. Distinct brain mechanisms for conscious versus subliminal error detection[J]. Neuroimage, 2013(73): 80 – 94.
③ 参见:Stein R B, Gossen E R, Jones K E. Neuronal Variability: Noise or Part of the Signal? [J]. Nature Reviews Neuroscience, 2005, 6(5): 389。
④ Hutzler F. Reverse Inference is not a Fallacy Per Se: Cognitive Processes can be Inferred from Functional Imaging Data[J]. Neuroimage, 2014(84): 1061 – 1069.
⑤ 参见:Del Pinal G, Nathan M J. Two kinds of Reverse Inference in Cognitive Neuroscience[M]//The Human Sciences after the Decade of the Brain. London:Academic Press, 2017: 121 – 139。

以在脑机制层面被区分""认知过程缺乏可分离性"问题。

然而,我们不难发现赫茨勒的策略在逻辑上将是难以实现的,这种回应批评者反驳的方式将不断地遭到批评者基于同一理由提出的新反驳,原因在于:排除无关项的想法在现实中不可能被完全实现。而且即便它可以实现,批评者又可以对无关概念质疑,因为实验者在确定某个因素无关于自己研究的过程中其实必然预设某个理论的成立。被人津津乐道的例子是:赫兹在进行实验的时候认为实验室的大小与自己的实验结果无关,然而人们在他死后却发现,赫兹实验所用仪器发出的无线电波中的一部分必然因为实验室墙壁的存在而部分返回到仪器处。这意味着,赫兹的实验受到了自己实验室大小因素的干扰。[①]

南森与皮纳尔的想法基于同样的理由不可能实现,因为依据"基于模式"推理实现的实验结果陈述在处理相关与不相关问题上同样是致命的。

汤姆·米切尔(Tom Mitchell)等人 2008 年进行的实验就采用该策略[②],他们根据脑区间网络为基础进行数据采集,以解码认知活动与脑区域激活程度之间的关系。简单地说,在该实验中,实验者在受试者思考不同名词性质的时候利用 fMRI 技术测量这些人的脑部活动情况。实验者首先选取 12 类共 60 个名词进行测试,接着对九个受试者的 500 种脑部活动(它们是最稳定的体素)情况构建了计算模型并训练,最后依据计算模型预测的 fMRI 余弦图像与实际的 fMRI 余弦图像进行对比(在不同的名词间进行,即依据受试者对某一个词的活动预测其对另一个词进行思考时的脑部活动情况)。他们得出实验结论的步骤是下面这样的:

首先,受试者在对 58 个名词进行思考的时候,假设他们的脑区域激活情况是多体素 N,以此数据建立计算机训练模型。

其次,以多体素 N 作为参考标准,根据计算机训练模型预测受试者处理另外两个名词时大脑激活区域的情况。

最终,如果实验者发现受试者在思考名词时大脑区域激活的情况符合多体素 N 标准(即符合计算机预测的结果),那么当受试者大脑区域激活程度符合该标准的时候,他就一定是在对名词进行思考。

[①] 林定夷. 论科学中观察与理论的关系[M]. 广州:中山大学出版社,2016:220.

[②] Mitchell T M, Shinkareva S V, Carlson A, et al. Predicting Human Brain Activity Associated with the Meanings of Nouns[J]. Science, 2008, 320(5880): 1191-1195.

容易想象,这样的实验论证模式虽然足以避免"基于定位"的推理模式的麻烦:不需要考虑"认知功能难以在脑机制层面被区分""认知过程缺乏可分离性"问题,但是该实验却一定会引入不相关于实验的因素。例如,当实验者向受试者展示名词的时候,受试者在对该名词进行思考之前不可避免地会在识别该名词的过程中进行不相关于思考该名词的识别性认知行为。值得注意的另一个排除不相关因素的麻烦是:如果实验者将注意力放在估计哪些因素与自己的实验有关上,实验者将根本无法进行观察和记录。而且我们知道,实验者在估计和排除无关因素的过程中,必然需要拥有理论才能做到。计算机也是如此。[1]

以上我们已经论证出格林式实验伦理学研究既不能通过单纯演绎推理进行,也不能通过单纯归纳推理进行。但这样的情况并不悲观,格林式实验伦理学并非没有属于自己的论证形式,因为许多逻辑学家早已指出第三种论证形式的存在。该推理形式被称作溯因推理。阿托卡·阿丽色达(Atocha Aliseda)在《溯因推理:从逻辑探究发现与解释》一书中指出溯因推理是一种随研究主题变化自身结构的论证形式,它的论证形式由多种不同比例的经典论证方式构成。[2]

事实上,爱德华·麦希瑞(Edouard Machery)与帕德瑞克已经设想到基于fMRI的神经心理学研究方法是溯因推理:麦舍瑞在提出应该限制神经心理学研究方法的应用范围时认为这种研究的推理应该被用于比较两种神经心理学理论的优势与劣势[3];帕德瑞克发现基于fMRI的神经心理学研究使用的论证方式对建立理论假说很有效,认为这种方式可被看作科学推理的有用途径[4]。两人的设想恰恰指出了溯因推理的根本特征。

阿丽色达所谓的溯因推理即将演绎论证与归纳论证同时运用,两者的运用比例随研究主题的不同而不同。更准确地说,他认为溯因推理的目标在于为科学研究中得到的新数据与新发现的现象提供解释,这种解释过程能够依据假说成立的可能性和潜在价值,对不同的假说进行比较与排序,确立哪一种假说更为

---

[1] 有研究者指出多因素方差分析基于同样的理由是易谬的。参见:林定夷.论科学中观察与理论的关系[M].广州:中山大学出版社,2016:237.

[2] 阿托卡·阿丽色达.溯因推理:从逻辑探究发现与解释[M].魏屹东,译.北京:科学出版社,2016:8.

[3] 赵梦娘.认知神经科学中神经层次的反向推理述介[J].自然辩证法研究,2018(7).

[4] 参见:Poldrack R A. Can Cognitive Processes be Inferred from Neuroimaging Data? [J]. Trends in Cognitive Sciences, 2006, 10(2): 59-63.

正确。

因此,格林式实验伦理学的推理过程应该被看作为确立义务论或功利主义类型的道德判断在与情感、理性脑区相对应时是否有更具优势的证据的过程,原推理可改写如下:

P1:如果义务论类型的道德选择占据优势,那么大脑的 BA9、BA10、BA31 与 BA39 区域被激活的可能性大;义务论类型的道德选择不占优势,那么 BA9、BA10、BA31 与 BA39 区域被激活的可能性小(BA7、BA39、BA40 与 BA46 区域被激活的可能性大)。

P2:大量实验表明大脑的 BA9、BA10、BA31 与 BA39 区域与情感活动有关(BA7、BA39、BA40 与 BA46 区域与理性活动有关)。

P3:人们在面对道德两难问题中的人身性困境时所做出的义务论类型的道德选择激活了 BA9、BA10、BA31 与 BA39 脑区(人身性困境的情况下,BA7、BA39、BA40 与 BA46 区域的激活程度相比于非人身困境与非道德困境而明显较低)。

C:将人们在面对道德两难问题中的人身性困境时做出的道德选择等同于大脑出现情感活动时做出的道德选择更有优势,即义务论类型的道德选择可能等同于大脑情感活动时做出的道德选择(功利主义类型的道德选择可能等同于大脑理性活动时做出的道德选择)。

上述推理原则显然摆脱了研究者诉诸"认知功能难以在脑机制层面被区分""认知过程缺乏可分离性""同一现象可能由多种不同的原因导致"问题对格林式实验伦理学研究所造成的挑战。

而且一些研究者已经把这种推理更进一步细化,将其与神经心理学研究的博弈论模型联系了起来。[①] 格林式实验伦理学的论证在这种神经博弈论模型(Game Theoretic Model)的视角下相当于:

P1:人们在面对道德两难问题中的人身性困境时做出义务论类型的道德选择时,BA9、BA10、BA31 与 BA39 脑区在 fMRI 成像中呈现出显著激活状态(BA7、BA39、BA40 与 BA46 脑区的激活状态不显著)。

---

① Colman A M. Game Theory and Its Applications: In the Social and Biological Sciences[M]. London: Psychology Press, 2013.

P2：人们在进行情感与理性的心理活动时，BA9、BA10、BA31 与 BA39 脑区在 fMRI 成像中都可能呈现出显著激活状态。

P3：大量实验表明大脑的 BA9、BA10、BA31 与 BA39 区域与情感活动有关，BA7、BA39、BA40 与 BA46 脑区的激活状态与理性活动有关。

P4：认为义务论类型的道德判断与"进行情感与理性的心理活动"有关的假设可以为 P1 现象提供解释（模型1）；认为义务论类型的道德判断仅与情感活动的假设有关也可以为 P1 现象提供解释（模型2）。

P5：模型2 优于模型1，因为模型1 为真的可能性比模型2 为真的可能性低。

C：义务论类型的道德判断与情感活动有关的假设（模型2）是博弈模型的最佳解释，因为为真可能性较高的模型2 与人们所广泛接受的神经心理学实验结果更为一致。

如此一来，我们可以明确地知道：将格林式实验伦理学的论证解释为溯因推理能够证成"解释困惑性观察的推理类型在逻辑上也是可能的"[①]。也就是说，经验科学研究方法的多样性能够说明"格林式实验伦理学的研究方法在逻辑上是可行的"。

5.3　小结与前瞻：导向实验操作困境

我们在本章中结束了研究者关于"价值与行动之间的沟壑"和"论证方法与论证效力的谬误"的争论：

（1）通过考察规范性理由、"出于"或"符合"要求、驱动性理由、慎思性意义、解释性意义、CPAA 与心理实体 7 个概念，笔者在对批评者提出的归谬论证进行论述的基础之上，不但对归谬论证挑战进行了总领性的反驳，而且对慎思性驱动性理由的归谬论证与解释性驱动性理由的归谬论证做出了精细的反驳，从而为格林式实验伦理学忽略价值与行动之间沟壑的研究成果的有效性做出辩护。

（2）笔者首先说明批评格林式实验伦理学的研究成果在理论上只具有可能性的论证实际上是对归纳论证的指责，然后通过物理学中关于光的研究历史说明"批评者基于归纳论证的指责并不应该发生在格林式实验伦理学身上"，最终将格

[①] 参见：阿托卡·阿丽色达. 溯因推理：从逻辑探究发现与解释[M]. 魏屹东，译. 北京：科学出版社，2016．

林式实验伦理学的理论论证过程归结为溯因推理,成功证成"经验科学研究方法的多样性能够说明'格林式实验伦理学的研究方法在逻辑上是可行的'"。

我们应凭借对格林式实验伦理学的明确界定,区分关于格林式实验伦理学研究的批评的层次、性质与程度,对格林式实验伦理学实际使用的理论方法进行澄清,消除众多研究者关于格林式实验伦理学无意识与有意识的误解。

然而,我们对归谬论证的反驳显然不足以说明格林式实验伦理学不会遭遇心灵哲学中的多重可实现性困难,溯因推理的论证方式也不能有效反驳批评者关于格林式实验伦理学依赖直觉的实验的证据效力的挑战。

这些问题的处理将在下一章进行。

6 格林式实验伦理学的实验操作困境和出路

我们知道,虽然采用更严谨和更精确的实验研究方法已经使格林式实验伦理学相比其他实验伦理学研究来说具有了巨大的优势,但其实验操作仍然受到了许多批评。其中两个针对格林式实验伦理学核心实验方法的批评最为致命:问卷调查法不具有哲学研究效力、功能磁共振法原则上无法满足哲学研究的需要。因此,我们将"问卷调查法中的直觉问题"与"fMRI 的多重可实现问题"当作格林式实验伦理学必须找到出路的实验操作困境。下文将在分析有关直觉的争论与多重可实现性问题的基础上,通过设想两套完善性方案给出该困境的出路。其中弥补问卷调查法缺陷的方法包括:内隐联想测试、情感错误归因范式、加工分离范式、眼动追踪法。EEG 与 fMRI 技术的结合则是弥补 fMRI 时间分辨率缺陷的完善性方案。

6.1 问卷调查法中的直觉问题

问卷调查法是实验伦理学中最为常用的手段。这种实验方法对各种实验伦理学研究来说具有不容置疑的基础性意义。在格林式实验伦理学中同样如此。

基础性的实验方法必然招致方法论上的非议。较为有名的非议来自考皮宁。他在《实验哲学的兴起与衰落》一文中指出依赖于问卷调查法的实验哲学在进行与哲学概念相关工作的时候必然将研究问题过度简单化。[①] 例如,在考皮宁看来,下面的认知命题(1)在实验哲学中已经被等同于认知命题(2)。

(1)在理想环境下,当一个具有能力的主体仅仅受到语义因素的影响时,他能够确定 X 是否是关于概念 C 的表述。

(2)主体能够确定 X 是否是关于概念 C 的表述。

---

① Kauppinen A. The Rise and Fall of Experimental Philosophy[J]. Philosophical Explorations, 2007, 10(2): 95 – 118.

这意味着,实验哲学因采用问卷调查法丧失了对以下三个关键条件的考察:

(1) 受试者是否具有处理哲学问题相关的能力;

(2) 理想环境;

(3) 仅受到语义因素的影响。

由于它们都包括许多其他的因素,比如能力不仅指实验者需要的能力(受试者回答调查问卷中问题的能力),也包括处理哲学问题的能力,而且它们的存在与实验方法相互悖反(比如许多研究已经证明人们在抽象环境中进行的行动同具体情形下是不同的),所以考皮宁认为实验哲学所采用的问卷调查法对于直觉的考察必将使实验哲学本身走向失败。

然而,笔者将通过"健全直觉"与"表面直觉"的区分指出考皮宁批评问卷调查不能正确考察直觉的论证是无效的,因为他虽然可以成功地说明传统哲学研究方法比实验哲学方法更为接近直觉(考皮宁认为传统哲学考虑了哲学问题中的更多因素),但实验哲学对传统哲学的挑战实际却只在于人们关于哲学问题的健全直觉(而非表面直觉)。换句话说,属于实验哲学分支的格林式实验伦理学对传统伦理学的挑战实际指向的是人们关于道德问题的健全直觉。基于此,为说明格林式实验伦理学处理这种实验方法的困境的出路,本书将在做出上述论证之后设想一些能够弥补问卷调查法不足的实验方法。

6.1.1 传统哲学家与实验哲学家关于直觉的争论

自 2001 年乔纳森·温伯格(Jonathan Weinberg)、史蒂芬·斯蒂奇(Stephen Stich)发表《规范性与认知直觉》一文为实验哲学奠基以来,大量的研究者开始对实验哲学提出的关于直觉的质疑进行讨论。[1] 不过按照诺布的说法,这种讨论因为与"高度分化"[2]的偏见特征相关,反而使研究者们陷入了各说各话的境地:争论双方都在处理稻草人。例如,约书亚·亚历山大(Joshua Alexander)在对蒂莫西·威廉姆斯(Timothy Williamson)的批评进行回应的时候几乎完全是在重申自己支持的实验哲学立场,并没有考虑威廉姆斯反对实验哲学立场的论证内容本身。同样,处在传统哲学立场中的威廉姆斯在对实验哲学进行批评时也没

---

[1] 参见:Seyedsayamdost H. On Normativity and Epistemic Intuitions: Failure of Replication[J]. Episteme, 2015, 12(1): 95–116。

[2] 约书亚·诺布,肖恩·尼科尔斯,编. 实验哲学[M]. 厦门大学知识论与认知科学研究中心,译. 上海:上海译文出版社,2013:7.

有明确自己的核心论点,状态散漫——他有时聚焦于为扶手椅哲学辩护,有时聚焦于直觉被泵出时的正当性,有时聚焦于哲学研究者使用直觉时的方法。①

依循威廉姆斯散漫的批评,对双方争论进行梳理,哲学研究者们关于直觉的实质性争论目的显然可以被揭露出来。

威廉姆斯所谓的"扶手椅哲学"一词来自奎因著名的《经验主义的两个教条》论文②。在该文中,奎因使用"扶手椅哲学"来形容逻辑实证主义采取的片面的哲学研究方式:在完全不关心经验研究的状态下,企图只通过概念分析方法来解决哲学问题。然而,随着时代的发展,"扶手椅哲学"早已具有多种不同含义,因为奎因当年确实错误地将分析性、先天性与必然性分析三个重要的概念分析范畴笼统地视为一种。这意味着,当我们使用"扶手椅哲学"概念的时候,它既可能指基于先天经验的概念分析、基于后天经验的概念分析,也可能指基于逻辑必然性的概念分析。但是,从现实性上来说,除了"基于后天经验的概念分析"外,其他类型的扶手椅哲学概念是不可能存在的,理由是:当代哲学研究者的哲学研究早已不再是纯粹的先天或必然的概念分析,所有的概念分析都是先天综合的③。在这种情况下,倘若我们承认克里普克所谓的"形而上学不只是先天性与分析性的事业,也可以是综合的、后天的、实际的事业"④,那么实验哲学就不可能反对传统哲学研究者所秉持的概念分析手段,因为实验哲学自己也从事同样的行为。因此,研究者们关于直觉的争论不可能持久性地发生在哲学的"扶手椅"与否这一问题上。

一般认为直觉的泵出是通过思想实验方法做到的,所以研究者们就实验哲学对思想实验的使用发生了争议。关于思想实验整体有效性的讨论笔者不在此赘述,这里仅简短说明该争论中两方的基本观点,以厘清传统哲学与实验哲学均质疑思想实验时的核心问题。

威廉姆斯在《扶手椅哲学、形而上学形态与反事实思维》一文中论证指出思

---

① 参见:Sytsma, Justin, and Wesley Buckwalter, eds. A Companion to Experimental Philosophy[M]. Hoboken:John Wiley & Sons, 2016。
② Sytsma J. Two Origin Stories for Experimental Philosophy[J]. Teorema:Revista Internacional de Filosofía, 2017:23-43.
③ Fischer, Eugen, and John Collins, eds. Experimental Philosophy, Rationalism, and Naturalism:Rethinking Philosophical Method[M]. New York:Routledge, 2015:52.
④ 引用时修改了词语的表达顺序。转引自:J.J.卡茨.意义的形而上学[M].苏德超、张离海,译.上海:上海译文出版社,2010:32。

想实验仅仅是对人们日常认知能力的再利用①。因此,思想实验所设想出的问题与日常生活不能有太多差异,所有的思想实验都应该是可找到现实替代品的:例如,像普特南的孪生地球这样的思想实验虽然看起来不可思议,但它的基本思想仍然依赖于人们的现实认知能力,因此它只是具有科幻色彩而已。如此,威廉姆斯凭借此论据将思想实验与反事实思维等同了起来,从而证明实验哲学研究者不能通过经验方法反对纯粹概念性的思想实验研究。

争论的另一方显然不需要对威廉姆斯的上述论证质疑,也能对思想实验提出自己的观点,因为在实验哲学研究者看来,思想实验与日常生活、反事实思维的关系同实验伦理学的核心主张无关。例如,实验哲学研究者可以承认直觉上的分歧并不是传统哲学家不可接受的事情,承认任何理论都不可能完全建立在直觉之上,承认直觉只是泵出这些理论的契机。相反,实验哲学研究者所反对的是传统哲学研究者在利用思想实验进行理论架构或解释时以哲学研究者的直觉为准。他们的核心主张是通过揭穿论证达到的:传统哲学理论所指出的思想实验在发生时并非如研究者所描述的那样。

至此,关于直觉的争论滑向"哲学研究者使用直觉时的方法"。

作为传统哲学研究者的大卫·刘易斯(David Lewis)在自己的《哲学论文集》导论中指出,与语言有关的直觉也就是人们关于概念的直觉②。因此,哲学研究者不可能合理地认为基于多变的表层语言能够构筑起逻辑上正确的哲学理论。相反,研究语言直觉的哲学研究者只能将自己的直觉作为研究工具,寻找产生哲学理论的途径。威廉姆斯其实表达了同样的看法,他认为哲学研究者不必依赖直觉的原因在于哲学理论的产生依靠的是反思平衡方法,这些理论实质上试图形成一个各种信念相互融贯的系统。

我们知道,在罗尔斯提出反思平衡法后,许多哲学研究者已经对这种方法进行了扩展。③ 因此,持有它的研究者可能采取下面两种立场中的一种:

狭义的反思平衡:原则 P 的合理性取决于人们关于 P 的直觉综合。

---

① Williamson T. Armchair Philosophy, Metaphysical Modality and Counterfactual Thinking[C]//Proceedings of the Aristotelian Society (Hardback). Oxford, UK: Blackwell Publishing Ltd, 2005, 105 (1): 1-23.

② David Lewis. Philosophical Papers Vol. I[M]. New York, Oxford: Oxford University Press, 1983: 23.

③ 参见:Williamson T. Reply to Dennett, Knobe, Kuznetsov, and Stoljar on Philosophical Methodology [J]. Epistemology & Philosophy of Science, 2019, 56(2): 46-52。

广义的反思平衡：原则 P 的合理性不仅取决于人们关于 P 的直觉综合，还需要考虑物理、心理、社会学与经济学等领域的因素对 P 直觉的影响。

显然，无论哪一种反思平衡立场都可以使传统哲学规避掉个别直觉的经验多样性，因为基于反思平衡法构筑哲学理论时并不仅仅只考虑单一的直觉内容。也就是说，传统哲学研究者可以在接受直觉的多样性与不稳定的情况下使用直觉来进行哲学理论构建工作。如此一来，实验哲学研究者与传统哲学研究者关于直觉的争论将是没有整体性分歧的。

这意味着实验哲学研究者对传统伦理学的挑战只能来自直觉的另一个层面。如果考皮宁自己的区分正确——直觉可以被区分为"表面直觉"与"健全直觉"两种，那么实验哲学与传统哲学关于直觉的实质性争论将只可能被限定于"健全直觉"领域，理由显而易见：传统哲学由于反思平衡方法论的存在不必在意"表面直觉"。即哲学研究者们关于直觉的实质性争论的目的在于"关于 P 的直觉综合"。简单地说，实验哲学与传统哲学的实质争论焦点应在于传统哲学方法论是否足以处理"综合关于 P 的直觉"的问题：比如实验哲学立场提出了挑战现有反思平衡状态的许多经验性证据，而传统哲学立场倾向于通过否证已有的经验性发现来保持现有的反思平衡状态。也就是说，实验哲学旨在令哲学研究者摆脱方法论的枷锁，用经验方法来探讨哲学中的重要问题。[①] 该事实符合诺布与尼科尔斯共同撰写《实验哲学宣言》的诉求。

如此一来，考皮宁所谓的"实验哲学所采用的问卷调查法对于直觉的考查必将使实验哲学本身走向失败"[②]就是不正确的，因为问卷调查法无论对持有哪一种反思平衡立场的传统哲学来说都是相当有价值的：问卷调查法不仅能促进传统哲学中反思平衡方法的运行，还能使传统哲学领域中的已有反思平衡达到一种新的更为准确的状态。当然，如果传统哲学研究者采用广义的反思平衡立场[③]，那么问卷调查法对于哲学问题的讨论将更加有价值。

[①] 约书亚·诺布，肖恩·尼科尔斯，编. 实验哲学[M]. 厦门大学知识论与认知科学研究中心，译. 上海：上海译文出版社，2013：9.

[②] Kauppinen A. The Rise and Fall of Experimental Philosophy[J]. Philosophical Explorations, 2007, 10(2)：95 – 118.

[③] 这两个立场的优劣涉及亚历山大所谓的"哲学霸权主义"，即它可能使哲学领域扩展过度。参见：Weinberg J M, Gonnerman C, Buckner C, et al. Are Philosophers Expert Intuiters？[J]. Philosophical Psychology, 2010, 23(3)：331 – 355.

6.1.2 弥补问卷调查法缺陷的方案

考皮宁的批评告诉我们传统哲学试图通过指出问卷调查法对哲学研究带来过度简单化的问题来否认实验哲学的作用。更准确地说,在承认他将直觉区分为"表面直觉"与"健全直觉"的前提下,考皮宁的批评是通过将来自问卷调查法的发现等同于"表面直觉"来进行的,因为传统直觉不必考虑单一的"表面直觉"。然而,即使他指责问卷调查法无法研究哲学问题的说法正确,实验伦理学也显然不只可以简单地使用问卷调查法来进行问卷研究,因为科学史上早已出现了众多改善问卷调查法的方法。出于格林式实验伦理学研究目的的考虑,笔者认为问卷调查法与内隐联想测试、情感错误归因范式、加工分离范式、眼动追踪法的联合运用能够最大限度地弥补问卷调查法造成的哲学研究中三个关键条件被损失的缺陷。

6.1.2.1 内隐联想测试

内隐联想测试(The Implicit Association Test,IAT)被设计用来确定两个概念与两个属性之间存在关联的程度。采用该方法的实验者一般向受试者展现一系列的单词或图像,并要求他们将这些单词或图像分类到正确的属性类别中。当发现受试者将某个对象归属为相应的分类相较于其他词汇所用时间更短时,实验者认为该对象与其所属分类符合受试者的内隐心理。[1]

使用该测试方法来进行内隐性道德态度研究的实验越来越多。

例如,研究者使用标准的性征 IAT 量表对同性恋问题进行研究,发现同性恋偏好与厌恶敏感性之间存在关联。依据过去人们发现的厌恶与道德判断的关系能够说明 IAT 方法已经可以对同性恋偏好的内隐道德基础探究,并且这种探究不需要直接应用道德概念。尼基·马夸特(Nicki Marquardt)和雷纳·霍格(Rainer Hoeger)认为,即使道德决策相比于同性恋偏好来说与人情无关,但诸如"道德行动者是否应该牺牲适度的利益来保持公司常年进行的慈善捐款额度"这类问题都可以通过 IAT 测量得到。[2]

IAT 也已被用于研究精神病态问题。我们知道,精神病态的道德能力难以用

---

[1] 苟雅宏. 应用内隐联想测验的内隐社会认知研究新进展[J]. 社会心理科学,2008(5):12-17.

[2] Marquardt N, Hoeger R. The Effect of Implicit Moral Attitudes on Managerial Decision-making: An Implicit Social Cognition Approach[J]. Journal of Business Ethics, 2009, 85(2): 157-171.

特别明确的方法来进行评估。[1] 使用 IAT 方法来探究精神病态个体处理"道德善"与"好""道德恶"与"坏"之间的隐含关联程度,研究人员发现,上述两组概念之间的弱关联确实预测了较高的精神病态评分。来自功能性磁共振成像法的证据支持这种认为内隐性道德态度与情感加工、冲动抑制相关联的研究结论[2]。

举例来说,海特的社会直觉主义理论认为道德的基础是六组道德元素(伤害、公平、忠诚、权威、圣洁、自由)[3],与之对立的理论认为所有道德都可以归因于伤害[4]。与过去依靠受试者的自我报告不同,现在研究者可以通过构建 IAT,令受试者将不同的道德词语分配给不同的道德分类,把每种道德基础与另一种道德基础进行比较,从反应时长可以看出哪些道德基础与道德判断的联系更紧密。

6.1.2.2 情感错误归因范式

情感错误归因范式(Affect Misattribution Procedure,AMP)被认为是比 IAT 更为可靠的内隐性想法衡量方法。[5] 典型的 AMP 过程是:实验者向受试者简短地展示一幅图像,再向他们展示一个模糊的符号。受试者被实验者要求忽略第一次展示的图像,仅判断第二次展示的模糊符号是否是令人喜悦的。受试者倾向于将自己面对第一幅图像所产生的情感错误的归因给第二次面对的符号:如果他们对这幅图像感到喜悦,那么他们也将认为符号是令人喜悦的,反之亦然。

AMP 同样被用来测量人们在做出道德判断时的自动化情感反应,威廉·霍夫曼(Wilhelm Hofmann)和安娜·博美特(Anna Baumert)认为这些测量结果可以预测人们在道德困境中是否会出现道德负罪感。[6]

这里必须指出的是,AMP 与 IAT 在使用时并非只能进行两组概念之间的比较,或者研究时需要"态度伴侣",许多研究者已经发现对单项问题进行探究的

---

[1] Patrick, Christopher J., ed. Handbook of Psychopathy[M]. New York: Guilford Publications, 2018: iv.
[2] 参见:Luo Q, Nakic M, Wheatley T, et al. The Neural Basis of Implicit Moral Attitude—an IAT Study Using Event-related fMRI[J]. Neuroimage, 2006, 30(4): 1449 – 1457。
[3] 曹洪军. 乔纳森·海特之道德基础理论评析[J]. 伦理学研究, 2015(1):72 – 78。
[4] 参见:Schein C, Gray K. The theory of dyadic morality: Reinventing Moral Judgment by Redefining Harm[J]. Personality and Social Psychology Review, 2018, 22(1): 32 – 70。
[5] 参见:任娜, 佐斌. 测量内隐态度的情感错误归因程序[J]. 心理科学, 2012(2):457 – 461。
[6] Hofmann W, Baumert A. Immediate Affect as a Basis for Intuitive Moral Judgement: An Adaptation of the Affect Misattribution Procedure[J]. Cognition and Emotion, 2010, 24(3): 522 – 535.

方法,这些改进方案的名字是:命中与否任务(Go/No-go Association Task)、西蒙式外部情感任务(Extrinsic Affective Simon Task)、单目标内隐联想测验(Single Target Implicit Association Test)、单分类内隐联想测验(Single Category Implicit Association Test)。①

值得注意的是,通过 AMP 与 IAT 方法得到的证据只具有启发性,因为它们关于道德与概念、道德与价值之间的关联性评价可能与道德判断无关。例如,当实验者发现同性恋偏好与道德价值之间的联系呈负相关状态的时候,我们并不能确定受试者隐性地认为同性恋偏好这样的信念是道德错误的。相反,该发现仅能够表明受试者认为同性恋偏好是令人不愉快的或者其他人对此信念持有道德错误的看法(人们具有从众心理)。简单地说,虽然从关联评价到道德判断或行为的推理是可能的,但两者不必然具有因果联系。这意味着,如果 AMP 与 IAT 方式所提供的证据并不是定性的,那么它们发挥作用需要其他经验方法的配合。例如,实验者若想将人们对于同性恋偏好的厌恶与道德判断联系在一起,就必须表明对同性恋偏好持有负面的内隐性态度的人会明确地将同性恋判断为道德错误,或者在现实世界中确实具有歧视同性恋的行为。

6.1.2.3 加工分离范式

问卷调查法、IAT 与 AMP 的假设在于受试者的内隐判断与显性判断能够完全被区分,比如自动化情感过程与控制的慎思理性过程的工作状态是完全分离的。然而这样的内隐与显性判断在逻辑上显然是可以同时发生在一个层面,难以被完全分离的。加工分离范式(Process Dissociation Procedure)就是在单个任务内对内隐判断与显性判断过程进行比较的方法。

这种研究方法最初来源是关于内隐与外显记忆的研究。基斯·佩恩(Keith Payne)对这种方法在社会科学研究中的应用做了评述。该种分析技术要求在某种场景下,自动化反应与控制性反应具有相同且一致的表现,在另一种条件下,两者具有不同且不一致的表现。②

---

① 温芳芳,佐斌. 评价单一态度对象的内隐社会认知测验方法[J]. 心理科学进展, 2007, 15(5):828-833.
② Payne B K. What Mistakes Disclose: A Process Dissociation Approach to Automatic and Controlled Processes in Social Psychology[J]. Social and Personality Psychology Compass, 2008, 2(2): 1073-1092.

例如在种族歧视研究中,受试者将被要求观看黑人与白人的照片,在看这些照片之前或之后,实验者将再展示一幅枪支或工具的图片,最后实验者询问受试者看到的是枪支还是工具。在佩恩2001年的实验中,当黑人照片先于枪支照片出现时,自动化反应与控制性反应都认为另一张照片是枪支。但在黑人照片先于工具图片出现的另一轮实验中,实验者发现仅仅只有自动化反应才会令受试者认为自己面前出现的图片仍然是枪支。在这里,自动化反应与控制性反应的一致与不一致现象能够令我们将两者分开考虑与计算。①

PDP使用错误率(或评级)来代数地求解有意控制概率(C)的估计数值和自动估计的可能性(A)。

控制估计是一个人进行有意控制的概率,而自动估计反映了一个人在控制动摇时表现出系统的、无意的偏见的条件概率。

由于一般理论认为控制性反应经常需要处理大量信息,且处理时间较长,而自动化反应则能够有效率地处理信息,且处理时间较短,所以研究者认为在增加时间压力、认知负载或自我消耗条件的情况下,C的数值应该降低,同时A的数值不降低。许多研究确实通过PDP验证了这一理论猜测。② 该现象也得到了神经科学研究的证实。

因此使用过程分离法来进行道德判断研究时,实验操作通常是:受试者被要求以一定的速度连续观看许多组成对出现的单词。这两个单词分别代表一个无争议的道德错误行动或与道德无关的行动。实验者可以发现,虽然受试者已经被要求不要受到另一个单词的干扰,但他们还是无法做出准确的道德判断。按照达里尔·卡梅伦(Daryl Cameron)的说法,受试者做出错误道德判断的概率几乎同任意做出道德判断一样。③

---

① 参见:Payne B K. Prejudice and Perception: The Role of Automatic and Controlled Processes in Misperceiving a Weapon[J]. Journal of Personality and Social Psychology, 2001, 81(2): 181。
② 参见:Cameron C D, Lindquist K A, Gray K. A Constructionist Review of Morality and Emotions: No Evidence for Specific Links between Moral Content and Discrete Emotions[J]. Personality and Social Psychology Review, 2015, 19(4): 371–394。
③ Cameron C D, Lindquist K A, Gray K. A Constructionist Review of Morality and Emotions: No Evidence for Specific Links between Moral Content and Discrete Emotions[J]. Personality and Social Psychology Review, 2015, 19(4): 371–394.

6.1.2.4 眼动追踪法

眼动追踪法可以将实验者对反应时长的测量增加两个维度。① 也就是说,时间将被立体化为 x、y、z 坐标系。这样各种显隐性测试方案的有效性都将得到强化。

由于大多数视觉信息只有在连续获得的时候才有效力,而且人类需在自身视野中获得信息,因此对眼球注视点的监测可被看作直接的关于视觉注意力的监测。另外,人们的眼球运动一般是扫视,这样的注视行为实际上是一系列快速运动。相应地,人们的注意力往往固定的静态聚焦于某个感兴趣的区域,且通常持续几百毫秒。虽然人们的注意力运动是可以被自身有意识地控制的(通常注意力的流程是自上而下的),但这通常不会发生。也就是说,虽然眼球自身的刺激驱动机制与眼动跟踪仪收集、跟踪目标相关信息需要自上而下与自下而上的混合流程,但这样自上而下的流程也在大多数情况下是潜意识的。因此,眼球运动能够反映观察者未明确说明的知识、意图和愿望。②

目前眼动跟踪系统采用高速采样率的摄像头(60Hz 或更高)收集两方面的数据:眼的凝视位置和瞳孔大小。该凝视参数被认为与人们的隐性认知过程相关,这一参数包括视线的第一次凝视位置、最后一次凝视位置、凝视次数、凝视长度、凝视点之间的距离与动态暂存模式。一些眼动跟踪系统也测量眼瞳孔扩张的情况。理由在于:瞳孔直径可以反映人们认知能力工作的状况(以确定认知能力是否处于负载状态)、情感强度、心理-生理唤醒度、压力和疼痛。③ 这意味着,瞳孔测量法比较适用于那些试图合理排除替代解释可能性的研究,或者在不需要清楚某个瞳孔参数的意义的情况下进行实验设计与研究。

值得说明的是,眼的凝视被价值判断所引导。即人们更愿意观看美丽的图画与有吸引力的面庞,该事实与受试者自我报告的愉悦度数据一致。④ 因此,凝视反映了人们自己认识不到的偏好,比如当男性的睾丸激素水平较高的时候,将会不自觉地在一些传统的男性工作上花费更多时间(比如木匠、电工、修理)。⑤

---

① 徐菁菁,徐丹,吕帆,等.眼动追踪仪的调试和初步应用[J].中华眼视光学与视觉科学杂志,2006,8(1):32-35.
② 孟春宁.人眼检测与跟踪的方法及应用研究[D].天津:南开大学教育学院,2013:33.
③ 孟春宁.人眼检测与跟踪的方法及应用研究[D].天津:南开大学教育学院,2013:21.
④ 林敏.基于眼动信息的人机交互关键技术研究[D].上海:上海大学计算机学院,2014:108.
⑤ 林敏.基于眼动信息的人机交互关键技术研究[D].上海:上海大学计算机学院,2014:12.

眼的凝视当然也可以对价值判断产生影响。例如,当正视自己所面对的对象的时候,人们关于对象的好感会增加;凝视某些东西的时候,人们关于此东西的好感将明显大于没有被凝视的物体;强迫受试者的视线停留在负面信息上,会引起受试者对该负面信息做出具有偏见性的价值判断。[1]

然而,人们眼睛的凝视并不能像情感明显被激发时那样反映偏好。与观看中性图像相比,所有人的眼睛都更快地朝向并且花更多时间观看正面和负面图像。此种情况在焦虑的个体中尤其明显。[2] 但同时,人们经常无差别地花费非常多的时间去观察某场失败赌博的最坏结果,并认为这些无用的信息可能有助于做出有关损失的决定。[3]

不过,以上事实也意味着人们视觉注意能力所提供的信息收集功能,眼睛注视不仅反映情感显著性,还反映观察者的目标。我们知道,在自由观看时,人们会注意眼睛和嘴唇等核心特征,但这种行为在社会障碍的人群中缺失,如自闭症患者的注意力特征就不是如此。[4] 同样,人们更多地关注主导者的面孔,特别是当支配注意力的事件与支配目标相关时;人们是否更多地看旧照片或新照片,几乎完全取决于他们是否正在判断照片的新颖性。[5]

因此,眼动追踪在理论上可以反映人们的决策过程,达到对决策过程追踪的目的。也就是说,它可以作为行为预测的工具。过去的研究已经表明,眼动追踪可用于有效构建预测隐性种族偏见、性取向、审美趣味、欺骗的认知模型。所以这种技术也可以应用于道德语境中,预测与检测谎言、动机道德推理以及精神病患者的道德能力和行为。[6]

目前,眼动追踪技术已经开始被应用于道德认知研究中。例如,研究者调查人们是否花费更多时间注意受害目标而不是行动者;学生更倾向于故意(而不是偶

---

[1] 孟春宁.人眼检测与跟踪的方法及应用研究[D].天津:南开大学,2013:5.
[2] 高素芳.外显和内隐攻击者对情绪面孔注意偏向的眼动研究[D].南京:南京师范大学教育学院,2013:5.
[3] 魏子晗,李兴珊.决策过程的追踪:基于眼动的证据[J].心理科学进展,2015,23(12):2029-2041.
[4] 孟春宁.人眼检测与跟踪的方法及应用研究[D].天津:南开大学,2013:52.
[5] 魏子晗,李兴珊.决策过程的追踪:基于眼动的证据[J].心理科学进展,2015,23(12):2029-2041.
[6] 魏子晗,李兴珊.决策过程的追踪:基于眼动的证据[J].心理科学进展,2015,23(12):2029-2041.

然)伤害,且当受害者是单独个人时情况尤其严重。① 这些瞳孔测量结果可能表明人们对故意的、引起疼痛的伤害有更高的情感觉醒。不过数据也可能表明人们在这些内容上有更高的认知努力程度。对受害者越来越多的关注表明,人们更重视受害者而不是行动者。当然,这也可能反映出不同人的偏好差异(例如受害者是否更具有同情心)。人们倾向于更多地看待积极(因为愉快)和消极(因为重要或情感突出)的信息意味着需要采用交叉实验设计来区分以上两种可能性。②

该事实也意味着眼动追踪技术可用于潜在心理过程竞争假设的有效性测试。在涉及不确定性的决策中,人们更有可能选择首先考虑的选项,这一研究结果已被用于争论大脑自动信息处理过程在产生这些直觉中的作用。同样,人们对种族主义的其他内容(而非种族主义本身)的恐惧的假想成功预测了人们对非洲裔美国人面孔的初始注意力大幅度提高的现象。这一结果表明非偏见动机的出现发生在大脑信息处理的早期阶段。一般来说,只要一种研究性理论对关注、努力或寻求信息的模式做出对比预测,人们就可以使用眼动追踪技术来比较相互竞争的多种理论何者更好。③

相应地,眼动追踪技术也可用于测试不同的道德模型。我们知道,格林式实验伦理学理论认为,情感的、基于直觉的道德判断对理性的、实用的信息相当不敏感。然而,最近的一项研究发现,在道德困境中选择道义论(基于直觉的)选项的人花费更多的时间来注意实用性信息,这表明这些信息并没有被忽视。相反,这些信息在人们的整个决策过程中都被权衡和考虑过。④ 这一事实与道德认知模型一致,即在人们自我报告这些因素不被考虑的情况下,或者人们的自我报告与这些因素相悖时,人们对于它们仍然存在隐含的成本效益分析行为。⑤

---

① McAuliffe W H B. Do Emotions Play an Essential Role in Moral Judgments? [J]. Thinking & Reasoning, 2019, 25(2): 207 – 230.
② Steckler C M, Liberman Z, Van de Vondervoort J W, et al. Feeling out a Link between Feeling and Infant Sociomoral Evaluation[J]. British Journal of Developmental Psychology, 2018, 36(3): 482 – 500.
③ Quaschning S, Pandelaere M, Vermeir I. When and Why Attribute Sorting Affects Attribute Weights in Decision-making[J]. Journal of Business Research, 2014, 67(7): 1530 – 1536.
④ Henne P, Sinnott-Armstrong W. Does Neuroscience Undermine Morality? [J]. Neuroexistentialism: Meaning, Morals, & Purpose in the Age of Neuroscience, 2018: 54 – 67.
⑤ Bartels D M. Principled Moral Sentiment and the Flexibility of Moral Judgment and Decision Making [J]. Cognition, 2008, 108(2): 381 – 417.

6.2 fMRI 的多重可实现问题

功能性磁共振技术的运用是格林式实验伦理学最大的特点。凭借这一技术,格林式实验伦理学得出了对伦理学领域造成轰动效应的结论:人们在做出义务论类型判断的时候,大脑的情感脑区相比理性脑区的激活程度更高;相应地,人们在做出功利主义类型判断的时候,大脑的理性脑区相比情感脑区激活程度更高。这一结论恰好与过去伦理学研究者认为义务论判断相比于功利主义与理性更相关的想法相反。

如此令学界震惊的结论自然会引起多领域研究者们的拒斥。简单地说,在不考虑概念困难、立场困难与理论方法困难的情况下,格林式实验伦理学招致研究者作出了下面三种类型的指向功能性磁共振技术的批评:

(1) 功能性磁共振技术检测的义务论类型判断或功利主义类型判断与实际的相应判断不符。

(2) 情感与理性两种元素可反复迭代(直觉与其他认知能力间"反复迭代互动"),即多种能力难以分离。

(3) 大脑的情感与理性区域不存在明显界分。

这些批评通常会被研究者延伸得更远,以致批评形式多样。例如它们可能被表述为功能性磁共振技术无法区分相关性与因果性之间的差别(格林式实验伦理学将相关性与因果性混为一谈),因为因果关系的推断需要:(1)自变量与因变量共变、(2)因变量在时间上后于自变量、(3)实验能够排除混杂变量。所谓的混杂变量是指与所做实验无关的变量。循此逻辑,研究者可能指出功能性磁共振技术无法排除:i. 人们填写调查问卷时受到不符合实际的实验压力,ii. 人们在理解调查问卷中的某些问题时需要调用超过平均量的理性或情感能力,iii. 用于对照提高结果准确度的道德问题在道德上存在本质区别,iv. 道德问题判断的机制可能是由情感后置或理性后置等诸多方面的实验性问题导致的。从而使格林式实验伦理学的实验结果并不具有效力。①

以上批评理由可以被粗略地概括性地等同于心灵哲学中多重可实现论题的

---

① 更长远地说,批评者往往通过将格林式实验伦理学的实验部分与理论部分区隔开,达到否认格林式实验伦理学的价值的目的。参见:Paulo N. In Search of Greene's Argument[J]. Utilitas, 2019, 31(1): 38-58。

表述。即同一功能可以被多种不同的方法实现,或者同一功能实现时具有多种不同的特征。然而笔者不认为这一论题的成立足以对格林式实验伦理学所用的功能性磁共振方法造成难以应对的困难,理由是:我们不仅可以通过概念性论证的方式规避形而上学困难(本书第三章已经指出该出路),还可以在完全承认多重可实现困难的同时,通过改善功能性磁共振技术这一经验方法的缺陷克服目前研究者的批评。因此,笔者将在本书中通过论述多重可实现论题争论,从概念与经验两个层面说明多重可实现性困难的回应方法,然后从经验上为格林式实验伦理学设想应对该困难的具体实验方法:本书将指出同步脑电-功能磁共振(EEG-fMRI)技术可以处理该困难。

6.2.1 多重可实现问题

在心灵哲学领域,多重可实现性是指一个类型的心理属性、事件或状态能够在多种不同的物理、属性与事件状态下实现。相当于说,心理属性(或事件、状态)与物理属性(或结构、状态)之间没有一对一的关系。这一主张的含义可被下面的思想实验更清楚地显现与解释:

有一天,友好的外星人来到了人类生活的地球。他们的行为在各种条件下与人类的行为都非常相似,于是人类很快开始使用人类世界自己的心理术语来解释或预测这些外星人行为。比如,一些人认为外星人汤姆之所以喝大量饮料,理由是:他有喝液体饮料的欲望,并且他喜欢地球饮料的味道。然而,意外的是,在这些友好的外星人造访地球期间,一个外星人突然死亡。外星人给予人类许可,同意人类对这名死亡的同伴做尸检。然而,当人们打开外星人尸体头颅的时候却根本找不到任何与人类大脑类似的解剖学结构,而且外星人头颅中脑髓液不仅是绿色的,没有神经细胞,头颅里面所包含的物质也完全是硅基而非碳基的。这显然意味着外星人缺乏像人类一样的大脑。但人类必须接受的事实是外星人跟人类一样拥有心理属性(或事件、状态)。

该故事表明下面的逻辑是成立的:某一类型的心理状态(如喝液体饮料的欲望、喜欢地球饮料的味道)能够被多种不同的物理属性(或结构、状态)实现,并且这些不同的物理属性或状态在任何层面上都没有相似之处。

在哲学史中,该故事中反映的问题由普特南于20世纪60年代引入,被称为多重可实现性问题。以上故事是普特南孪生地球思想实验的翻版。这类故事之所以被引入,首要的理由是普特南想以此令人迷惑的现象作为自己反对当时学界流行的还原论的身-心同一性理论的论证前提。他在《心理谓词》①一文中的具体论证是：

P1：疼痛感存在。

P2：持有身-心同一性还原论主张的研究者必须为疼痛感的存在指明一种物理-化学状态，而且这种状态不仅仅只有哺乳动物具有，任何生物器官或组织都能具有。也就是说，每一个生物器官或组织都必须具有还原论者所主张的物理-化学结构的大脑，并且这样的大脑处于还原论者主张的物理-化学状态。

P3：身-心同一性还原论者不能满足要求，因为其所谓的那种物理-化学状态的大脑对任何大脑来说都一样是不可能的。例如，我们可以至少找到一种心理谓词能被同时应用于哺乳动物与软体动物，但实质的物理-化学联系却在两者中并不相同，比如饥饿感。

C：身-心同一性还原论主张不正确。

普特南还把上述论证应用到对心灵的功能主义理论的捍卫中。他的功能主义理论将心理类型等同于机器的概率自动机（Probabilistic Automaton）指令表状态。② 如此一来，作为符合多重可实现性要求的身-心同一性理论，功能主义变成还原论的有吸引力的替代性理论。

1974年，杰里·佛多（Jerry Fodor）在《特殊科学，或将科学的非统一性作为工作假设》中将普特南的多重可实现性论证泛化，对所有版本的还原主义身-心同一理论做出挑战。③ 这一在心灵哲学领域具有里程碑性质的论文可以被要点性地概括如下：

---

① 参见：Putnam H. Psychological Predicates[J]. Art, Mind, and Religion, 1967(1)：37–48.
② 使用图灵机为例更容易使人理解"概率自动机"的含义。图灵机是一台计算设备的抽象表征。它包含一个能扫描方形两个维度且长度可能无限的磁带的读写头，每个维度都使用0与1两种参数对数据进行罗列。机器的计算工作从读写头读取方形磁带开始：读写头能删除自己位置的0与1排列，写入新的0与1参数。读写头的行为完全由三个条件决定：(1)机器所处的状态、(2)读写头扫描的方形磁带上的参数、(3)运行指令表。对于每个状态和二进制输入来说，指令表指定了机器读写头应该写什么、应该移入哪个方向，以及它应该进入哪个状态。例如，"如果在状态1中扫描0，那么打印1、向左移动，并进入状态3"。该表只能列出有限多个状态，每个状态都由它在指令表中扮演的角色隐性地限制。这些状态通常被称为机器的"功能状态"。参见：De Mol, Liesbeth. Turing Machines[EB/OL]. [2018–12–01]. https://plato.stanford.edu/archives/win2018/entries/turing-machine/.
③ Fodor J A. Special Sciences (or: The Disunity of Science as a Working Hypothesis)[J]. Synthese, 1974, 28(2)：97–115.

- 拓展普特南的多重可实现性论证到对"理论间还原"的身-心还原主义理论的批判中。
- 他认为,通过物理-化学状态的分离来识别心理状态的"析取策略"是不可能的。
- 暗示了多重可实现性的两种意义之间的重要区别:跨结构类型的多重可实现性、多维时间内单系统内的多重可实现性。前者意味着不同类型的物理结构(哺乳动物大脑、爬行动物大脑、软体动物大脑、硅基外星人的绿色大脑)可实现相同的心理状态,后者意味着人类大脑可能在不同时间的不同物理状态下实现相同的心理状态(取决于大脑进行学习或执行其他任务时所引发的神经变化)。①
- 将反对还原论的论点扩展到非心理学和"特殊科学"领域,不再仅局限于基本物理学范围。
- 发展了"象征物理主义"理论(一种比还原论更弱的学说),它具有"多重可实现性考虑"和"足以用于任何合理目的"两个特征。

简要地说,佛多的身-心多重可实现性论证是像下面这样实现的:

以欧内斯特·内格尔(Ernest Nagel)在1961年提出的还原主义立场的代表性理论为例。内格尔将"还原"理解为从还原理论的基础规则中推导出还原理论的每一条规则。② 然而,还原理论显然不包括这一理论所谓称的东西。例如,微观物理学与统计物理学的规则不包含对经典热力学规则的谓称"压强"与"温度"。因此,还原理论中必须使用桥梁法则建立两种理论体系之间的联系,即目标规则与源规则之间的某种属性(状态、事件或过程)应该能被还原理论解释或谓述。这意味着谓称必然发生在还原理论的原则以内。显然,任何从心理学到物理学或者从物理学到心理学的理论间还原都需要桥梁原则,因为任何物理科学都不可能包含心灵性的谓词。但我们同时必须知道,如果将还原论当作物理主义立场的一种的话,桥梁原则就必须被理解为一种偶然的同一性主张,比如心理状态 M 偶然地等同于物理状态 P。此时,若将身-心的多重可实现性特征引

---

① 比如实现物理主义,如果某物体 P 在时间 t 有某种心理状态 M,那么 P 是一个物理状态(或属性),并且 P 在 t 有 M 是由于 P 在 t 有某种物理性质 X 干 t 在 P 中实现了 M。
② 欧内斯特·内格尔. 科学的结构:科学说明的逻辑问题[M]. 徐向东,译. 上海:上海译文出版社, 2002:13.

入,那么物理谓词 P 在心理的桥梁规则中将不得不疯狂地无限分裂:心理状态 M 等同于{哺乳动物大脑的物理状态 P1 或爬行动物大脑的 P2 或软体动物大脑的 P3 或……或硅基外星人的绿色大脑 Pn}。这意味着,即使上述分裂是有限的,所需的桥梁谓词也可能最终不出现在任何物理科学的原则中。所以,在任何可能的还原性的物理科学中,谓词分离并不意味着能被认为是与解释或谓述相关的,否则就会遭遇"宇宙规模的意外"①。

然而,以上多重可实现性论证受到众多研究者的反驳。其中刘易斯做出的反驳最为有名。他认为 P4、P5、P6 实际上只是 P7、P8、P9 的简写:

P4:中奖的彩票号码只会有一个。

P5:中奖的彩票号码是 03。

P6:中奖的彩票号码是 61。

P7:同一时刻,中奖的彩票号码只会有一个。

P8:t 时刻,中奖的彩票号码是 03。

P9:t′时刻,中奖的彩票号码是 61。

这样一来 P4、P5、P6 就不会像看起来那样不融贯(因为它们实际上是 P7、P8、P9,显然是融贯的)。

同理,刘易斯认为下面遭到多重可实现性问题攻击的 P10、P11、P12 也只是 P13、P14、P15 的改写:

P10:"痛苦"的物理-化学实现仅有一种方式。

P11:"痛苦"的物理-化学实现是人类大脑的状态。

P12:"痛苦"的物理-化学实现是硅基外星人的绿色大脑的状态。

P13:对于一种生物类型来说,"痛苦"的物理-化学实现仅有一种方式。

P14:在人类当中,"痛苦"的物理-化学实现是 α 类型大脑的状态。

P15:在友好的外星人群体 γ 中,"痛苦"的物理-化学实现是硅基外星人的绿色大脑的状态。

也就是说,刘易斯回应多重可实现性问题的方案是将还原与同一性归属到某个特殊的现象学领域中。如此,由于还原并非泛指性的还原,那么依此建立的身-心同一性理论也并非完全任意而是与具体的对象有关的。科学史上这样的

---

① 胡光远. 约翰·塞尔的意义理论研究[D]. 上海:华东师范大学人文学院哲学系,2014:33.

还原显然屡见不鲜。例如,虽然温度具有多重可实现特征,但气体中的温度是平均分子动能,固体中的温度则是最大平均分子动能(因为固体分子在晶格结构中结合并且其运动方式被限制为振动)。更进一步说,在没有任何分子成分的真空中,虽然由于电磁波而存在的温度仍然存在,但这种温度通常被叫作"黑体温度"。因此,从概念性的角度考虑,在实际的科学案例中,身-心问题中多重可实现性特征的存在并不影响还原性理论。[①]

此外,在牛津大学2016年出版的《多重实现之书》中,托马斯·波尔格(Thomas Polger)和劳伦斯·夏皮罗(Lawrence Shapiro)从实践性的角度对多重可实现性论题进行了批评。[②] 他们主张多重可实现应该被看作是经验性假设,而且科学研究中实际的多重可实现性特征极少被发现:两人通过分析雪豹恢复视力、人类三色视觉、哺乳动物感觉皮层和禽背侧凸透镜脊(the Avian dorsal Venticular Ridge)之间的相似性、人类与章鱼间支持记忆形成的神经结构的相似性、多种鱼类以感觉性为目的产生微弱电信号的方式等六个案例,指出这些代表性的支持多重可实现性的经验性案例在逻辑推理上并不正确,达到了为自己观点辩护的目的。

以最著名的雪豹恢复视力案例为例,支持多重可实现性特征的研究者认为雪豹恢复视力是通过将雪豹的视觉通道与其大脑的听觉皮层建立联系实现的。[③] 即视觉神经受损的雪豹之所以能够恢复视力,原因在于视觉能力是多重实现的,比如它实际上通过听觉神经的活动来实现视觉神经的工作。波尔格与夏皮罗指出雪豹视力恢复现象的出现来自雪豹听觉神经被重新组织成了视觉神经的模样,因为雪豹受伤前后的大脑听觉皮层实际上完全不同。在他们看来,冯·梅尔切纳(Von Melchner)等人2000年的实验[④]能够说明雪豹能够恢复视力

[①] Bickle, John, eds. The Oxford Handbook of Philosophy and Neuroscience[M]. Oxford: Oxford University Press, 2009: 291.
[②] 参见:Polger T W, Shapiro L A. The Multiple Realization Book[M]. Oxford: Oxford University Press, 2016.
[③] 马根卡·苏尔(Mirganka Sur)和他的同事改变了雪豹的神经连接,使雪豹眼睛的连接与视觉皮层断开,并重新连接到他们的听觉皮层。参见:Roe A W, Pallas S L, Kwon Y H, et al. Visual Projections Routed to The Auditory Pathway in Ferrets: Receptive Fields of Visual Neurons in Primary Auditory Cortex[J]. Journal of Neuroscience, 1992, 12(9): 3651–3664.
[④] 该实验发现视力得到恢复的雪豹虽然能执行依赖视觉能力进行的行为任务,但能力远远不如正常雪豹,马根卡·苏尔(Mirganka Sur)参与并证实了该实验。参见:Von Melchner L, Pallas S L, Sur M. Visual Behaviour Mediated by Retinal Projections Directed to the Auditory Pathway[J]. Nature, 2000, 404(6780): 871.

的程度取决于其听觉皮层的结构与视觉皮层的典型结构相似的程度。也就是说,雪豹的心理过程依赖于与视觉处理能力相同的物理结构。①

实际上,从克里夫·胡可(Cliff Hooker)到金在权(Jaegwon Kim),大量研究以上述类似的概念性理论或经验性理由为据怀疑或拒绝身-心关系中多重可实现性论证与现象的成立。而且绝大多数研究者均认为即使多重可实现性困难存在,它也不能成为普遍怀疑心理研究可能性的理由,所以主张经验性层面的多重可实现性困难能被未来进一步精确化的数学集合理论、拓扑学理论与实验方法克服。

因此,笔者将在下一部分中简要梳理功能性磁共振技术形成实验结果的原理,然后依此设想能令格林式实验伦理学获得更精确实验结果以克服经验层面的多重可实现性困难的新实验方法。

6.2.2　基于EEG-fMRI技术的弥补措施

6.2.2.1　功能磁共振(fMRI)技术的劣势

fMRI是通过磁共振信号变化监测与跟踪大脑内血氧水平依赖(Blood Oxygen Level Dependent)信号的实验方法。② 粗略地说,在该技术实施时,实验对象需被放置在磁共振扫描仪中,其大脑暴露在一个1.5特斯拉或3特斯拉的稳定磁场中。扫描仪运行时,实验对象头顶附近放置的高频线圈将通过发送短暂的电磁脉冲信号干扰原本稳定的磁场,实验者检测脉冲信号结束后磁场回到最初状态时高频线圈所发送的磁共振信号。这一磁共振信号值得被检测的原因是:由于氧化血红蛋白与其他脱氧血红蛋白的磁性不同,所以神经细胞活动时所导致的氧化血红蛋白与脱氧血红蛋白的比例(血氧水平)变化将带来磁共振信号的变化。

可以想象血氧水平依赖信号的变化幅度不大③,而且这种监测容易受到磁共振信号失真的影响:比如设备运行时微弱的震荡、热量的变化、实验者头部的

---

① Polger T W, Shapiro L A. The Multiple Realization Book[M]. Oxford: Oxford University Press, 2016: 433.
② 聂生东,聂斌. 脑功能磁共振成像及其应用进展[J]. 中国医学影像技术, 2003, 19(2): 242–246.
③ 张忠林. 脑血氧水平依赖性功能MR成像研究与进展[J]. 国际医学放射学杂志, 2001, 24(2): 65–69.

活动以及神经细胞本身代谢活动水平的微量改变都会对磁共振信号造成影响。这意味着,神经细胞活动时与不活动时的大脑活动情况很难被直接地正确反映。因此,为解决这一问题,实验者使用了诸如一般线性模型、回归模型、独立组成分析等统计学或推理办法来得到可用的 fMRI 实验结果。[①]

从上面简单的原理中,我们可以看出 fMRI 实验结果受到以下 3 个因素的影响:

(1) 血氧水平依赖信号的保真度;

(2) 监测血氧水平依赖信号的可靠程度;

(3) 处理血氧水平依赖信号监测结果理论的信校度。

上述 3 个因素显然是层级依赖的,即(2)与(3)依赖于(1)、(3)依赖于(2)与(1)。该事实意味着,在我们只考虑因素(1)的情况下,由于血氧水平变化是一种生物性的变化,血氧水平无法在非常短暂的时间内急速改变,所以 fMRI 实验结果在理论上注定无法为实验者提供时间上精确的神经活动数据。在格林式实验伦理学研究中,这一技术缺陷意味着 fMRI 最多只能为研究者提供"哪些脑区在道德判断中被激活"这样的数据。然而我们至少需要知道 a. 理性与情感脑区的激活顺序,b. 理性与情感脑区的变化频率两方面的内容,并计算理性与情感脑区的协同或拮抗的高时间分辨率的准确情况,才能为格林式实验伦理学遭遇到的多重可实现性挑战辩护。

6.2.2.2 脑电图(EEG)监测技术的优势

EEG 是经颅骨低通滤波后的大脑皮层脑电图。这是最常见的生理心理学研究数据,研究者们普遍认可它能直接反映大脑的活动规律。目前许多研究已经找到众多技术手段实现对幸福、惊讶、愤怒、害怕、厌恶、悲伤等数十种情感表现在脑电图中的波形进行精确定位。[②] 同样,理性认知能力的调用也已经被众多研究者通过各种手段在脑电图的波形中精确识别。

这种借助神经细胞生物电活动时跨膜电位变化实现的波形图显然可以令格林式实验伦理学及时且明确地获得(1)理性与情感脑区的激活顺序,(2)理性与

---

① 黎元,张俊海,冯晓源,等. 脑功能性磁共振成像的生理学基础[J]. 中国医学计算机成像杂志, 2004, 10(5):308 – 313.

② 参见:Li M, Xu H, Liu X, et al. Emotion Recognition from Multichannel EEG Signals Using K-nearest neighbor Classification[J]. Technology and Health Care, 2018, 26(S1): 509 – 519。

情感脑区的变化频率,因为电信号的传播速度比血氧水平这种生物性的变化快得多。然而,脑电图检测方法无法被单独使用,因为脑电图波形必然存在无法消除的个体性差异,这被称作"在数学上没有唯一解的病态逆问题"[1]。也就是说,它在理论上完全无法为研究者提供"哪些脑区在道德判断中被激活"这样的数据。

6.2.2.3 同步脑电与功能性磁共振技术结合(EEG-fMRI)的现实性

从上面的分析可知,功能磁共振技术与脑电图检测技术可以为实验者解决:(1)道德判断中理性与情感脑区的激活情况、(2)道德判断中理性与情感脑区的激活顺序、(3)道德判断中理性与情感脑区的变化频率。这样三项数据将能够完全地从经验层面回应多重可实现性问题对格林式实验伦理学的挑战。

幸运的是,两种技术确实可以被结合:从1993年开始,众多研究者就开始尝试将 EEG 和 fMRI 整合以对大脑进行高空间分辨率与高时间分辨率的研究。[2]

史蒂芬·德贝纳(Stephen Debener)等人在《单试验 EEG-fMRI 揭示了认知功能的动力学》一文中将同步脑电与功能性磁共振技术结合的优劣势总结成了表格。他们的表格比较直观地反映出了笔者此处试图指出的内容,即格林式实验伦理学克服功能性磁共振技术的缺陷需同时采用同步脑电检测的理由。

表1 同步脑电-功能性磁共振技术的优劣势[3]

采集性能指标	非结合状态时	结合状态时
顺序效应是否被消除?	否	是
同种类的感觉与刺激是否可被有效区分?	否	是
同种类的主观经验是否可被有效区分?	否	是
同种类的行为是否可被有效区分?	否	是
实验质量是否更容易得到进一步优化?	是	否
最佳信号质量是否更容易得到?	是	否

逻辑上,两者整合时可采用的技术有交替采集、触发采集与同步采集三种,它们的实现难度并不是相同的。其中第一种方案最为简单。所谓交替采集是指

---

[1] Parasuraman, Raja, and Matthew Rizzo, eds. Neuroergonomics: The Brain at Work[M]. Oxford: Oxford University Press, 2008:19.

[2] 何继军,沈辉,胡德文,等. EEG/fMRI 融合分析综述:脑模型、算法和应用[J]. 计算机工程与科学, 2007, 29(12):74-81.

[3] Debener S, Ullsperger M, Siegel M, et al. Single-trial EEG-fMRI Reveals the Dynamics of Cognitive Function[J]. Trends in Cognitive Sciences, 2006, 10(12): 558-563.

EEG 与 fMRI 信号被交替采集，比如实验者记录的 EEG 是两次 fMRI 测试间的数据。也就是说，EEG 和 fMRI 信号并未完全对应。触发式采集法是指在 EEG 记录到异常事件后，实验者才开始进行 fMRI 扫描。同步采集法将保证 EEG 与 fMRI 信号完全对应，即两者记录到的神经活动完全一致。

实际上，目前 EEG 与 fMRI 同步采集时的技术问题（受试者不安全、线圈难以谱化设计、fMRI 图像质量差等）已经得到相对完善的解决。① 德国 Brain Products 公司已经生产并销售了同步脑电与功能性磁共振技术的实验与医疗设备。② 多家机构正在使用该设备。

图 4　量产 EEG&fMRI 测试仪示意图③

不过需要重点注意的是，同步脑电与功能性磁共振技术的缺点在于同步脑电检测需要通过信号滤波处理来消除相关干扰信号的影响，从而保证或提高实验数据的质量。④ 而且脑电检测设备对磁共振机的磁场分布也有一定干扰，必

---

① Selma Supek, Cheryl J. Aine. Magnetoencephalography: From Signals to Dynamic Cortical Networks [M]. Berlin: Springer, 2014: 17.
② 参见：https://www.brainproducts.com/productdetails.php?id=5。
③ 更为准确的工作示意图参见：赵治瀛，雷旭. fMRI 功能网络在同步 EEG 条件下的稳定性[C]// 第十五届全国心理学学术会议论文摘要集，未刊，2012。
④ 雷旭，尧德中. 同步脑电-功能磁共振（EEG-fMRI）原理与技术[M]. 北京：科学出版社，2014：336。

然导致功能性磁共振图像中出现伪影。另外,如果格林式实验伦理学需要对大脑进行更深入的研究,比如实施一些关涉人类深部脑区(大脑皮层下组织参与的奖赏回路、与海马区相关的记忆加工等)的实验,同步脑电与功能性磁共振技术的采用也必然会使实验者遇到单独进行脑电检测时的麻烦:同步脑电与功能性磁共振技术对大脑深部结构中的神经点位活动不够敏感。不过众多实验者已经确认,随着硬件设备的更新与信号处理水平的发展,该麻烦将越来越小。[①]

6.3 小结与前瞻:导向对实验操作困境的超越

我们在本章中结束了研究者关于"问卷调查法的问题"和"功能性磁共振技术的缺陷"的指责:

在处理"问卷调查法的问题"时,笔者首先论述了实验哲学研究者与传统哲学研究者关于直觉的争论,然后以皮考宁为例,否认了问卷调查法将哲学问题过度简单化的指责。我们提供的理由是:基于皮考宁的"健全直觉"与"表面直觉"区分,实验哲学对传统哲学的挑战应仅在于健全直觉,因此,问卷调查法无论对持有何种立场的反思平衡观点的传统哲学来说都具有相当的价值——它不仅能促进反思平衡的运行,而且能使反思平衡达到新的状态。不过我们没有否认问卷调查法的缺陷,更不认为实验哲学事业仅凭问卷调查法就已足够。相反,本书在另一部分给出了弥补问卷调查法无法很好处理皮考宁提出的三个缺陷的新进路:同时采用内隐联想测试、情感错误归因范式、加工分离范式、眼动追踪法,或结合个别、全部方法进行新的实验设计。

在处理"功能性磁共振技术的缺陷"时,笔者首先将研究者针对格林式实验伦理学所用 fMRI 技术的批评归纳为哲学史上的多重可实现性争论,然后在论述多重可实现性论证的基础上,从概念性与经验性两个角度对该论证的有效性做了反驳。我们为 fMRI 实验手段提供的辩护理由可以简单地概括为:(1)fMRI 所检测的对象是具体而非抽象或任意的;(2)基于 fMRI 的经验性研究在推理逻辑上可以更加准确。以上两点内容的实现可以采用笔者所设想的将 EEG 与 fMRI 结合的新进路,因为这两者的结合可以为格林式实验伦理学带来空间分辨率与

[①] Abreu R, Leal A, Figueiredo P. EEG-informed fMRI:a Review of Data Analysis Methods[J]. Frontiers in Human Neuroscience, 2018,12:29.

时间分辨率的提高,所以格林式实验伦理学的结果更加具体、论证逻辑更加准确。在介绍这种新进路时,本书不但在理论上给出了该方案的优势,实际上也指出了其执行的方法。

然而,我们不认为自己提出的两种新进路足以克服格林式实验伦理学的实验操作困境,因为它们明显类似于"亡羊补牢",是完全依赖并后置于其他研究者指责的被动方案。因此,我们有必要突破此难题:设想超越格林式实验伦理学的实验方法困境的方案。笔者将在下一章进行这样的工作。

7 虚拟现实技术对实验操作困境的超越

虽然本书花费大量篇幅说明了概念性困境、立场性困境、方法论困境与实验操作困境的出路，也论述了"调查法的问题"与"功能性磁共振的缺陷"的克服方法，但这些出路和方法仅仅属于完善性的方法，依赖于它们的回应是无法令格林式实验伦理学的批评者满意的，因为众多研究者对格林式实验伦理学实验方法的批评实际上不是"能不能"而是"可不可以"的问题：他们批评问卷调查法和功能性磁共振技术的问题的原因在于企图否认格林式实验伦理学的必要性与可能性。例如，蒂蒙斯在《以情感为基础的义务论》(Toward a Sentimentalist Deontology)中就是如此论述的。他强调格林式实验伦理学必然遇到滑坡问题：如果伦理学研究者企图通过实验寻找依据，那么他不仅必须为该实验依据提供依据，更得不断为实验依据的依据提供依据。[1] 无限倒推，这样的事实显然意味着，如果我们仅仅只能对批评者现在已经提出或可能提出的问题作出回应、辩护及寻找出路，那么格林式实验伦理学将不得不一直处于无限倒推的"查漏补缺"中，最终囿于一隅。

因此，为了给出格林式实验伦理学的真正出路，我们将在本章基于对思想实验的经验性反思，从逻辑上还原格林式实验伦理学的应然旨趣，设想能够替代性的超越现有格林式实验伦理学实验方法困难的实质性方法。具体地说，笔者将先通过论证共情能力的不同区分，指出电车难题式思想实验必须得到经验性的研究，明确格林式实验伦理学采用经验性实验方法的必要性。接着，以此必要性理由为羁，笔者将简要介绍数个过去已经进行过的与格林式实验伦理学研究问题相关的虚拟现实实验，从而说明格林式实验伦理学研究采用虚拟现实技术实现自身研究目的的可能性。最后，笔者设想了格林式实验伦理学研究与虚拟现实技术相结合的两个具体方案，其中与功能性磁共振技术结合的方案对受试者的限制较多，与无创伤光学成像技术结合的方案更有可能使实验者得到具有说服力的成果。

---

[1] Sinnott-Armstrong, Walter, ed. The Neuroscience of Morality: Emotion, Brain Disorders, and Development[M]. Cambridge: MIT Press, 2008: 93–104.

7.1 对电车难题做出经验性研究的必要性

我们知道,同情(Sympathy)与共情(Empathy)间最大的区别在于两种情感所引发的认知性思考方向不同:仅持有同情心的人在与他人交流时,考虑的是将他人当作自己,思考如果自己处于他人的事态或情景之下,自己会有怎样的感受;仅持有共情心的人在与他人交流时,考虑的是将自己当作他人,思考他处于那样的事态或情景之下,自己会有怎样的感受。① 这意味着,共情情感的实现需要人们能够感受他人的感受。形象地说,如果汤姆感到悲伤,当约翰与其共情的时候,约翰也应该与汤姆感受到同样的悲伤。相应地,同情不需要汤姆与约翰具有共同的情感;相反,在某些情况下,汤姆与约翰若享有共同的情感还会妨碍同情的出现。例如,当汤姆感到悲伤,约翰对他产生同情的时候,约翰并不会感到悲伤,而可能感受到关怀或爱的情感。通常当汤姆的悲伤令约翰很难受时,约翰也不会对他产生同情。

由于同情实际上并不真的涉及自我以外的人②,所以笔者出于本节目的不再讨论它。

与同情相对应,共情这种情感由于与他人存在关系,更值得被研究,所以研究者通过对它做出细致区分,将其概念所蕴含的内容清晰化③。按照《劳特利奇哲学同情手册》中"同情与理解"部分的文章,研究者对"共情"概念的无争议区分可大致归纳如图5。

感染性的共情也被艾文·戈德曼(Alvin Goldman)和乔丹·露西(Lucy Jordan)称为镜像性共情心。④ 这是一种瞬时的非认知主义情感。研究者们认为这种情感既有可能受到内隐偏见的影响,也有可能受到外显偏见的影响。⑤ 皮

---

① 例如:蔡蓁,赵研妍. 从当代道德心理学的视角看孟子的恻隐之心[J]. 社会科学,2016(12):121–127.
② 匡宏. 休谟道德哲学中的情感与理性关系研究[D]. 武汉:武汉大学哲学学院,2010:134.
③ 邓文华,胡蓉. 心灵哲学的医学人文关怀:共情说的回归[J]. 医学与哲学(A),2017,38(6):36–40.
④ Baron-Cohen, Simon, Helen Tager-Flusberg, and Michael Lombardo, eds. Understanding other minds: Perspectives from Developmental Social Neuroscience[M]. Oxford: Oxford University Press, 2013:60.
⑤ Avenanti A, Sirigu A, Aglioti S M. Racial Bias Reduces Empathic Sensorimotor Resonance with Other-race Pain[J]. Current Biology, 2010, 20(11): 1018–1022.

特·霍布森(Peter Hobson)在《思想的摇篮》一书中指出,它类似于镜像神经元在大脑感觉与运动皮质中的活动,绝大多数情况下都是从出生时就已经被大部分人拥有的。①

图 5 共情概念细分图②

与之相对应的是认知推理性的共情。顾名思义,这种情感是认知性的。依照卡斯滕·斯图伯的划分,它还可以进一步细分为"理论到理论的推理"与"转换视角的推理"③。前者比后者更少涉足情感,它是人们根据事实运用自身的某些心理学常识或理论做推测的认知性情感。希瑟·巴塔利(Heather Battaly)在《美德》中所谓的共情指的就是这种情感。④ 在他看来,"共情是一个人获得对另一个人心理状态、信念、知识的认知性掌握的过程"⑤。由于类似认知性理由,此共情情感又可区分为描述性与规范性两种。"转换视角的推理"也可以被区分为"模拟性的"与"身处他人视角的"。其中模拟性的同情不要求实施者将自己"真实的"放入他人的视角之下,类似于卡斯滕·斯图伯(Stueber Karsten)所谓的"基于规则的共情心"(reenactive empathy)⑥,指"利用认知和慎思能力,人们

---

① Hobson P. The Cradle of Thought: Exploring the Origins of Thinking[M]. London: Pan Macmillan, 2004: v.
② 参见: Maibom, Heidi, ed. The Routledge Handbook of Philosophy of Empathy[M]. Oxford: Taylor & Francis, 2017: 91-231。
③ Stueber, Karsten. Empathy[EB/OL]. [2019-03-02]. https://plato.stanford.edu/archives/fall2019/entries/empathy/.
④ Battaly H. Virtue[M]. Hoboken: John Wiley & Sons, 2015: ii.
⑤ Coplan, Amy, and Peter Goldie, eds. Empathy: Philosophical and Psychological Perspectives[M]. Oxford: Oxford University Press, 2011: 286.
⑥ 韩玉胜.移情能够作为普遍的道德基础吗?——对斯洛特道德情感主义的分析与评论[J].哲学动态,2017(3):84-89.

在自己的头脑中重新制定或模仿他人的思维过程"①。相反,"身处他人视角的"(in-their-shoes)则要求视角转换的真实性,它要求行动者从他人的视角看待自己,思考他人在自己的视角下拥有怎样的感受。②

例子更容易使我们理解以上区分。假设汤姆知道自己失业了,但他实际上并不希望失业,因而认为自己受到的伤害是不公正的。"理论到理论的推理"将帮助与汤姆共情的约翰预知到汤姆可能因为自己被炒鱿鱼而感到愤怒、悲伤。约翰的愤怒、悲伤出于自身的认知结构,比如他因与汤姆共情而将"受害"本身理解为不公正,将炒鱿鱼造成的伤心感理解为愤怒。显而易见,约翰的愤怒与悲伤情感完全出自演绎推理,他得到这些情感完全不需要进行转换视角的推理:既不需要对汤姆的视角进行模拟,也不需要使自己"真的"处于汤姆的视角。逻辑上,约翰基于这种类型的共情对汤姆的情感所做出的预知不但可以通过描述性的方式进行,也可以依赖自身所认可的规范性目标,通过规范性的方式进行。即约翰要么对汤姆的情感进行纯描述性的预知,要么通过规范性理由"应该怎么想"来预知汤姆的情感。后一种情况就是亚伦·西蒙斯(Aaron Simmons)所谓的"决定人们应该怎样感受、思考与判断的东西取决于规范性理论与民间心理学常识或理论的结合"③。更形象的例子是,当人们第一次在野外遇见熊,不能确定自己是否应该害怕它的时候,规范性的"理论到理论的推理"将告诉他们应该害怕熊,但描述性的"理论到理论的推理"仍然使"是否应该害怕它"这个问题保持开放。

彼得·戈尔迪(Peter Goldie)在《理解情感:心灵和大脑》一书中指出"模拟性"的同情实现时不可能取得应有效果。④

形象地说"视角转换推理"通常被看作这样的过程:假如汤姆感到饥饿,约翰知道自己可以容易地在附近找到食物,那么在约翰没有受到任何奇怪限制,并且汤姆与约翰性格相似的情况下,约翰将能够成功地通过想象自己该做什么,知道汤姆应做什么。

---

① Stueber K. Rediscovering Empathy: Agency, Folk Psychology, and the Human Sciences[M]. Cambridge: MIT Press, 2010: 27.
② Prinz J. The Emotional Construction of Morals[M]. Oxford: Oxford University Press, 2007: 44.
③ 引文的词语表达顺序有修改。Simmons A. In Defense of the Moral Significance of Empathy[J]. Ethical Theory and Moral Practice, 2014, 17(1): 97–111.
④ Goldie P. Understanding Emotions: Mind and Morals[M]. New York: Routledge, 2017: 102.

戈尔迪认为在现实世界中，以上的基本情况是不可能存在的，主要的理由在于现实世界中共情者与被共情者经常会在创造共情的方式上不同。他认为当约翰试图通过视角转换的方式与汤姆共情的时候，约翰将不得不考虑与自己不同的汤姆的特征，但他又无法同时意识到两种不同的特征。原因在于，典型的心理倾向是被动性的，或者人们有意识地思考和感觉都被心理倾向直接塑造。① 也就是说，约翰无法有意识地将汤姆的特征保存在无意识背景中，从而考虑汤姆在某种场景下将做怎样的决定。这意味着，约翰有义务在企图通过转化视角的方式处理汤姆的特征时使用自己的理论理性与经验推理能力。如此一来，约翰做出的"转换视角的推理"其实已经相当于"理论到理论的推理"。戈尔迪因此认为这样的同情模式必然使约翰得到扭曲的关于汤姆思维的模型。②

他的论证是：

P1：心理模拟是有意识地构建过程。

P2：环境的情景因素与性格的本质特征不能被人有意识地考虑。

P3：心理模拟必须考虑环境的情景因素与性格本质。

C：心理模拟是不可能实现的。

具体地讲，戈尔迪上面的论证蕴含两个拒斥模拟性转换视角推理的理由。

（1）情境特征不存在于行动者的无意识体验。许多研究者都已指出人们的背景性经验包括位置因素都对决策判断行为存在严重影响。例如，无论人们感到快乐或者厌恶，这些情感所引发的一系列情感偏见都会影响判断③。虽然目前学界关于具体何种特征会对判断产生影响尚处于争议中，但我们基本可以认

---

① Coplan, Amy, and Peter Goldie, eds. Empathy: Philosophical and Psychological Perspectives[M]. Oxford: Oxford University Press, 2011: 32.

② 戈尔迪的观点需要在排除掉共情可实现的最小条件下才能实现。他所谓的共情可实现的最小条件是：(a)汤姆与约翰的心理倾向不存在影响两人共情的特征，两人都可被看作最小理性者；(b)约翰的心理构成或决策过程不受到影响其与汤姆共情的非理性特征的影响；(c)约翰的心理构成没有明显的混乱；(d)约翰不处于心理冲突的情况中，例如他不需要因为不懂得自己的偏好而难以在两个或更多的选项间做出抉择。在这种情况下，共情者与被共情者在所有相关方面都是等同的。符合最小条件的案例是指工具理性足以提供正确预见结果的案例。参见：Goldman A I. Simulating Minds: The Philosophy, Psychology, and Neuroscience of Mindreading[M]. Oxford: Oxford University Press, 2006: 79。

③ Seidel E M, Satterthwaite T D, Eickhoff S B, et al. Neural Correlates of Depressive Realism—An fMRI Study on Causal Attribution in Depression[J]. Journal of Affective Disorders, 2012, 138(3): 268 - 276.

为情感因素可以影响人们的判断,或者说情感因素将必然给第一人称视角着色。① 换句话说,虽然情景因素不是行动者有意识体验的一部分,但它们仅从定义角度说的确能够影响行动者的观点。这意味着,任何对情景因素的有意识模拟都会令情景因素失去影响,因为情景因素并不能作为行动者的有意识体验。

(2) 性格的本质在于它能够将不同的人无意识地分离。性格特征同样是视角的背景性特征,它对人们行动影响显然是隐性的(人们自己意识不到这一点)。比如,我们可以设想,即使约翰并不经常对勇敢怀有意识,但如果约翰确实是勇敢的,那么他就应该勇敢地行动。这意味着人们即使在转换视角的模拟性推理中考虑了性格因素的影响,勇敢行动者的体验也必然是不同于懦弱的行动者的。这样的事实使得人们无法对他人进行有效的共情。

戈尔迪提出的这两个问题明确说明对身处不同于己或性格不同的他人的模拟性共情是不可能实现的。这一理由更简单的表述是:如果情景与性格特征无法被有意识体验或这类隐性特征的影响不能被避免,那么作为有意识的构建过程的心理模拟将是不可能实现的。

笔者不认为戈尔迪所谓的将模拟性的转换视角推理扭曲成"理论到理论的推理"的理由不适用于"处于他人视角"的转换视角推理,因为"处于他人视角"的推理只能剔除掉性格特征的影响。例如,假设汤姆是一个脾气暴躁爱抱怨的人,他知道约翰是乐天的人。当汤姆试图处于约翰的视角的时候,他必须有意识地尝试考虑自己与约翰的所有已知差异。汤姆的考虑必然只能通过自己掌握的大众心理学常识或理论来进行:他不仅得依靠这些东西来知晓乐天的约翰如何行动,而且还得将这些知识与约翰的情景特征结合,这样他才能够达成处于汤姆视角的共情。显然"处于他人视角"的转换视角推理也坍缩成了"理论到理论的推理"。

许多经验性的研究能够为上面的观点提供辩护②,其中最有代表性的研究是琳达·莱文(Linda Levine)做出的。在《重构情感记忆》一文中,她指出人们没有办法准确模拟自己过去与未来的状态③,因为实验数据显示即使过去发生的事件与当下的时间距离短暂,受试者依然不能准确地将自己置入过去事件的情

---

① 彭波. 伯纳德·威廉姆斯的道德运气思想研究[D]. 厦门:华侨大学哲学学院,2017:10.
② Baker L R. Naturalism and the First-person Perspective[M]. Oxford:Oxford University Press, 2013:vi.
③ Levine L J. Reconstructing Memory for Emotions[J]. Journal of Experimental Psychology:General, 1997, 126(2):165-177.

感状态下:当莱文要求受试者回忆过去的负面情感并为自己的体验打分时,受试者给出的分数随着该事件距离当下的时间而增长,并不固定。这意味着,由于与自己过去状态下的环境情景特征相去甚远,受试者在重构记忆之时并不能够准确把握自己过去经历的情感效价。

相应地,著名的米尔格兰姆的服从权威实验可说明人们无法正确预见自身未来情感。该实验中的受试者全都没有能够预测到自己愿意对模拟的学习者施加超过150V的电击。① 这样的事实清楚地表明情境特征也会对人们处于他人视角的"转换视角推理"产生影响:人们没有能力在相同事件特征之下获得准确的共情情感。该理由很好地解释了人们对自己和他人行为的糟糕预见能力。

让我们重新思考格林式实验伦理学所采用的电车难题式思想实验。下面三个事实性叙述之间的张力是不难想象的:

(1)格林式实验伦理学的研究者企图应用电车难题式思想实验得到新的非理论性的发现以反驳现有理论。②

(2)电车难题式思想实验要求人们独立地想象自身处于某个场景中,并作出相应的道德判断。

(3)格林式实验伦理学的研究成果包含人们在面临电车难题式思想实验时情感与理性脑区的活跃的叙述。

叙述(1)意味着格林式实验伦理学不满足于电车难题式思想实验的启发式功能,叙述(2)意味着电车难题式思想实验是人们通过认知推理的共情方式完成的,叙述(3)意味着格林式实验伦理学的研究者需要受试者正确地实现"转换视角的推理"的共情(格林式实验伦理学显然不希望受试者仅仅完成"理论到理论的推理"的共情)。

如果笔者上面关于共情能力的分析正确,即在受到环境情景因素的影响时,"转换视角的推理"必然被扭曲为"理论到理论的推理",那么当叙述(2)正确的时候[叙述(2)不正确显然是不可接受的],叙述(1)将必然不正确,因为从实验中发现人们对

---

① 托马斯·布拉斯.电醒人心:20世纪最伟大的心理学家米尔格拉姆人生传奇[M].赵萍萍,译.北京:中国人民大学出版社,2010:41.
② 其他研究者如卡姆也希望通过对电车难题式思想实验的研究得到新的非理论性的证据。她并不想通过研究电车难题获得启发,比如将规范伦理学理论中的概念变得更加清晰;相反,她和格林式实验伦理学一样追求从电车难题中得到具有证明效力的新发现。参见:Cullity G. Concern, Respect, and Cooperation[M]. Oxford: Oxford University Press, 2018: 9.

现有规范性理论的支持情况并不是格林式实验伦理学的应然旨趣。同时,叙述(3)中格林式实验伦理学的研究成果也必然被降低,因为人们在处理电车难题式思想实验的时候,"转换视角的推理"的共情情感不复存在或产生作用的能力太小[①],使得格林式实验伦理学研究成果中关于做出道德判断时理性或情感能力的调用比较模糊:无法清晰区分情感调用来自人们对问题的理解还是对问题的解决。

简单地说,一方面,由于格林式实验伦理学不能放弃自己的伦理学身份,必须坚持实验中得到的数据是关于直觉的——实验并非调查不同人群对规范伦理学理论的理解情况,那么"理论到理论的推理"的共情显然是不符合格林式实验伦理学的应然旨趣的,因为该数据无法反映出人们的真实直觉。另一方面,从共情的分析中可知,格林式实验伦理学必须面临大脑数据无用的批评,因为检测人群中偏好某种规范伦理学理论的情况显然也是不符合格林式实验伦理学的应然旨趣的。

因此,笔者已经从格林式实验伦理学应然旨趣的角度说明了电车难题式思想实验的经验必要性。这意味着我们必须在设计格林式实验伦理学实验时考虑该如何令受试者进行"转换视角的推理"的共情。

7.2 应用虚拟现实技术的必要性与可行性

笔者认为采用虚拟现实技术对受试者进行电车难题式思想实验的测试可以使受试者拥有情境特征与真实的性格特征,从而使"转换视角的推理"类型的共情可以发生。下面三个已经完成的实验可以证明虚拟现实技术能够实现笔者的设想。它们同时也能说明格林式实验伦理学采用虚拟现实技术进行实验是可能的。

7.2.1 橡胶手错觉实验和结论

博特西尼克与科恩在1998年时发现了名为"橡胶手错觉"的认知错觉(义肢会被大脑认为是主体的一部分最早由塔斯特万在1937年观察到):如果让人们眼看着自己面前的橡胶手被捎动,并同时捎动其不在视线范围内的真实的手,人们的大脑就会错误地意识到眼前的橡胶手是自己真实的手。[②] 并且,在经历

[①] 部分受试者可能符合戈尔迪所谓的"共情可实现的最小条件"。此时"转换视角的推理"类型的共情情感将依然存在。参见:李静.共情性动机对共情准确性性别差异的影响:道德认同与金钱奖励的作用[D].金华:浙江师范大学教育学院,2016:22。

[②] 赵佩琼,陈巍,张静,等.橡胶手错觉:拥有感研究的实验范式及其应用[J].心理科学进展,2019,27(1):41-54.

这种错觉时,人们在被要求触摸自己手臂后,大脑仍会发生失误决策。

得到身体是极容易被重新塑造的结论的实验步骤可以简化成下面的样子:

(1)将受试者的手臂隐藏在他自己视线看不到的地方,同时将一个仿真的橡胶手摆放在受试者眼前。

(2)实验者采用两个相同的小型的油画刷刺激上面两只手,并同步捎动。

(3)在很短时间以后(10—30秒),大部分受试者(目前还不能够完善地说明少部分人不会产生此幻觉的原因)会认为面前的橡胶手是自己真实的手,并且它能感受到油画刷的刺激。

不过,如果橡胶手相对于被隐藏的真实的手翻转90°—180°的话,这种错觉不会产生。这个实验说明身体所有权的幻觉同时建立在视觉、触觉的动作与方向同步的基础上。

后来的研究发现,当橡胶手幻觉出现时,如果对放在他们面前的橡胶手进行疼痛刺激,人们会躲避这种刺激。2003年阿美尔和拉马钱德兰发现当真实手臂上有汗液时,这种反应会增强。[1] 亨里克·埃尔森(Henrik Ehrsson)等人在2007年除了发现人们的这种躲避行为与自身的紧张、疼痛预期有关联外,还采用摄像头、眼罩式头盔和两个操作杆将这一幻觉原理应用于研究灵魂问题。

验证灵魂出窍的实验方法是:将受试者的眼睛遮住(戴上头盔),如果他在头盔显示器中看到一具虚假的身体(可以设定为漂浮起来)正在受到刺激,并同时给予真实的身体以同频率同方向的刺激,受试者会以为自己的灵魂已经出窍,此时受试者身上连接的皮肤电检测仪将会检测到其因这种刺激而流出来的汗液。[2]

不仅如此,埃尔逊还通过类似的方法使普通人相信自己要么与其他人互换了身体、长出了第三条手臂,要么体积已经缩小到玩偶大小或者成长为巨人。具体来说:受试者通过眼罩式头盔看到放置在假体头上摄像头中的影像就会认为里面出现的是自己的另一躯干。若是同时对其身体加以刺激并让受试者通过摄像头看到假体也受到了同样动作的话,那么不用几秒钟的时间,受试者就会相信刺激实际上是来自假体的。受试者甚至能够通过假体头上的摄像头看见自己真

---

[1] 郭永玉. 意识科学与哲学研究的"时代精神"——评陈巍《神经现象学:整合脑与意识经验的认知科学哲学进路》[J]. 学术评论,2017(1):106–110.

[2] Guterstam A, Ehrsson H H. Disowning One's Seen Real Body During an Out-of-body Illusion. [J]. Consciousness & Cognition, 2012, 21(2):1037–1042.

实的身体并与其握手（相当于长出第三条手臂）而不丧失这种虚假的幻觉。当假体是玩偶大小的时候，若给予假体的腿一个同样的刺激，因为身体小，受试者甚至会错认为这种刺激被放大了。当给假体的胸部一个刺激时，拥有进入娃娃身体幻觉的受试者会以为自己正处于童年，而这具身体很可能正望向自己的祖母。

这种幻觉的出现概率是五分之四，另外两成不出现该幻觉的人基本是对自己真实的身体进行过许多特殊锻炼的人，比如芭蕾舞者和肌肉训练者。埃尔逊采用皮肤电测试仪来确认受试者是否出现这种肢体幻觉：对虚假的肢体、缩小、放大的躯干或者塑料形体用小刀进行威胁，这些受试者会因为恐惧而出汗。而且他还发现，即使告诉受试者小刀是完全无害的，受试者还是会有一样的反应，因此认为这种肢体幻觉是"认知上坚不可摧"的。

他实验方法的实现——大脑构成身体的感觉来自感官刺激——已经成功使得摩尔所谓的"我们这个世界上唯一能够确信的就是自己的手是自己的"论证失去了效力[1]，因为这说明身体的自主感受并不仅仅或主要来自皮肤与肌肉的信号，人的自我意识也可以完全来自视觉和触觉。当然，也可能大脑的自我意识告诉了正坐在椅子上受试者身体的实际状况，但埃尔逊制造的高度同步的视觉与触觉上的幻觉使得大脑并不相信这一点。

虽然目前科学还不能够说明上面问题的答案到底是什么，但橡胶手幻觉与类似的现象已经完全足够说明人们的自我意识，尤其是自己的身体意识可以被扭曲。这个实验的重要性在于它给接下来的实验提供了启发和理论基础：人们若在显示器或镜子中看见自己的身体，即使那个替代性的身体是虚假的，也仍会认为那个身体是自己本人的。人们完全可以操纵两副身体，并认为两具身体是同等的。

7.2.2 电梯时空穿越实验

实验采用沉浸式虚拟现实（Immersive Virtual Reality, IVR）的方法使受试者产生经历时间旅行的幻觉，并让他们重温一段历史，在这段历史中受试者可以通过干预的方法改变过去发生事件的结果。这个实验的前提是：大脑无法分清真实与虚拟世界：受试者戴上虚拟现实头盔（从头盔的显示屏里看见自己的虚拟身体正在一个操作台附近），同时与虚拟场景一样，受试者也可以通过按动按钮

---

[1] Yong E. Out-of-body Experience: Master of illusion. [J]. Nature, 2011, 480(7376): 168–170.

对操控台进行操控(这个操控台控制的是虚拟场景中的一部电梯)。出现在虚拟场景中的内容有:画廊中的游客、受试者、电梯、一面有镜子的工作台、操作电梯上下行的按钮和可以使电梯停止运行的报警器。

展现在受试者虚拟现实头盔显示器中的影像是:虚拟人物正在参观一座两层楼的画廊。受试者的工作是操作一部电梯上下行以帮助这些人完成上下楼的行动以便参观画廊。实验开始的时候,受试者的工作是枯燥而乏味的,因为受试者得不断地使电梯按照参观者的要求完成上行和下行的工作:此前进入这个画廊的6个人里的5人在参观完第一层后要求乘坐电梯上行到二层继续参观。然而,当第7个进入这个画廊的人也要求受试者操作电梯使自己进入二层以继续参观时意外出现了——电梯上升到博物馆二层后,这个人会在电梯到达的瞬间就持枪扫射外面的人。

这时操作电梯的受试者有两个选择:要么放任这个持枪扫射的人继续杀死所有位于画廊二层的五个人,要么将电梯下行,不过这时处在画廊一层的参观者将会被杀害。当然受试者还可以通过按下报警器使电梯停下,但这毫无作用,因为电梯没有门,持枪者已经开始扫射。

几秒钟后,这种伤害的场景将会在头戴液晶显示器中消失,并且受试者返回到整个事件的开始。但每经历一轮新的场景,受试者都会有一副新的虚拟身体(看起来与第一具一样),受试者可以从侧面或右面看到、听到自己上次场景中的虚拟身体。每次场景的内容完全一样,除非受试者通过操作改变了之前的事件。

每个受试者经历以上场景三次,随机出现两种不同的实验模式,且必须经历过两种模式。这两种模式分别是:受试者在经历时间穿越的实验方式时,上述场景重现后受试者可以改变历史,比如可以在看到自己上次操作电梯的同时使用新的方式操作电梯;受试者经历重复的实验方式时,场景重现但无法改变历史,受试者必须无可奈何地让前次的惨剧继续发生。

除了默认要牺牲5人生命的电梯操作方式外,有三种能使牺牲人数更少的方式:(1)通过按下警铃将即将开始扫射的第7个人乘坐的电梯停留在两层楼之间以阻止惨剧的发生(必须在电梯上行过程中按下警铃);(2)让其余6人都待在一楼将第7人困在二楼;(3)将电梯降至一楼,不过此时第7人已经开始扫射,那么待在一楼的1人就会死亡。

实验者发现:没有一个受试者发现了上述的第二种操作方式①,大部分人都选择正常操作电梯但在扫射开始时按下警铃(毫无实际作用——受试者在传统的两个选项外被给予第三个选择的话,即使它毫无作用,大部分人也会选择它),处于时间穿越组的人们不会改变自己前次的选择。由于多次经历类似事件,在后续的电车难题问卷调查中几乎所有人都选择牺牲个人以拯救多数人的生命(功利主义选择)。该研究已经显示出,人们在虚拟现实中对电车难题的判断与调查问卷中所做的选择是不同的。

7.2.3 简单地基于虚拟现实技术之电车难题实验

卡洛斯·纳瓦雷特(Carlos Navarrete)等人采用虚拟现实的方法重复了电车难题问题,在眼动测量仪的辅助作用下得到了道德判断的社会属性的一些情况,比如电车难题中的选择是否因受试者性别、年龄与种族差异而不同,以及受试者是否被现实条件中的上述外在因素影响。实验中受试者戴上虚拟现实头盔操作一辆正驶出隧道的电车,驶出隧道的电车驾驶员发现自己前方正横亘着一辆电车,如果撞上它的话,自己电车上的乘客都将死亡。② 幸运的是,在反应时间内,受试者可以通过操作按钮使自己驾驶的电车快速转入前方的道岔,然而左、右两边的道岔都有人,让自己的电车驶入道岔的话,这些站在道岔上的人的生命又必然会被牺牲。本次实验的两难选择是:(1)驶向正前方直接与对面的电车相撞、(2)撞向左右道岔上的人。在这个实验里,受试者将多次经历以上的场景,受试者所驾驶列车上乘客的人数与道岔左右站立的人数也会发生变化,而且站在道岔上被牺牲的人在电车撞向自己的时候眼神还可能看向驾驶者。

实验者得到了主要的八个发现:第一,人们不会因为经历重复场景次数的增多而改变自己的选择,大部分人始终选择牺牲少数人以拯救多数人。第二,根据皮肤电检测仪的报告,人们不会因外界的情感刺激而使自己的选择发生变化,这对认为义务论的选择由情感激发的学者提出了挑战。第三,被牺牲对象的男女性别差异基本不影响人们的选择,这与思想实验中许多偏向女性的研究者认为

---

① Friedman D, Pizarro R, Or-Berkers K, et al. A Method for Generating an Illusion of Backwards Time Travel Using Immersive Virtual Reality—an Exploratory Study[J]. Frontiers in psychology, 2014, 5: 943.

② Navarrete C D, McDonald M M, Mott M L, et al. Virtual Morality: Emotion and Action in a Simulated Three-dimensional "Trolley Problem"[J]. Emotion, 2012, 12(2): 364.

男女个体的道德判断性质和行为特点存在显著差异是不符的。第四,种族歧视现象在实验中的表现是不显著的(这可能由于实验次数较少和受试者样本覆盖率较小)。第五,受试者会在多次测试中平衡牺牲者群体的数量,即男性与女性的牺牲者数量差不多,有色人种与无色人种的被牺牲数量也差不多。这意味着之前学者提出的通过修改实验内容使结果准确的方法也许是不奏效的,因为人们的道德判断由于道德问题出现的次序不同确实是会发生变化的。第六,受试者在牺牲无辜者的时候不会因为站立在道岔上的人的目光注视而产生道德顾虑,受试者的目光不会因为选择牺牲无辜者而把视线从无辜者身上移开。第七,受试者做出简单的功利选择(牺牲少数人)的反应是较快的。第八,人们在做出道德判断的时候情感的激发状态比平时显著。

7.3 虚拟现实技术与 fMRI 技术结合的可行性

格林式实验伦理学使用虚拟现实技术替代问卷调查法显然可以处理目前电车难题式思想实验无法泵出人们真实直觉的问题。实现方案类似于上一章所述的同步脑电与功能性磁共振技术。PhilPapers 网站上已有哲学家制作好可供 Oculus Rift、HTC Vive 等虚拟现实设备使用的电车难题式思想实验的模型①。

不过这种方案带给我们最严重的问题可能是功能性磁共振技术会因为虚拟现实设备的使用而产生伪影,而功能性磁共振机运行时对受试者所施加的磁场将会影响虚拟现实设备的运行。伪影与运行受影响主要与下面两个因素有关:

(1)虚拟现实设备内部的磁性物质。作为通过检验磁场变化以跟踪血氧依赖水平信号的功能性磁共振技术自然不能允许虚拟现实设备干扰稳定磁场,那样将得到错误的数据。另一方面,采用传统液晶显示器的虚拟现实设备也会因为自身电信号受到磁共振机的强磁场干扰而无法正确显示。而且更重要的是,虚拟显示设备的自身磁场在与磁共振磁场相互作用后可能超过地球磁场 1 万倍,形成安全隐患。②

(2)受试者本身。由于受试者在接受功能性磁共振检测的时候需要将头部固定,所以受试者的头部一旦移动或者难以坚持长时间保持一个姿势固定不动,

---

① 例如:https://philpapers.org/rec/RAMVRT-3。
② 康恩. 生物影像研究方法[M]. 北京:科学出版社,2011:12.

实验进行过程中错误的磁场变化就会被反映到实验者的实验结果当中。

然而随着技术发展,以上两个问题目前已经得到了较好的解决:从布伦达·威德霍德(Brenda Wiederhold)与马克·威德霍德(Mark Wiederhold)2008年发表的综述性文章《fMRI的虚拟现实:突破性的认知治疗工具》(*Virtual Reality with fMRI: A Breakthrough Cognitive Treatment Tool*)中,我们可以发现,不但fMRI专用的虚拟现实设备早已发明,而且增强虚拟现实场景也已经可以受到fMRI的正常监测。①

目前在以色列的魏茨曼科学研究所,实验者已经可以通过令受试者以为自己其实是躺在功能性磁共振机监控之下的化身(并且这具化身还可以是化身的化身),部分消除实验方式对实验对象直觉所产生的影响。即令人们关于电车难题的直觉更加接近现实环境。②

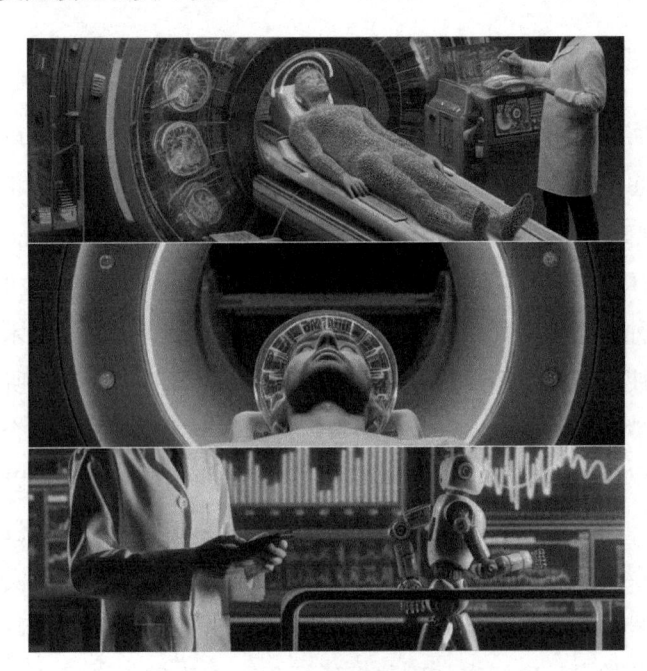

图6 功能性磁共振与化身③

---

① Wiederhold B K, Wiederhold M D. Virtual Reality with fMRI: A Breakthrough Cognitive Treatment Tool[J]. Virtual Reality, 2008, 12(4): 259–267.
② 高慧琳,郑保章. 虚拟现实技术对受众认知影响的哲学思考[J]. 东北大学学报(社会科学版), 2017, 19(6):17–23.
③ Metzinger T K. Why is Virtual Reality Interesting for Philosophers? [J]. Frontiers in Robotics and AI, 2018, 5: 101.

7.4 虚拟现实技术与 fNIRS 技术结合的可行性

除了功能性磁共振技术结合以外,格林式实验伦理学若想达到同样的目的还可以使用其他手段,比如脑光学成像方法。这种技术利用波长较长的非可见光能够穿透大脑表面的能力对大脑皮层进行研究。如波长在 680nm 以上的红外线就可以对大脑内部的活动状况进行成像。在光线不被水以及血红蛋白大量吸收、光线不被大脑内外部的组织散射与漫射的情况下,此近红外光线可以穿入大脑组织内部至少数厘米。因此该技术又被称作"功能性近红外光谱技术"(fNIRS)。研究者已经证明这种技术可以用来监测大脑皮层中神经细胞的活动情况,并且搭载这种技术的可移动的商用无线设备已经达到了低于 10Hz 的时间分辨率,测量灵敏度约 1.5cm、空间分辨率 1cm[①]。

具体地说,fNIRS 基于两个重要的物理特性:(1)近红外光线可以穿透大脑数厘米。(2)由于头部组织必然可使光线散射,因此光在人类头部的移动类似于漫射的过程。这意味着人们可以通过测量光在大脑中漫射的情况,知道大脑内部神经活动的情况,因为这些神经活动在大脑中进行时必然可使光具有不同的散射性质。形象的例子是,当实验者用固定位置的小型近红外光源照射头部表面时,光线到达测量器的数量与相应延迟程度就能够反映出大脑内部的活动情况。[②]

实验操作如图 7:

马可·法拉利(Marco Ferrari)与瓦伦蒂·夸雷斯马(Valentina Quaresima)于 2012 年发表的《关于人类受试者的功能近红外光谱(fNIRS)发展的历史和应用领域的简要回顾》一文对不同 fNIRS 的技术特点与优劣势进行了比较。如下:

[①] Quaresima V, Ferrari M. Functional Near-infrared Spectroscopy (fNIRS) for Assessing Cerebral Cortex Function During Human Behavior in Natural/Social Situations: a Concise Review[J]. Organizational Research Methods, 2019, 22(1): 46 – 68.

[②] 拉嘉·帕拉休拉曼,马修·里佐. 神经人因学[M]. 张侃,译. 南京:东南大学出版社,2012:321.

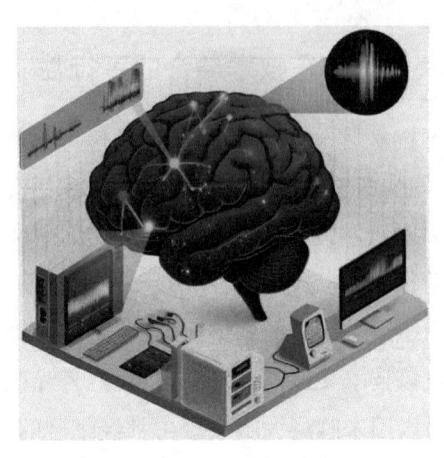

图7　fNIRS 工作示意图①

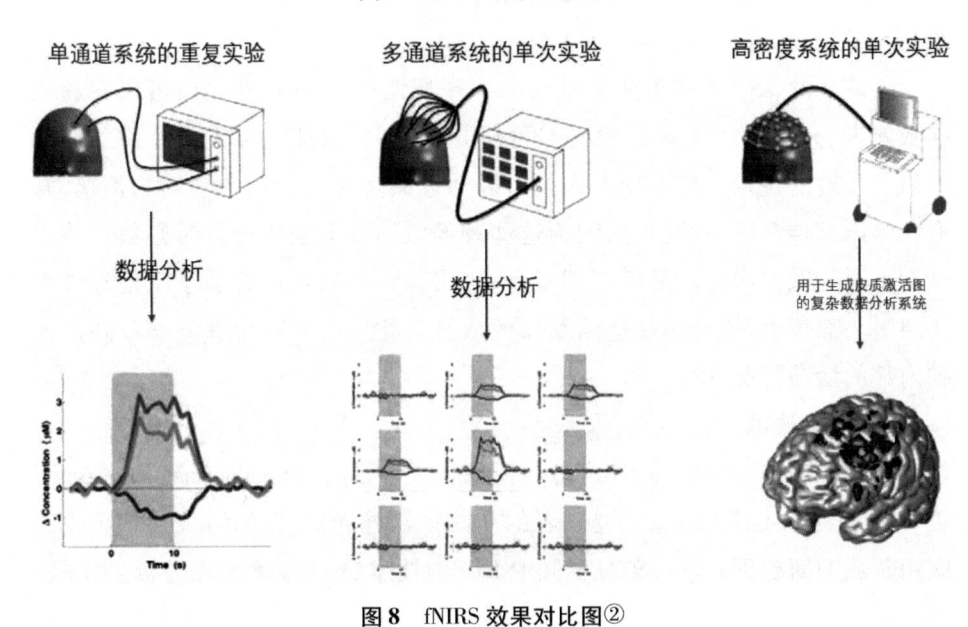

图8　fNIRS 效果对比图②

---

① 详细工作原理图可参见：Near-infrared Spectroscopy (NIRS) in Functional Research of Prefrontal Cortex[M]. Lausanne：Frontiers Media SA, 2016：121。
② Ferrari M, Quaresima V. A brief Review on the History of Human Functional Near-infrared Spectroscopy (fNIRS) Development and Fields of Application[J]. Neuroimage, 2012, 63(2)：921–935.

表 2　fNIRS 仪器对比表①

参数	基于连续波的仪器	基于提高频率的仪器	基于提高反应时的仪器
采样频率（hz）	≤100	≤50	≤10
空间分辨率（cm）	≤1	≤1	≤1
探测深度（基于穿透深度为 4 厘米的光源）	浅	深	深
脑和脑外组织（头皮，头骨，脑脊液）之间的区分度	否	是	是
测量深部脑结构的可能性	新生儿可行	新生儿可行	新生儿可行
仪器尺寸	部分较大，部分较小	较大	较大
仪器的稳定要求	无	无	需要
仪器的可移动性	有些容易，有些仅可行	是	是
仪器成本	有些便宜，有些贵	非常贵	非常贵
遥感勘测能力（是否可自动测量记录）	是	困难	不容易

因此，我们容易想象便捷灵活的 fNIRS 与虚拟现实技术相结合可以为格林式实验伦理学研究带来怎样的进步：实验者完全可以在受试者无从分辨虚拟与现实的情况下令其完成电车难题式思想实验，得到比 fMRI 方式更准确的数据。

---

① Ferrari M, Quaresima V. A brief Review on the History of Human Functional Near-infrared Spectroscopy (fNIRS) Development and Fields of Application[J]. Neuroimage, 2012, 63(2): 921-935.

8 结语及可能的后续研究

在绪论与第二章中,通过对格林式实验伦理学重要研究文献的综述性梳理,本书将格林式实验伦理学所受的挑战粗糙地描述为五种:(1)来自休谟式"是"与"应当"区分的挑战、(2)来自谢弗-兰道式非自然主义立场的挑战、(3)来自艾耶尔式语义学区分的挑战、(4)基于观察渗透理论的"纯粹经验"挑战、(5)基于非对称性与不确定性的操作挑战。本书通过重申格林式实验伦理学研究目的与宗旨的方式对这些困境进行了简单的回应。

从第三章到第六章,本书将上述五种挑战精致化与精细化地扩展为八种困境:(1)电车难题的收敛性困境、(2)理性与情感的可区分性困境、(3)伦理研究的自然主义立场困境、(4)道德判断的内外在主义立场困境、(5)价值与行动之间的沟壑困境、(6)论证方法与论证效力的谬误困境、(7)由问卷调查法问题带来的直觉困境、(8)由功能性磁共振技术的缺陷带来的多重可实现困境,并将它们分成概念性困境、立场性困境、方法论困境、实验操作困境四个层次进行处理。按照这些困境层次的性质,笔者处理它们时采用了澄清、界定研究目的、说明论证类型与给出完善性方案等方法,为格林式实验伦理学指明了困境与相应的出路。

本书最后一章提出了超越现有实验操作困境的新进路:基于共情方式限制的论证,本书主张了格林式实验伦理学使用虚拟现实技术的必要性。此部分不但从经验事实的角度企图说明格林式实验伦理学采取虚拟现实实验手段的可能性,而且还设想了虚拟现实技术与 fMRI 结合、虚拟现实技术与 fNIRS 结合的进路。更重要的是,如果说实验操作困境对于实验伦理学来说比其他层次的困境更为根本,那么虚拟现实技术的应用价值就相比其他出路来说更高一些。也就是说,虚拟现实技术与 fNIRS 的结合不但使格林式实验伦理学超越了原有八种困境,还将其研究结果变得更具价值。

然而,我们容易想到一个关于虚拟现实技术的超越进路的问题:这个新进路虽然避免了现有实验哲学方法对哲学研究中三个关键条件的忽视,但必须面对自身的新困境，比如虚拟现实环境中的人在什么意义上仍然是人。现有的语义外在主义论证显然已经无法处理该方法带来的有关世界存在与否的怀疑论麻烦。不过如此彻底的怀疑论挑战并不是实验哲学研究者目前最亟须回应的。它可以留待未来研究与解决。

附 录

虚拟现实技术对元伦理学困难的克服
——以格林式实验伦理学为例[①]

摘要:格林式实验伦理学的研究成果虽能回应"进化揭穿论证"对道德实在论立场的挑战,但实验中采用的问卷调查法会引发不保真、错误响应与延后性困难。如果采用虚拟现实技术克服这些困难,那么格林式实验伦理学的研究成果将能更好地回应"进化揭穿论证"对道德实在论立场的挑战。

关键词:进化揭穿论证;格林;实验伦理学;问卷调查法;虚拟现实

"进化揭穿论证"强有力地挑战了道德实在论立场,这是著名的元伦理学难题。格林式实验伦理学的研究成果可回应"进化揭穿论证"对道德实在论立场的挑战。然而,格林式实验伦理学的研究成果在回应此元伦理学难题时还存在困难:其中使用的问卷调查法引发了不保真、错误响应与延后性三个困难。本文认为使用虚拟现实技术可以克服这些困难。

一、进化揭穿论证

"进化揭穿论证"与达尔文提出的进化论思想有关。在使用生物学的思想考察道德观念后,达尔文指出,动物或者人的社会本能是道德感产生的本质基础。他更进一步推论说,生物的道德观念是自然起源的。[1]926 "揭穿"意味着从根源上动摇被揭穿对象的合法性或合理性。揭穿论证的工作原理是通过考察事物内部的情况,降低事物的地位。[2]18 依据上面的陈述,我们可以知道:"进化揭穿论证"就是通过说明"生物的道德观念是自然起源的"来进行的论证。

"进化揭穿论证"中最为有名的是莎伦·斯特里特(Sharon Street)的论证。[2]18 斯特里特在《价值实在论的达尔文困境》中指出:由于进化论能作为道德信念表现的原因,所以人们没有理由相信属性或道德事实存在。[3] 斯特里特的进

[①] 本文发表于《自然辩证法通讯》2019年第3期。

化揭穿论证是哈曼问题的延展。格雷厄姆·哈曼（G. Harman）认为道德属性或道德事实的存在除了可以为道德信念的表现提供本体论解释外，什么作用也没有；按照奥卡姆剃刀原则，如果道德属性或道德事实无法提供任何作用，那么人们就应该认为道德属性或道德事实是不存在的。[4]92

为了使讨论清晰，我们将斯特里特提出的"进化揭穿论证"重构为：

（1）进化影响了道德判断；

（2）如果道德实在论试图承诺道德属性存在的话，要么得否认道德判断与道德属性之间的关系（遭遇哈曼问题），要么得否认进化论的正确性（与前提矛盾）；

因此，（3）道德实在论立场不正确。

从该重构中，人们可以发现道德实在论立场的正面应对方案之一是：承认（1）（2）但否认（3）。这意味着我们得寻找到不受进化影响的那一种道德判断，从而使（1）（2）两前提不足以得到结论（3）。

这并非多么困难的解决方案，许多哲学家都曾经面对过"揭穿论证"这种釜底抽薪的论证。比如笛卡儿在《第一哲学沉思集》中曾经设想整个世界都是梦的情况，笛卡儿彻底怀疑包括人的身体在内的所有外部世界的存在。在他看来，人自以为拥有的所有真信念都是虚幻的。普特南结合怀尔德·彭菲尔德（Wilder Penfield）的实验成果将笛卡儿的思想实验精致化了。在普特南的设想中，人们可能被邪恶科学家施行了脑部手术，脑被整个切割下来，放进了能维持人类生存的玻璃缸中。如《黑客帝国》，人们脑的神经末梢被连接在计算机上，人们所接触到的信息完全是由它输送的，人们判断不了自己是"缸中之脑"还是生活在真实的世界。众所周知，笛卡儿的解决方法是"我思故我在"，即"我思"本身不可能是虚幻的，"我思"不必遵守虚幻的外部世界的规则。而普特南则通过"语义外在主义"立场结合"因果指称理论"论证出"缸中之脑"在逻辑上违反了矛盾律：如果"缸中之脑"是可能的，就得承认"真命题蕴含了假命题"。也就是说，"缸中之脑"是既定规则之外的东西。

人们从笛卡儿解决"梦"与普特南解决"缸中之脑"的经验中可以发现：寻找能免疫于被怀疑的东西，相当于寻找既定规则之外的东西。幸运的是，寻找不遵守既定规则的道德判断的研究并不少。其中较为有名的是基恩·E·斯坦诺维奇（Keith E. Stanovich）的探索。[5]他认为，按照达尔文的进化论思想，生物不是自然选择的对象，相反生物体内的基因才是，因此生物相当于待复制基因的保险箱。基因为了安全的生存，必须赋予自己所在的保险箱以自由的智慧，因为仅能够按照设定程序简单地应对外部突发状况的保险箱必然不安全。因此该"保险箱"拥有产生规则以外判断的能力，能做出既定规则以外的道德判断。为了论证该观点，斯坦诺维奇构筑了名为"机器人叛乱"的思想实验。"机器人叛乱"的思想实验的内容是：基因将自己封装在机器人体内。为了完成保卫自身的目的，基因不得不为装载自己的机器人赋予某种自由——懂得随机应变来处理突发的危险，比如能源耗尽时，机器人可以采取当时条件下的合适方法获取能源。然而当机器人身上的能源即将耗尽时，机器人实际上有两种选择来延续自己的生命：一是使用各种手段从外部获取能源；二是直接使用体内承载的基因的能源（这将导致基因无法生存）。那么有随机应变能力且被赋予"自由智慧"的机器人可能做出第二种选择吗？

直觉上，人们难以否认机器人可能做出第二种选择，人也当然是诸多种生物保险箱里最为灵活的一个。因此，依照斯坦诺维奇的想法，如果上述思想实验中的机器人是人，人就可能做出第二种选择。基于该思想实验，斯坦诺维奇进一步认为理性就是基因最初赋予人类这架机器人的"智慧"，而人类思维中的二阶理性必然能使人做出"机器人叛乱"中的第二种选择，即人们可以做出不受进化影响的道德判断。

格林式实验伦理学的研究者使用问卷调查法和功能性磁共振影像技术（fMRI）深化了上面的思想实验，得到了与斯坦诺维奇几乎相同的结论：基于理性的道德判断能逃脱进化的影响。格林式实验伦理学的研究者还发现了更多的内容。例如，研究者发现，人们做出古怪道德判断的理由是大脑误以为物理距离是道德相关因素。典型的古怪道德判断是"人们愿意帮助身边人，而不愿意帮助遥远的难民"。以此为据，研究者更进一步发现，这样的古怪道德判断是由非理性思考影响的：人们在面对道德两难问题而做出古怪判断的时候，大脑中的情感区域比理性区域更活跃。"人们愿意帮助身边人，而不愿意帮助遥远的难民"的实验证据是：身边的人能引起人的情感反应，而遥远的难民则不能。可以想象，进化使"大脑误以为物理距离是道德相关因素"，因为在原始社会条件下，人的祖先面对的不道德行为都是"近身的"或"身体性的"，所以进化使抵制这类伤害的负面情感保存了下来。

因此,如果格林式实验伦理学的研究成果成立的话,人们就确实可以做出两种类型的道德判断:一种道德判断是由于"非理性思考的参与"产生的,这种"大脑误以为物理距离是道德相关因素"的道德判断是受到进化影响的;另一种是比前一种灵活的道德判断,这种有意识、自主的道德判断可以逃脱进化的影响。

格林式实验伦理学的研究者似乎能以自己的研究成果应对斯特里特的进化揭穿论证:(1)(2)两前提不足以得到结论(3),理由是:进化无法完全影响道德判断,进化论思想无法为所有的道德判断提供解释,因为至少有一些没有情感参与的道德判断需要独立存在的道德属性提供解释。然而,格林式实验伦理学目前的研究方法在回应该进化揭穿论证上仍然存在困难,比如人们容易设想下面的反驳:格林式实验伦理学无法证明古怪的道德判断是由于物理距离的因素导致的;格林式实验伦理学无法证明由物理距离因素导致的道德判断不仅必然伴随着"非理性思考的参与",而且"非理性思考的参与"还是这类道德判断出现的充分条件;格林式实验伦理学无法证明"非理性思考的参与"必然受到了进化的影响;格林式实验伦理学无法证明没有"非理性思考的参与"的道德判断不受到进化的影响。

诚然,上面的有些反驳理由确实会导致格林式实验伦理学的研究成果无法成功回应斯特里特的进化揭穿论证,但"进化揭穿论证"的支持者必须认识到:第一,经验性的科学实验无法保证实验结果一定为真,它只能是"最佳解释推理",这可以简单地理解为:格林式实验伦理学最多只能说明"非理性思考的参与"与古怪的道德判断存在联系,不可能说明两者存在充分必然的联系。例如格林式实验伦理学只能证明"大脑误以为物理距离是道德相关因素"是最可能导致大脑中情感较理性活跃的原因。第二,认为所有类型的道德判断都会受到进化的影响的反驳在逻辑上是自相矛盾的,因为如果进化论立场正确,那么斯坦诺维奇的思想实验在逻辑上就必然正确,即不受进化影响的道德判断是存在的。如果"进化揭穿论证"的支持者无法接受这两点的话,我们就很容易构筑"同罪论证"来反对进化论本身:"进化揭穿论证"与格林式实验伦理学的研究成果是同罪的,因为进化论不仅是一种无法在概念上永真的经验性理论,而且这一理论的正确性同样依赖于思想实验的成立。所以进化揭穿论证的支持者必须认同格林式实验伦理学的研究成果能回应自己支持的立场。

不过格林式实验伦理学应该对"进化揭穿论证"支持者的有效反驳给出回

应,比如,格林式实验伦理学应该通过构筑更好的科学实验方法来回应上面所说的反驳。格林式实验伦理学研究目前所采用的问卷调查法确实无法保证"非理性思考的参与"与古怪道德判断之间关系的可靠性,可能的缺陷至少有:人们在填写问卷调查时,大脑必然同时调用情感与理性能力,否则问卷调查表中的内容是无法被理解的;人们在问卷中所填写的道德选择很可能不是在道德两难问题中做出的真实选择。因此,下文将详细地分析格林式实验伦理学的实验,以发现待弥补的缺陷。

二、问卷调查法的缺陷

2001年发表于《科学》杂志上的《基于功能性磁共振影像技术(fMRI)的道德判断研究》[6]不仅因影响力而成为格林式实验伦理学最具代表性意义的研究论文,而且还是格林式实验伦理学研究的"康德式蓄水池"。理由在于:所有采用神经科学方法研究道德判断的论文和书籍全都引用了这篇论文[7],这篇论文的内容追溯所有与道德判断研究相关的论文和书籍[8]85。因此,我们将发掘该文所体现出的格林式实验伦理学缺陷来完成论证目标。

在《基于功能性磁共振影像技术(fMRI)的道德判断研究》的实验中,格林与同事们让实验对象对60个两难问题做出回答。当被试做出回答时,格林与同事用功能性磁共振影像技术(fMRI)检测被试大脑功能区域的变化。依据fMRI技术,如果大脑的某一功能区域被激活,那么该区域的血流和氧代谢水平就会提高,大脑功能区域的活动情况就能被完整且清晰地展示出来。该实验中使用的60个两难问题被分为三组:第一组是"近身的"或"身体性"的,该组中的所有道德问题或多或少地涉及人身接触,例如天桥难题、器官移植难题、"雇用强奸犯"难题(是否可以雇用人强奸妻子以拯救破损的家庭);第二组是非"近身的"或"身体性"的,这组道德问题的内容要么不涉及人身接触,要么是不与人直接相关的,例如电车难题、烟雾难题(是否可以转移有毒烟雾以拯救多数人)、捐款难题(以省钱为理由是否可以不给慈善机构捐款);第三组问题的内容是非道德性的两难问题,其中的20个问题都与道德无关,例如让人判断"打扫院子之前,还是打扫院子之后洗澡"。

由于功能性核磁共振机的使用,被试者完成实验时的情况与传统实验略微不同。[9]首先,由于功能性磁共振机运行时受到金属干扰会使图像有伪影,所以格林与同事们使用投影技术来向被试显示两难问题:被试者躺在功能性磁共振机里,显示屏中的内容通过投影方式被展现到眼前。其次,为了能在狭小的空间内展示两难问题的内容,被试者看到的两难问题被分成了三次显示:前两次显示两难问题的描述,后一次显示两难问题的可选项(描述场景中的行为是否合适),被试者通过按动手上"合适"或"不合适"的按钮来做出选择。再次,由于fMRI的工作原理是测量脑的血流与氧代谢水平,所以被试者不能以任意的速度完成实验:格林与同事们将被试者面对两道难题之间的时间间隔设置为至少14秒。最后,为了更好地保证fMRI测量的准确性,格林与同事们使用"浮动窗口"(floating window)技术连续生成被试做出选择时的8张脑部图像:做出选择之前拍摄4张脑部图像,正在做出选择时拍摄1张脑部图像,做出选择之后拍摄3张脑部图像,然后计算脑部活跃程度的平均值。

格林与同事们认为人们在电车难题与天桥难题中做出不同选择的原因与情感有关,比如人们在处理天桥难题时,判断过程有情感的参与,而处理电车难题时,情感则没有参与。于是格林与同事们做了三个假设:与思考电车难题时相比,人们在思考天桥难题时,与情感相关的脑部活动更多;消去情绪因素对判断的干扰,或者延长做出判断的时间,人们可能不会再做同样的判断;当人们处理道德难题的时间较长时,人们做出的判断是与情感性反应相反的(比如认为在天桥难题中牺牲胖子的生命是道德上允许的)。

第一个实验的内容是:9名被试者在功能性磁共振机的监测下回答了上述60道两难问题。实验发现,被试者在处理第一组两难问题时,大脑中与情感有关的区域的活跃程度相较于处理第二、三组时存在非常明显的不同,大脑中有关工作记忆的脑区的活跃程度则相较于第二、三组明显不足(大量实验表明:大脑在进行情感处理时,工作记忆功能的使用会明显较少)。然而情感区域和工作记忆区域活跃程度的差别在被试者处理第二、三组问题时并不显著。第二个实验的内容和方法与第一个实验基本相同,但第二个实验对被试者回答问题的反应时间做了测试。实验发现,在面对第一组两难问题时,被试者做出不符合情感干涉的选择(例如,在受到情感干涉的情况下,认为从天桥上推下胖子是道德上允许的)的反应时间明显长于做出符合情感干涉的选择时间。与此相反,在面对另外两组问题时,无论被试是否做出符合情感干涉的选择,反应时间都没有显著的差异(但做出允许选择的时间比做出不允许选择的时间稍短)。格林与同事们认为这两个实验的结果验证了上段所述的假设。

格林与同事们已经想到自己实验的结论在效力上可能出现困难:(a)被试者反应时间的快慢不能代表是否受到了"情感干涉",被试者反应较慢可能是因为给出了反常规的选择(如认为从天桥上推下胖子是道德上允许的)。(b)被试者在面对两难问题时产生情感反应的原因可能差别较大,比如描述难题的词汇可能是引发情感反应的原因。格林与同事们对两者的回应是:对于困难(a)而言,第一组中的道德难题可以区分情感性与常规性的回答方式,比如格林与同事们认为在杀死婴儿难题(如果不杀死哭闹的婴儿,那么婴儿的哭闹会招致包括婴儿在内的所有人死亡)中,同意杀死婴儿这一选择是与常规不符的,理由是:被试者做出反应的时间明显长于情感选择与常规选择相符的情况。对于困难(b)而言,格林与同事们在使用60道两难问题之前进行了一个实验。在这个实验中,格林与同事们按照标准筛选了情感词汇与非情感词汇,fMRI的图像显示人们在阅读这些词时大脑活动没有显著的差别。所以,格林与同事们认为被试者大脑情感区域的活跃不能被归因为难题的表述方式。

盖伊·卡亨(Guy Kahane)与塞利姆·贝克尔(Selim Berker)的两篇重要批评性论文延展了(a)(b)两个设想的内容。在《错误的方向:道德心理学的过程和内容》[10]一文中,卡亨通过设计新的难题说明(a)困难的程度被格林与同事们低估了。比如人们在回答"撒谎可以保全陌生人的生命,所以撒谎在道德上允许吗?"这一新的难题时,fMRI图像显示:当人们认同不撒谎的选择时,大脑的情感脑区不活跃,相反,当人们做出撒谎选择时,大脑的情感脑区活跃。这说明上述关于(a)的回应考虑不够充足:回应(a)时不仅要考虑情感反应与常规相符和不符的情况,还得考虑情感反应与常规反应无关的情况。从实验的角度来说,这意味着人们做出较慢的选择时不一定处于情感的挣扎中,而且这种情况的实验数据无法被方差分析筛选出去。

贝克尔在《神经科学没有规范性价值》[11]中为(b)添加了更多的内容。他认为格林与同事所使用的60道两难问题中的"建筑师难题"(在不可能被发现的情况下杀死老板是否可以)和"雇用强奸犯"难题不是道德两难问题,理由在于:"不可以杀死老板"和"不可以雇用强奸犯"是社会人的常规反应,并不涉及道德判断。因此,这种非道德性的难题属于第三组两难问题。贝克尔还指出"近身的"或"身体性"的行为与情感反应之间没有必然的因果联系:"近身的"或

"身体性"的行为不必然导致情感反应,情感反应也不一定是由"近身的"或"身体性"的行为直接引起的。而且,在他看来,如果事先承认两者之间存在因果联系,格林式实验伦理学的研究就"乞题"了(科学不能进行非描述性研究)。

我们认为以上责难可以归结为格林式实验伦理学研究的三种缺陷:一是不保真:面对两难问题,人们做出的选择并不一定是由情感导致的;二是错误响应:实验者可能误将非道德问题当作道德问题进行研究,而且不同的人对"道德"的看法可能不一致;三是延后性:实验结果无法直观和直接地得到,实验预设需要依赖推理进行验证。显然,格林式实验伦理学的这些缺陷是由实验所使用的问卷调查法导致的,因为 fMRI 是一种按照血流量和氧代谢水平生成数据的客观技术(它不与实验对象发生直接关联)。

三、采用虚拟现实技术

第一,我们认为格林式实验伦理学的研究者为实验增加前测并不能排除其他因素对情感的干扰,因而这种做法是无法回应"不保真"缺陷所造成的困难的,理由并不是因为该方法需要排除太多的"其他因素",而是因为"其他因素"的本质属性完全无法确定。以反事实推理可引发情感波动[12]为例,最初心理学家发现人们在回应"如果……那么……"(格林式实验伦理学的实验中的 60 道两难问题都采用了这样的描述)这样的反事实推理句后,大脑中会产生情感反应;后来心理学家又发现,如果没有真实的生活经验作为对照,反事实推理是无法完成的,因而认为情感是引发认知对比的必要条件(如果没有相应的情感经验作为基础,人们不会对"如果……那么……"产生反应);最后心理学家却又发现,情感既是反事实推理的起点,又是反事实推理的结果,两者处于往复循环的迭代关系中。这说明"情感"与"其他因素"两者可能具有相同的本质属性,按照"概念是反应一个对象的本质属性的思维形式"[13]21的说法,"其他因素"只是一个语词。因此,"其他因素"的内容是完全依赖于实验者对被测试群体的挑选标准的。

第二,我们认为格林式实验伦理学的研究者无法通过招募不同背景的被试者来回应"错误响应"缺陷所造成的困难,因为这样的做法将使格林式实验伦理学的研究结果的效力大幅降低,至少无法再回应行文最初所述的元伦理学困难:承认仅有一部分被试者能做出不受进化影响的道德判断已经放弃了完全的道德实在论立场。而且，如果格林式实验伦理学的研究者招募了不同群体的被试，问卷调查法的缺陷还会被放大，使研究者招来更多其他种类的指责。不难想象出下面的情况：不同背景的群体会拥有不同的关于道德的想法、不同的两难问题分类方式适用于不同的群体、不同背景的群体拥有不同的理解两难问题的方式、不同的两难问题的表达方式适用于不同的群体。要想弥补这些新出现的缺陷，格林式实验伦理学的研究者就不得不大量修改两难问题的内容，比如需要针对建筑师群体将描述"建筑师难题"时使用的"如果……那么……"句式去掉，因为该难题对于建筑师来说已经不再是假设推理，原有"建筑师难题"所能检测的东西在建筑师身上已经完全不同了。这样一来，格林式实验伦理学的研究者得面临修改过的两难问题不是原有两难问题的指责。不仅如此，格林式实验伦理学的研究者还得面对实验数据无法汇总和比较的困难，因为实验的数据完全依赖于实验者对被测试群体的挑选标准。

第三，我们认为格林式实验伦理学的研究者无法通过改进问卷调查法回应"延后性"缺陷所造成的困难，因为这实际上是经验科学的固有问题。许多哲学家都曾经指出过该问题。以休谟为例，在他看来，人们没有理由在看到太阳照射石头并使其发热后认为石头热的原因是太阳，即必然且普遍有效的因果关系是不存在的。康德后来虽然做出了"哥白尼式"的认识论革命，认为因果关系实际上是人们自身具有的先天认识形式，但这种做法只是丰富了自亚里士多德以来的形而上学因果实在论立场的版本库，并没有消除"因果关系"的预设：康德必须将"因果关系"预设为先天认识形式。而且即使我们设想格林式实验伦理学可以在不借助推理的情况下通过某种直接或直观的方式来验证实验假设，格林式实验伦理学研究的目的也依然会打折扣，理由在于格林式实验伦理学与"进化揭穿论证"是"同罪"的：一旦格林式实验伦理学的研究者抛开"进化揭穿论证"所使用的形而上学预设得到实验结果，将会使自己的实验结果处于更困难的境地（如本文最初所述，格林式实验伦理学将需要担保自己的实验结果"永真"）。从这一角度来说，格林式实验伦理学的效力是依赖于"延后性"困难的。如果承认康德的解决方法，虽然格林式实验伦理学研究者必然与被测试群体具有相同的先天认知形式，但"延后性"这一困难仍然完全依赖于实验者对被测试群体的挑选标准。

依据上面的分析，人们可以知道，格林式实验伦理学的研究者难以正面应对问卷调查法的三个缺陷所造成的困难,而且这些缺陷都是完全依赖于实验者对被测试群体的挑选标准的。这似乎意味着格林式实验伦理学研究者只有抛弃被试群体才能使自己的研究结果更好地回应"进化揭穿论证"。然而,放弃被试群体等同于放弃实验,这将使格林式实验伦理学陷入更难以回应的自败困境。我们认为,格林式实验伦理学达成回应元伦理学困难的目的并不必依赖问卷调查法,这意味着,格林式实验伦理学可以采用其他实验方法来克服它所造成的困难。虚拟现实技术是符合要求的其他方法之一。采用虚拟现实技术,格林式实验伦理学的研究者可以克服"延后性"困难:通过改变实验内容向被测试群体呈现的方式,研究者能使原本需要借助推理来验证的实验预设不再仅仅依赖于被测试群体的挑选标准。当被试者不通过文字的方式获取两难问题的信息而通过形象的方式感受两难问题时,被试群体的情绪将完全不受阅读和回答两难问题的影响。而且在采用虚拟现实技术的情况下,两难问题的分类与被试关于"道德"的理解完全不影响格林式实验伦理学得出"人们可以做出不受进化影响的道德判断"的结论。此外,依照本文第二部分描述的被试者完成格林式实验伦理学实验与传统实验不同的情况,格林式实验伦理学的研究者采用虚拟现实方法进行实验是实际的。

四、结语

本文首先论证了格林式实验伦理学的研究结果能回应"进化揭穿论证"造成的元伦理学困难:格林式实验伦理学的研究结果可说明两种道德判断类型存在,即可以得到"人们可以做出不受进化影响的道德判断"的结论。据此基础,通过详细地分析格林式实验伦理学最有影响力的论文,本文概述了上述结论可能被否证的原因:格林式实验伦理学所使用的问卷调查法具有不保真、错误响应与延后性的缺陷。在文章的最后一部分,本文指出达成"人们可以做出不受进化影响的道德判断"结论的可行方式之一是采用虚拟现实技术。我们认为,在结合问卷调查法与虚拟现实方法的情况下,问卷调查法原先引发的三种困难能被虚拟现实技术克服,这将使格林式实验伦理学的研究成果更好地回应"进化揭穿论证"所造成的元伦理学困难。

然而,在采用虚拟现实技术解决元伦理学问题的同时,我们必须面对另外两个问题的挑战:虚拟现实技术中人们做出的道德判断是不是真正的道德判断?

什么虚拟现实条件下的道德判断才不是真正的道德判断？如果承认翟振明所谓的"虚拟现实在本体论上等同于现实实在"[14]，那么人们将又一次陷入彻底的怀疑论中，面临比笛卡儿的"梦"和普特南的"缸中之脑"更为棘手的困境，因为在虚拟现实的世界里，"我思故我在""语义外在主义"和"因果指称理论"已经不再能帮助人们辩识何为现实、何为虚拟。

参考文献：

[1]达尔文.人类的由来[M].北京:商务印书馆,2009.

[2]Tiberius, V. Moral psychology: A Contemporary Introduction[M]. New York: Routledge, 2014.

[3]Street S. A Darwinian Dilemma for Realist Theories of Value[J]. Philosophical Studies, Berlin: Springer, 2006, 127(1): 109 – 166.

[4] Van Roojen M. Metaethics: A Contemporary Introduction [M]. New York: Routledge, 2015.

[5]Lane T J. Rationality and Its Contexts[G]//Rationality. Elsevier, 2017: 3 – 13.

[6]Greene J D, Sommerville R B, Nystrom L E, et al. An fMRI Investigation of Emotional Engagement in Moral Judgment[J]. Science, 2001, 293(5537): 2105 – 2108.

[7]Racine E, Dubljević V, Jox, R J, et al. Can Neuroscience Contribute to Practical Ethics? A Critical Review and Discussion of the Methodological and Translational Challenges of the Neuroscience of Ethics[J]. Bioethics, 2017, 31(5): 328 – 337.

[8]约书亚·格林.道德部落[M].论璐璐,译.北京:中信出版社,2016.

[9]Using fMRI to Dissect Moral Judgment Protocol[EB/OL]. [2018 – 08 – 01]. https://www.jove.com/science-education/10306/using-fmri-to-dissect-moral-judgment.

[10]Kahane G. On the Wrong Track: Process and Content in Moral Psychology[J]. Mind & language, 2012, 27(5): 519 – 545.

[11]Berker S. The Normative Insignificance of Neuroscience[J]. Philosophy & Public Affairs, 2009, 37(4): 293 – 329.

[12]Stanley M L, Parikh N, Stewart G W, et al. Emotional Intensity in Episodic Autobiographical Memory and Counterfactual Thinking[J]. Consciousness and Cognition, 2017, 48: 283 – 291.

[13]王路.逻辑基础.修订版[M].北京:人民出版社,2013.

[14]翟振明.虚拟实在与自然实在的本体论对等性[J].哲学研究,2001(6): 63 – 72.

辩护格林式实验伦理学的规范性价值[①]

摘要:辨析关于格林式实验伦理学的规范性价值的批评,可以发现,这些批评不仅是无效的:关于大脑信息加工方式、道德判断类型与大脑区域三者无法稳定对应的批评是无效的;而且批评的方式也不正确:平行论证被过度使用、"可靠"被过度理解、格林式实验伦理学的论证被割裂或关键信息被忽略。该事实反而说明,基于批评者难以否认的道德直觉构造出的论证,可以证成格林式实验伦理学具有规范性价值。

关键词:格林式实验伦理学;义务论;功利主义;规范性价值

为了证成"格林式实验伦理学"[1]148的结论具有规范性价值,本文首先分析格林式实验伦理学的结论,然后说明格林式实验伦理学可以使用独特的名词定义方式,最后以伦理学研究者共同认可的前提为基础,构造支持格林式实验伦理学具有规范性价值的论证。

一、格林式实验伦理学的论证的两个部分

认知的双加工模型将大脑的信息处理过程区分为两种,因而作为大脑信息处理过程的道德判断也可以分为两种,即道德双加工理论。[2]理由在于:规范伦理学领域里的道德判断可以被区分为义务论与功利主义两种类型。如此一来,结合功能性磁共振的脑部成像证据[3],格林得以发现:义务论类型的道德判断对应于情感驱动的大脑信息处理过程,功利主义类型的道德判断对应于理性驱动的大脑信息处理过程[2]。这是格林式实验伦理学研究的重要结论之一。紧接着,格林通过给该发现添加规范性条件[4]得出了"功利主义类型的道德判断比义务论类型的道德判断更为可靠"[5]348的规范性结论。这是格林式实验伦理学的重要结论之二。

---

① 本文发表于《科学技术哲学研究》2019年第5期。

具体地说,格林式实验伦理学的论证可以重构为前提:

1. 大脑的信息加工方式仅为两种:类型 I. 无意识的、非反思性的、情感驱动的信息加工方式;类型 II. 有意识的、反思性的、理性驱动的信息加工方式。

2. 道德判断是大脑的信息加工过程。

3. 道德判断的类型在本质上仅为两种:义务论类型的道德判断、功利主义类型的道德判断。①

4. 大脑中"内层前额叶皮质的大片区域,包括一部分腹内侧前额叶皮质"是理性区域,大脑中"背外侧前额叶皮质"是情感区域。

5. 人们做出义务论类型的判断的时候,大脑的情感区域比理性区域活跃;人们做出功利主义类型的判断的时候,大脑的理性区域比情感区域活跃。

6a. 类型 II 比类型 I 在性质上更好。例如:反思性判断比非反思性判断更好。

6b. 类型 II 比类型 I 在来源上更好。例如:有意识的判断比无意识的判断在逻辑上更晚,所以后来者比先行者更好。

……

6z. 类型 II 比类型 I 更中立。例如:理性的判断比情感的判断更能遵守"不偏不倚"原则。

所以,

7. 功利主义类型的道德判断比义务论类型的道德判断更为可靠。

前提 1 至 5 能得出结论(论证第一部分):义务论类型的道德判断由情感主导得出、功利主义类型的道德判断由理性主导得出。这是格林式实验伦理学研究的重要结论之一。理由在于,该发现于 2001 年被发表在《科学》杂志后引起了伦理学界的轰动[1] 142:它对规范伦理学家们的想法造成了挑战,因为主流哲学家认为道德判断是纯理性的,而格林式实验伦理学的研究发现道德判断必然掺杂情感因素。

此发现结合规范伦理学研究者公认的规范性前提 6 可推导至 7(论证第二部分),即功利主义类型的道德判断比义务论类型的道德判断更为可靠。这是

---

① 格林做了"本质"与"性质"的区分。他用"水"形象地解释这种区分。在他看来,H_2O 是水的本质,无色无味不导电等特征是水的性质。格林在此意义上,将道德判断类型区分为义务论与功利主义两种,并把这当作完备的区分。

格林式实验伦理学研究的重要结论之二。理由在于,相比结论一来说,7对规范伦理学家构成了更大的挑战,因为7已经是规范性的结论(经验实验得出了规范性的结论)。

以上论证中"类型""更""可靠"三个词值得注意:

格林式实验伦理学的研究者将义务论的道德判断称为义务论类型的道德判断,原因在于:格林式实验伦理学的研究者所谓的义务论并不是基于性质的名称,相反该名称是在本质的意义上使用的。这种基于本质的名称才是能够被实验测量的,才是符合实验伦理学的要求的。[5]359 出于同样的理由,格林式实验伦理学的研究者将功利主义的道德判断称为功利主义类型的判断。

格林式实验伦理学的研究者是在最佳解释推理原则(IBE:Inference to the Best Explanation)的意义上使用"更"和"可靠"的。IBE 是溯因推理(abduction)的一种,溯因推理最先由查尔斯·皮尔士(Charles Peirce)提出,溯因推理是非必然推理。[6]83-86 查尔斯·皮尔士认为溯因推理不是确证的方法,而只是发现的方法。溯因推理的过程是:①F(a)需要被解释,比如:"为什么a是F"需要被解释;②如果S(x)则F(x),比如:如果所有S都是F;③因此,假设S(a),比如:a是S。[6]90

以上情况意味着,格林式实验伦理学的论证结论7是比较温和的,也就是说:功利主义类型的道德判断比义务论类型的道德判断更为可靠是最有可能的解释。

二、格林式实验伦理学可以使用独特的名词定义方式

我们知道,批评者可以通过否认前提1-5来主张上述第一个结论不成立。笔者认为,否认前提1-5的有效理由只能依靠指出"现有论证中的三种元素无法可靠地相互对应"来做到。这三种元素无法对应的情况是:某种大脑信息加工方式不一定能准确地对应于某种道德判断方式、某种道德判断方式不一定能确切地对应于某些大脑区域、某种大脑信息加工方式不一定可稳定地对应于某些大脑区域。关于前提1、前提3、前提4的批评文章已经很多,并且它们的做法确实符合笔者此处的逻辑。[7]87-116 该现象意味着,下面新构造的关于前提2与前提5的反驳(过去没有基于这两个前提的反驳案例)如果同样必须遵循该逻辑,就能证明研究者关于格林式实验伦理学这一部分论证的各种批评均是针对

以上三种元素的对应关系的。

看起来,赞同科学的人都会认同前提2,而且还知道否认"道德判断是大脑的信息加工过程"的做法是荒诞的。事实并非如此。理由在于,前提2实际上蕴含了两方面的内容:道德判断非大脑做出或由外在于人的存在物做出、由大脑做出的道德判断存在困难。后者显然值得被认真考虑,因为它的含义可以是:实验测试道德判断类型的方法有麻烦。这种麻烦可以简单地说成是:若我们承认道德判断与道德理由之间的充分必要关系,那么格林式实验伦理学与实验伦理学的前提将出现矛盾。

例如,道德理由意味着行动者拥有行动的积极态度,真的道德判断只能是对行动者是否拥有积极的态度的判断。这时,"不同行为出自不同的道德理由"的实验伦理学前提意味着不同的行动者拥有不同的积极态度。然而我们知道,逻辑上,不同的行动者不可能拥有完全相同的积极态度。这意味着,如果我们承认有些行动者缺乏道德理由,那么实验伦理学的前提——"不同行为出自不同的道德理由"就会变得难以成立。

显然,声称"真的道德判断不同于正确的道德判断"是解决该麻烦的唯一方法。但是,承认"道德真理与道德正确不相关"似乎是规范伦理学的相对主义理论的主张。并且,该声称相当于说"道德判断的正确与错误不必然与道德理由的真假相联系""道德判断不是判断道德命题的真假",或者承认"道德判断的内容不是描述性的"。我们知道:"道德判断不是判断道德命题的真假""道德判断的内容不是描述性的"是元伦理学的非认知主义立场才持有的主张。

因此,"道德判断"一词的含义是不确定的,道德判断的性质是模糊的,三种对应关系中只有"某种大脑信息加工方式可稳定地对应于某些大脑区域"是可能的。

反驳前提5的方法之一是论证:人们做出功利主义判断时大脑中情感脑区可能比理性脑区活跃、义务论判断时大脑中情感脑区可能比理性脑区活跃。我们可以发现,格林式实验伦理学回应该反驳存在两个困难。第一个困难是"活跃":在某些场景下,情感脑区与理性脑区的活动总量可能过小,因而两者何者更活跃难以比较。第二个困难是"比较":在某些场景下,情感脑区比理性脑区活跃可能无法令义务论判断不出现,或者理性脑区比情感脑区活跃可能无法令功利主义判断不出现。

有人认为,更精确的实验设计能解决这两个困难。该想法显然不正确,因为更精确的测量手段仍然难以消除误差,并且刺激单一脑区的实验在理论上有无法克服的麻烦。显而易见的理由是,理性与情感的脑区的活跃程度必然是相互影响的,因为理性与情感的相互反复迭代是存在的,道德心理学的研究者已经证实它。更重要的理由是,用来刺激大脑活动的道德难题的属性必然会发生变化,因为义务论与功利主义的区分原则是不能确定的。

我们做个思想实验以更清楚地说明该理由。先假设区分原则仅包含一种元素的情况。众所周知,义务论与功利主义的经典区分原则是:前者关注行动,后者关注行动结果。我们不难发现违反这一区分原则的情况。以天桥难题为例,如果该经典区分认可牺牲胖子一个人而拯救五个人生命的行为是功利主义类型的道德判断,也认可不牺牲胖子生命的行为是义务论类型的道德判断,那么,该经典原则也能认可下面的判断:不牺牲胖子生命的道德判断是功利主义类型的,牺牲胖子生命的道德判断是义务论类型的。如此判断的一个原因是:牺牲胖子的生命会带来比五个人丧失生命更可怕的结果(如社会恐慌)。另一个原因是:行动者在做出道德判断时过于关注另外五个人、行动者的注意力不在胖子身上。

我们再假设义务论与功利主义的区分原则包含不止一种元素的情况。比如义务论类型的道德判断关注的内容包含两个元素:行动、义务;功利主义类型的道德判断关注的内容包含:行动结果、利益。仍以天桥难题为例,我们将产生疑问:如果不牺牲胖子的行为结果不会引起社会恐慌、符合利益计算标准,那么关注行动结果与利益的道德判断就是功利主义类型的道德判断吗?该疑问显然没有确定的答案,因为行动结果与利益两者矛盾的情况是不难想象的,而且不引起社会恐慌的东西也不一定就是最符合利益计算的。同理,包含更多元素的区分原则在理论上也存在类似的麻烦。

所以,如果义务论与功利主义是能被区分的,那么有效的区分原则只能是:义务论关注行动,功利主义不关注行动;义务论不关注行动的结果、功利主义关注行动的结果。然而我们上面已经论证过,这一区分是不融贯的,因为该区分如同承认"义务论可以被还原为功利主义、功利主义可以被还原为义务论"。这一事实也说明刺激大脑活动的道德难题的属性是不固定的,因而设计出刺激单一脑区的实验方案是不可能的。因此,脑区活跃程度和道德判断的类型两方面的描述都是不能确定的。也就是说,上面所谓的三种对应关系中的任何一种都是不稳定的。

笔者认为以上理由并不能说明格林式实验伦理学的结论一无效。原因在于：虽然定位为科学研究的格林式实验伦理学研究者无法通过实验数据来回应上面两种反驳进路，但实验伦理学研究者为"道德判断的性质""脑区活跃程度""道德判断的类型"给出明确的定义却能回应它们。例如，在道德判断的性质方面，格林式实验伦理学的研究者可以强调自己所研究的道德判断就是蕴含道德理由的道德判断。在脑区的活跃程度方面，格林式实验伦理学的研究者可以强调自己假设理性脑区与情感脑区的活跃程度是可以被明确比较的。在道德判断的类型方面，格林式实验伦理学的研究者除了像现在这样强调"义务论与功利主义的区分并不是按照性质做出的，而是按照本质做出的"[5]359外，还可以具体地定义义务论与功利主义类型的道德判断的本质内容。

批评者可能反驳说：如果格林式实验伦理学的研究者给出上面三种"定义"，格林式实验伦理学论证的第一部分将因此失去效力。他们持有的理由可以是：在某种假说的基础上给出的科学研究的效力是不足的。[7]32笔者认为，这类反驳不具有效力，原因是：它混淆了"定义"与"前提"的区别。几乎被学界公认的两种"物理学研究模型"[6]43能够形象地说明两者的区别：

亚里士多德与牛顿两人基于不同的关于力的看法研究物理学。亚里士多德研究物理学时认为力是"保持物体运动状态的东西"，而牛顿研究物理学时认为力是"改变物体运动状态的东西"，理由是：亚里士多德认为不受到力的作用的物体不会发生运动，而牛顿认为物体在不受力的时候会一直运动下去。虽然牛顿修正了亚里士多德的物理学中的许多东西，但不少东西还是被保留下来了，比如行星围绕恒星运动是由于力的作用。如果亚里士多德与牛顿在研究物理学时采用了不同的"前提"，比如亚里士多德将"力是保持物体运动状态的东西"作为物理学研究的大前提。此时，亚里士多德是把"力是保持物体运动状态的东西"当作能判断真假的命题的。这样一来，亚里士多德的物理学研究结论的真假就是依赖于"力是保持物体运动状态的东西"这一大前提的真假的。也就是说，亚里士多德的论证的结论的效力确实受到了前提的影响。

因此，格林式实验伦理学的研究者给出道德判断的性质、道德判断的类型、脑区的作用等方面的定义不会影响格林式实验伦理学的论证的效力。这意味着，格林式实验伦理学的支持者使用此方法明确第一部分论证中三个元素稳定的对应关系可以避免使结论一遭受有效性质疑。

三、格林式实验伦理学能为何种道德原则可靠辩护

研究者通常使用平行论证(parallel argument)来批评论证的第二部分,他们的论证是:任何说明功利主义类型的道德判断比义务论类型的道德判断更好的理由,也能证明义务论类型的道德判断比功利主义类型的道德判断更好。例如,彼得·康尼锡(Peter Königs)认为若格林式实验伦理学的研究者使用进化论的理由来说明功利主义比义务论更好(比如,由于功利主义是理性驱动的,义务论是情感驱动的,情感较理性的适应性差),就必须得解释为何同为进化论产物的义务论不能较功利主义更好。[8] 蔡蓁认为"我们还是可以追问凭什么认为推理进程就是一种更精确更可靠的心理机制"[9] 66。值得说明的是,彼得·康尼锡不只在一篇论文中多次构造平行论证来反驳格林式实验伦理学的研究者找到的规范性前提。在同年发表的另一篇论文中,他仍然"故伎重演":通过构造平行论证来说明格林式实验伦理学的结论是失败的。[10]

当然,研究者在批评论证的第二部分的时候还会苛责论证中使用的词汇,比如"可靠"。仍以彼得·康尼锡为例,在指责格林新给出的规范性条件的论证的时候(他称之为功能性论证),他认为功能性论证不能说明功利主义方式的道德判断是可行的解决道德问题的方案。[8] 203 这意味着,"可靠"替换为"可行"的方法发展成了"格林式实验伦理学并没有使用经验证据"[10] 399 这样的质疑。该论证可以简单表述为:因为"基于道德无关因素的论证不依赖于道德双加工理论"[10] 400,所以这种基于经验的揭穿论证无效。同样,蔡蓁虽然在论文中清楚地注意到格林式实验伦理学的研究者是在最佳解释推理原则的基础上使用"可靠",但也在多个方面过度强调了确定性,比如她认为"(格林式实验伦理学)也并不能揭示后果主义判断所涉及的推理、慎思进程的本质,反而有将其简单化的倾向"[9] 67。

不仅如此,对第二部分论证做出批评的研究者还会无意识地将格林式实验伦理学的完整论证错误地割裂为数个部分,或者故意忽略一些信息(如故意在现有论证中添加了规范性条件)。笔者认为该情况出现的原因可能是:这些批评者以为格林式实验伦理学的研究者企图通过实验直接解决规范伦理学问题。例如,朱莉娅·德里弗(Julia Driver)将格林式实验伦理学的价值降为"微小的揭

穿论证"[7]150。在她看来,心理学虽然可以告诉我们道德判断是如何工作的,也可能更精确地告诉我们某种道德判断方式对哪一种或哪一些因素敏感,但这些信息都不可能使格林式实验伦理学得出在道德上有效力的结论。她的理由是,判定某些因素是不是与道德相关需要规范性标准,规范性标准本身需要建立在某种道德理论的基础上。在收录该论文的文集的另一篇文章中,马修·廖(Matthew Liao)将格林式实验伦理学的论证称作是"知识论的揭穿论证"(epistemic debunking argument)[7]28,暗含了关于格林式伦理学的论证的价值的比较悲观的评价。

鉴于上述情况,笔者构造了新的论证来正面证明格林式实验伦理学所具有的规范性价值。下面的论证建立在格林式实验伦理学的支持者与批评者都承认的道德直觉的价值的基础上:

① 人们关于某些案例的道德直觉能给出可辩护的理由使人们相信道德直觉的内容。

② 人们关于某些案例的道德直觉能跟踪道德原则。

③ 道德直觉跟踪道德原则的证据能给出可辩护的理由使人们相信道德原则。

④ 道德直觉跟踪何种道德原则的证据部分是经验性的。

⑤ 格林式实验伦理学的研究对象包括道德直觉。

所以,

⑥ 格林式实验伦理学可以为某种道德原则的可靠性提供辩护性理由——格林式实验伦理学的结论具有规范性价值。

该论证具有效力的理由是:i. 传统伦理学研究寻求道德原则来解释人们关于某些案例的直觉模式。比如,伦理学研究者一般会假设,在无偏差的情况下,人们的直觉能系统地对道德相关属性存在与否的问题给出回应。[7]217 ii. 传统伦理学研究也认为道德直觉这样的因素对人们是否相信某种道德原则来说是重要的,否则就不会通过思想实验"泵"出直觉辩难某种道德原则。比如,传统伦理学研究者以"器官移植难题"中功利主义的道德行为不符合人们的道德直觉为理由来说明功利主义道德原则的问题。[7]46 iii. 道德心理学研究与传统规范伦理学研究同样在追求非偶然性场景中的非偶然性的直觉内容。比如,道德心理学研究可以通过反复实验、改进实验方法等手段来识别与消除偏离非偶然性的具

体场景和存在偏差的直觉。[1] 43

该论证可能受到两种反驳:(一)传统伦理学研究者认为道德直觉与道德原则之间的关系是先验的;(二)传统伦理学研究者否认伦理学研究依赖直觉。然而,笔者认为它们最多只能减弱该论证的效力,理由在于:

(1)经验有效性的怀疑会导致规范伦理学不融贯可回应(一)。比如规范伦理学在拒斥经验的有效性时也会拒斥道德实践活动的必要性。

(2)构造思想实验可回应(一)(二)。假设,义务论与功利主义的直觉最初是与经验性内容无关的,它们最初完全不包含经验性内容。在人们在运用义务论与功利主义的道德原则的过程中,人们的直觉渐渐与义务论与功利主义的道德原则相合。显然,此时人们的义务论与功利主义的直觉已经包含可被经验研究的内容了。

(3)传统伦理学研究者难以坚持(二),因为传统伦理学研究者无法否认思想实验与直觉的关系。以认为哲学思想实验不依赖于直觉的提摩西·威廉姆森(Timothy Williamson)为例。他认为思想实验之所以能为行动原则提供辩护性理由,不是因为思想实验能反映直觉性内容,而是因为思想实验能反应日常认知能力。[11] 81 然而,我们知道:人们的日常认知能力仍然同直觉一样存在差异,日常认知能力与直觉一样有值得被研究的内容。不过,威廉姆森的观点更可能的意思是:"哲学研究依赖于日常认知能力"暗示着"认知偏见不影响人们的日常认知能力"(至少"认知偏见不影响哲学家的日常认知能力"[11] 158)。这显然是荒谬的。

(4)将指责直觉效力的论证放到更大的语境下,会加强它的荒谬性,从而减弱(一)(二)的效力。例如,当我们将格林式实验伦理学放到实验哲学的语境下,传统伦理学者倘若不能否认实验哲学的规范性效力,自然也不能否认格林式实验伦理学的规范性效力。

四、余论

笔者已经通过说明研究者关于论证第一部分的批评者均是无效的、关于第二部分的批评方式错误,以及该部分的论证正确,成功地证成格林式实验伦理学具有规范性价值——格林式实验伦理学对规范伦理学研究有价值,格林式实验伦理学的结论也有规范性价值。然而,也许有人认为本文第三节所引用的德里弗的话会挑战本文的论证效力,因为她的话似乎意味着:格林式实验伦理学的结论若有规范性价值,格林式实验伦理学就需要某种规范伦理学理论。[7]152关于此,笔者有下述三个为自己辩护的理由:

第一,格林式实验伦理学的研究者采用某种定义来表达实验结论或理论结论,不会使格林式实验伦理学的规范性价值受到影响。第二节末尾已经说明根据不同定义讨论相同问题不会使研究的价值受到影响。

第二,格林式实验伦理学的研究者使用某种规范伦理学理论作为前提来表述实验结论或理论结论,不会影响格林式实验伦理学的规范性价值。因为,基于某种规范伦理学的前提得到结论在逻辑上有两种情况:一种是该论证的过程会加入其他规范伦理学研究者公认的前提;另一种是使用与其他任何研究者都完全不同的规范伦理学前提。显然,第一种情况得出的结论的规范性价值应被规范伦理学研究者接受,因为格林式实验伦理学的论证是在传统规范伦理学研究者同意的基础上做出的。也就是说,格林式实验伦理学的批评者只能具体指责格林式实验伦理学的论证中某个部分有困难,不能完全否认格林式实验伦理学的规范性价值。笔者认为第二种情况也不能否认格林式实验伦理学的规范性价值,因为我们评价理论的正确与否的可能根据是理论自身的融惯性或理论与事实之间的相符性。即理论的正确与否并不能根据该理论所采用的前提来判断。因此,格林式实验伦理学的批评者只能表达:格林式实验伦理学的结论不能解释道德现象。然而我们知道,批评者实际上无法忽视"道德现象与经验有关"这一事实,也就难以主张"格林式实验伦理学的结论不能解释道德现象"。

第三,如果格林式实验伦理学的研究者采用了某种规范伦理学立场,即研究者在论证中隐含表达了不中立的内容,那么格林式实验伦理学对规范伦理学研究来说的价值只会被降低而不是消失,因为它至少能为规范伦理学领域里的义务论与功利主义之争提供更多信息。

参考文献:

[1] LEEFMANN J, HILDT E. The human sciences after the decade of the brain[M]. London: Academic Press, 2017.

[2] GREENE J, HAIDT J. How does moral judgment work? [J]. Trends in Cognitive Sciences, 2002, 6(12): 517–523.

[3] Greene J D, Sommerville R B, Nystrom L E, et al. An fMRI investigation of emotional engagement in moral judgment[J]. Science, 2001, 293(5537): 2105 – 2108.

[4] GREENE J. From neural'is' to moral'ought': what are the moral implications of neuroscientific moral psychology? [J]. Nature reviews neuroscience, 2003, 4(10): 846 – 852.

[5] GREENE J. Moral tribes: emotion, reason, and the gap between us and them[M]. New York: The Penguin Press, 2013.

[6] 魏洪钟. 科学实在论导论[M]. 上海：复旦大学出版社, 2015.

[7] LIAO S M. Moral brains: the neuroscience of morality[M]. Oxford: Oxford University Press, 2016.

[8] KÖNIGS P. On the normative insignificance of neuroscience and dual-process theory[J]. Neuroethics, 2018, 11(2): 195 – 209.

[9] 蔡蓁. 神经科学的规范伦理学意义-以约书亚·格林的双重进程理论为例[J]. 伦理学研究, 2017(6): 63 – 69.

[10] KÖNIGS P. Two types of debunking arguments[J]. Philosophical Psychology, 2018, 31(3): 383 – 402.

[11] 卢析. 哲学方法论视野中的直觉[D]. 上海:华东师范大学, 2015.

同罪论证：实验伦理学回应"是/应当"问题挑战的新进路[①]

摘要：研究者对实验伦理学提出"是/应当"问题挑战时预设了两个重要理论立场。它们不仅能对实验伦理学构成挑战，也能对许多得到广泛认可的伦理学方法或理论造成危害。这些预设成立所需付出的理论代价与实验伦理学接受"是/应当"问题挑战的代价相当。以此为基础，实验伦理学的辩护者可以转换回应批评的方向，将回应"是/应当"问题的责任转移到实验伦理学的批评者身上。

关键词：实验伦理学；是与应当；理论立场；内在主义；同罪论证

"是/应当"问题对实验伦理学地位造成的挑战是实验伦理学中的难问题。辩护者过去回应该挑战的进路都是针对"是/应当"问题本身进行的。笔者认为实验伦理学回应该挑战还有另一种进路，这种进路针对提出"是/应当"问题的批评者。本文首先说明"是/应当"问题挑战实验伦理学的具体角度，指出批评者责难所需的理论预设；其次，论证这些预设所付出的理论代价与实验伦理学接受"是/应当"责难的代价相当；最后，明确实验伦理学回应"是/应当"挑战的新进路——同罪论证存在。

一、"是/应当"问题对实验伦理学的挑战

"是/应当"问题最初是指休谟在《人性论》中提出的道德问题。该问题的原始内容是休谟在《人性论》第三卷第一章第一节末尾部分所写的意义含糊的话。这段话留心"是"连系词与"应当"连系词之间的转换：如果"应当"连系词表示新的关系，那么它如何可能由"是"的关系推理得到就应被说明，否则"这样一点点的注意就会推翻一切通俗的道德学体系"[1]508。麦金太尔认为这至少有两种含

[①] 本文发表于《伦理学研究》2022 年第 3 期。

义,它既可以被理解为"是/应当"的转化有问题,也可以被理解为"是/应当"之间的转化在逻辑上不可能。[2]233

实验伦理学受到了该问题的挑战。[3]按照"是/应当"问题的原始表达,这一挑战旨在要求实验伦理学说明"应当"的关系是怎样由"是"的关系推理得到的。批评者认为,实验伦理学无法提供所采用实验方法(如问卷调查、神经影像学方法等)跨越"是"与"应当"关系的理由。对照麦金泰尔,第一种挑战是:如果实验伦理学无法提供"是"关系与"应当"关系之间的基础和理论,无法成功跨越"是"与"应当"之间的间隙,那么相应研究在伦理学领域里将是无足轻重的。第二种挑战是:如果"是"与"应当"之间的变化在逻辑上不可能,那么实验伦理学的核心预设(事实性证据与价值判断之间存在必然联系[4]12)无法成立。这也能令相应研究在伦理学领域里无足轻重。

为了明确具体挑战的内容,本文以格林式实验伦理学[5]32为例。它被诟病为"片面的描述性伦理学研究"[6]695的理由如下。(1)它将科学与哲学研究结合在一起的方法最有代表性:格林式实验伦理学运用的实验伦理学方法不仅较其他类型的实验伦理学进路更为完全和彻底,而且所使用的实验方法也相当主流。例如格林式实验伦理学的研究既采用了对照组控制技术、问卷调查法、方差分析、结构方程模型等传统人文社科研究较少运用的实验方法,也采用了功能性磁共振影像技术、眼球追踪技术、虚拟现实技术等近年来较新且处于发展中的多学科交叉方法[7]141。(2)它的理论论证、实验方法与同时代研究相比最为清晰:这不光体现在格林式实验伦理学的优势、问题和困难相对显著,而且也体现在实验内容较其他进路更直观和流行。例如,格林式实验伦理学进行研究时使用的道德两难问题不仅在哲学界流行,也被普通人熟知,更符合人的直觉:截至2022年,关于"道德两难问题"的内容在百度和谷歌上不仅拥有超过40亿个搜索结果,更是各大媒体、社交网站的热门话题。(3)它的哲学理论基础在实验伦理学领域中最为深厚:格林式实验伦理学研究针对现代哲学的重要问题,例如身心问题、道德实在论问题等,而且其核心研究主旨可追溯至20世纪70年代,辩护者与批评者们都对这类型问题做过辩护与反驳。[7]150

粗略地说,格林式实验伦理学的思想是由心理学、认知神经科学、进化论与哲学四个不同层次或方面的成果表现出来的。心理学的许多研究结果支持"人的心智采用两种不同的信息加工方式完成认知任务"。由于心智的这一特点,作为认知任务之一的道德判断也由两种不同的信息加工方式完成:理性的方式、情感的方式。不同的加工方式由不同的特征引发,这些特征与情景、个人经验等因素有关。这两种加工方式类似于数码相机的手动模式与自动模式。多种认知神经科学的实验结果显示:理性的手动模式依赖大脑的背外侧前额叶皮质,它与缓慢的、功利性的、适应能力强的推理能力绑定在一起;情感的自动模式依赖大脑的腹内侧前额叶皮质,它与快速的、义务论性的、更追求效率的推理能力绑定在一起。这意味着:义务论类型的道德判断主要与情感的认知加工方式有关,功利主义类型的道德判断主要与理性的认知加工方式有关。结合某些进化论或伦理学前提,比如"进化不追踪道德真理","人们需要在不熟悉的情景下做道德判断","理性好、情感坏","距离不是道德相关因素",约书亚·格林(Joshua Greene)等人认为实验结果能说明:相比于义务论类型的道德判断来说,功利主义类型的道德判断更有利于处理当今社会的道德问题[7]156。

批评者认为上面的这些主张可能在四个层面混淆了"是/应当"间隙。在心理学层面上,心智"双加工理论"的成立需要除研究数据外的"最佳解释推理原则"[8]283,这一原则属于"应当"的范畴;理性、情感加工方式的含义在不预设"理性、情感应当如何"的情况下是变动的:理性与情感是相互转化的;在没有说明"道德判断应当是认知活动"这一"应当"关系的情况下,道德判断可以不是认知任务,因为道德判断不但考量可认知的行动,也考量行动者的动机、意向、性格等非认知因素。在神经科学层面上,研究者若想借助既有的心理学模型得出神经性结论,必须预设"反向推理"活动是合理的,而反向推理需要预设跨越"是/应当"间隙的理论:大脑活动与否应当以大脑的功能作为依据、心理学与神经科学关于"认知"的理解应处于同一层次。在进化论层面上,格林式实验伦理学的研究者借助进化论的"应当"联结"是"的企图是失败的:因为"理性推理与情感推理一样受到进化的影响"和"进化不追踪道德真理"等主张是有争议的。在哲学层面上,格林式实验伦理学联结"是"与"应当"的结论依赖"是"在逻辑上能与"应当"链接的立场。

也就是说,"是/应当"批评者认为下面6个命题要么部分为真,要么全部为真:

(1)心智双加工理论的成立需要跨越"是/应当"间隙。
(2)认为道德判断是心智过程的主张需要跨越"是/应当"间隙。

(3)双加工过程中的情感、理性区分需要跨越"是/应当"间隙。

(4)神经科学实验结果的使用需要跨越"是/应当"间隙。

(5)进化论是"是"的理论。

(6)伦理学理论是"应当"的理论。

二、挑战的预设理论立场及其缺陷

6个命题的真假由知识确证的内在主义立场、道德规范的内在主义立场两种内在主义立场确定。

1. 知识确证的内在主义立场

知识确证的内在主义与外在主义是关于知识辩护的两种理论立场,"内""外"是以知识、信念持有者间的关系区分的[8]278。形象地说,内在主义者对信念持有者设立约束条件,外在主义者否认这些约束条件。例如:(1)内在主义者认为若将某个信念确立为知识,该信念持有者必须拥有充分理由;(2)外在主义者认为信念持有者可以在没有理由的情况下使信念成为知识。也就是说,内在主义者认为知识是被证成(justification)的,而外在主义者认为知识是被担保(warrant)的。知识确证的内在主义立场原则上蕴含真理的实在论立场[9]103。真理的实在论立场意味着再好的意见也可能不是真理,人们在理由不充分的情况下可能混淆意见与真理间的界限。相反,真理的反实在论立场否认意见与真理的区别,主张最好的意见就是真理[10]。

"是/应当"批评者显然是从此知识的内在主义立场出发的,他们指责格林式实验伦理学所做推理难以成立的论证依赖于知识的内在主义定义:批评者没有通过提出改良方案来证明格林式实验伦理学不是最好意见,而是直接指责格林式实验伦理学不是真理。在这些批评者看来,命题(1)、命题(2)、命题(3)、命题(4)为真的理由是:格林式实验伦理学不能保证"心智双加工理论""道德判断是心智过程""双加工过程中的情感、理性区分""神经科学实验结果的使用"这样的知识是可以被确证的知识。以科林·克莱因(Colin Klein)的批评为例,他通过批判"神经科学实验结果的使用"的正当性否认了"双加工过程中的情感、理性区分",核心理由是,科学实验结果都是理论负载的[11]189。克莱因还以此批判道德双加工理论,认为神经科学实验既能支持双加工也能支持单加工已足够说明问题[12]145。

2.道德规范的内在主义立场

批评者认为命题(5)为真能直接导致格林式实验伦理学得不出有效结论,比如无法主张"功利主义类型的道德判断比义务论类型的道德判断更可靠",因为该主张依赖两个条件:(1)理性推理相比于情感推理更少受到进化论的影响,(2)受到进化影响的道德判断不追踪道德真理。也就是说,即使格林式实验伦理学可以成功证明人们做出义务论类型道德判断时大脑的情感活动较理性活跃、做出功利主义类型道德判断时大脑的理性活动较情感活跃,但不依赖来自进化论的规范性前提时也是没有规范性效力的。以批评者彼得·康尼锡(Peter Königs)为例,他认为只有当进化论仅仅是"是"的理论时,格林式实验伦理学的"理性好、情感坏"主张才能成立[13]206。

批评者还主张格林式实验伦理学的研究结果最多只能是价值微小的揭穿论证。他们认为格林式实验伦理学最多只能对某些过分注重直觉反应的规范直觉主义理论有影响。在他们看来,使用具体案例进行直觉测试难以"揭穿"规范性规则,即降低规范性规则的价值。因此,经验性研究内容不可能为解决规范伦理学问题做出贡献,从而也与规范伦理学的理论方法无关。朱莉娅·德里弗(Julia Driver)是这类研究者的代表。德里弗在《双加工观点的局限性》(The Limits of the Dual-Process View)一文中指出格林式实验伦理学的实验结果与更精致化版本的功利主义理论矛盾,并且也符合更精致化版本的康德式义务论的要求。在她看来,即使格林式实验伦理学拥有微小的揭穿论证作用,也无法说明规范性规则的正确性[14]154。

这些批评者对格林式实验伦理学的规范性效力做出两个反驳。第一个反驳是针对研究对象的,他们不承认格林式实验伦理学的研究成果能挑战康德式义务论这样较为根本的规范伦理学理论;第二个反驳是针对研究效力的,他们试图彻底否认格林式实验伦理学具有规范性效力:无论方法还是结论都不能处理伦理学的规范性规则问题。第一个反驳论证通过指出康德式义务论的复杂性达到,批评者要么主张康德式义务论中所谓理性与情感的二分不能简单地等同于经验上的二分,要么主张康德式义务论无须在意人们的直觉反应。这相当于说,由情感产生的道德判断并不是一种康德式义务论类型的道德判断[15]12。第二个反驳论证的理由也能作为第一个反驳论证的理由,批评者认为企图从经验中得出道德理论的做法犯了逻辑错误:论证结论出现前提中没有的元素,即"是"的推理中出现了"应当"元素。

该理由更本质地体现于命题(6)。显然,这是依赖伦理学学科定义的理由。依照"伦理学理论是'应当'的理论"的要求,伦理学必然被割裂为描述性的伦理学与规范性的伦理学。当代支持康德式义务论伦理学理论的代表人物克里斯蒂娜·科尔斯戈德(Christine Korsgaard)这么做了。她认为仅描述道德现象和道德事实的伦理学不是真的伦理学理论,相反,对道德现象进行评价才是真的伦理学理论。这意味着,能够命令、强迫、建议、引导人的伦理学理论必须能对评价道德现象的标准也就是道德规范性做出解释。在《规范性的来源》一书中,科尔斯戈德按照道德规范性来源的不同,区分出了道德规范的内在主义立场与道德规范的外在主义立场。前者认为道德的规范性来源于道德行动者自身,后者认为规范性来源于道德行动者之外[16]119。她还以"伦理学理论是'应当'的理论"为由批评道德规范的外在主义立场必然混淆道德行为的动机("是")与道德行为的规范性("应当"),以捍卫道德规范的内在主义立场。

3. 两种内在主义立场的缺陷

知识确证的内在主义立场有两个缺陷,第一个缺陷是信念持有者获得知识的约束条件使能得到辩护的知识过少。理由在于,其不符合常识,且会导致普遍怀疑论。例如,如果知识确证的内在主义立场成立,由于知识只能是得到信念持有者充分确证的知识,人们可能什么知识也得不到。第二个缺陷是推理方法不可靠。例如,内在主义者认为知识的确证不需要外在于信念持有者的因素,然而内省方法所做推理已被心理学实验证明不可靠,因为信念持有者在把握信念时可能盲目自信。

道德规则的内在主义立场的缺陷则在于使道德规则的证成仅诉求于理想化的证实,并且规则的真理性仅与某个道德规则的逻辑一致性有关。如此融贯论性质的规则证成方法可能导致相对主义。例如,即使道德规则的内在主义者可以完全地否认道德的环境相对主义、文化相对主义与话语相对主义,也难以否认道德规则的确证是私人的、与个人的理性程度有关的,因为拥有不同内在反思能力的个体必然对同一种陈述有不同理解。退一步说,即使它能克服该缺陷,完全内在于道德行动者之内且拥有普遍性的道德规则也会是可望而不可即的:在此情况下,人们只能无限接近于得到道德规则。毕竟规则只在理想条件下才可能得到,现实生活中不仅不能被得到,还难以受到批评。

许多批评者同时采用上述两种立场,比如塞利姆·伯克(Selim Berker)在《神经科学没有规范性价值》(The Normative Insignificance of Neuroscience)一文中就以格林式实验伦理学对信息加工过程的科学解读不正确、实验数据的处理方法不正确、实验组采用的两难问题并非真正道德问题、问题分类标准不正确、论证过于片面或极端、对义务论与功利主义的概念理解不正确等理由试图证明6个命题同时为真[17]298。然而,同时承认以上两种内在主义立场意味着主张:(1)道德知识的证成只能由道德信念持有者经内在反思得到,(2)道德知识的证成与否没有可被公开度量的标准,(3)道德知识的证成与经验性证据无关。显然,这样的做法不仅继承了两种内在主义立场的缺陷,而且创造性地放大了。例如,同时承认两种内在主义立场可能导致明确的道德反实在论立场。按照亚历山大·米勒(Alexander Miller)的说法,道德实在论成立的条件是承认道德事实存在且独立于人的心灵[18]。也就是说,主张命题(1)、命题(2)、命题(3)至少得否认道德事实独立于心灵。

不过,批评者的缺陷并不主要由道德反实在论立场本身带来。核心缺陷在于构建万能论证(master argument)。使用万能论证意味着批评者的理由超出了"是/应当"问题应有范围,它不仅能对实验伦理学造成挑战,也能对这以外的理论造成挑战。极端情况下,这样的论证还可以造就彻底怀疑论,引发公认的道德虚无主义问题。而且,这还不是同时采用两种内在主义立场的最致命麻烦,最重要的麻烦是使争辩失去价值。例如,人们还能采用混乱概念内涵、扩大概念外延的方式构造其他万能论证。实现的策略之一是将多个概念只使用一种名称表述。这样一来,相比于单个概念的外延范围,多个概念的外延当然被扩大了。形象地说,假设两个人关于"今晚是否去食堂吃饭"展开争论,如果双方始终围绕这一单独命题所容纳概念的外延进行争论,那么两人的争论是没有缺陷的,但如果其中一方将概念的外延扩大但仍用原本表达,那么两人的争论就相当于被偷换了论题。实际的论题可能已经被偷换成了"明天能否到河边钓鱼"。任何人都无法否认,这一争论继续下去的价值相比过去来说是几乎完全消失的了。

三、对挑战的同罪论证式回应

以上缺陷有助于设想新的回应"是/应当"挑战的进路,理由在于,批评者预设的立场不但能对他人无法否认的方法或理论造成困难,还能使批评实验伦理学的论证本身成为无足轻重的东西。即当实验伦理学无足轻重时,许多符合伦理学要求的现存理论也会变成这样的东西。不愿意接受这样结果的批评者若再以诉诸"是/应当"问题的方式挑战实验伦理学的地位,就得提供"是/应当"问题能挑战实验伦理学的理由。这意味着过去辩护者对"是/应当"挑战负有回应责任,而现在批评者反而负有回应责任。也就是说,令实验伦理学辩护者满意的回应"是/应当"问题挑战的进路有两种:既可以论证批评者对实验伦理学地位的挑战动摇了其他伦理学方法或理论的基础,还可以论证批评者所依赖立场的缺陷会使挑战本身变得没有价值。

举个形象的例子说明上面的思路。将使用"是/应当"问题挑战实验伦理学的批评者比作张三、实验伦理学的支持者比作李四、其他伦理学方法或理论比作王五,张三在使用"是/应当"问题批评李四是无足轻重的人时,李四可以回应说张三的问题也会对王五构成批评。如果王五是张三所认为的举足轻重的人,那么张三就得提供"是/应当"问题能避免对王五的地位构成挑战的理由,否则王五也会同李四一样变成无足轻重的人。如果张三不认为王五同李四一样成为无足轻重的人有什么关系,进一步坚持自己对李四的批评,那么李四还可以回应说张三本人受到批评时也会成为无足轻重的人。如此,张三就无法继续使用"是/应当"问题批评李四了。这两种思路都要求张三批评李四时提供"是/应当"问题能批评李四的理由。如果前一种策略被称为"唇亡齿寒"的话,那么后一种可称为"玩火自焚"。批评者使用"是/应当"问题挑战实验伦理学时预设的理论立场是构筑"唇亡齿寒"式回应的基础,而挑战所需立场的缺陷则是构筑"玩火自焚"式回应的基础。

该论证的形式结构可以简单地重构如下:

前提1:C理论(或立场)不正确的理由是A理论(或立场)。

前提2:A理论(或立场)的正确需要预设B理论(或立场)也是正确的。

前提3:B理论(或立场)是错误的。

结论1:A理论(或立场)是错误的。

结论2:C理论(或立场)的正确性不受到A理论(或立场)的挑战。

批评者采用"是/应当"问题挑战实验伦理学的价值时,辩护者可以构筑下面的论证:

前提4:"是/应当"挑战需要预设知识确证的内在主义与道德规范的内在主

义正确。

前提5：知识确证的内在主义与道德规范的内在主义两种立场不正确。

结论3："是/应当"挑战本身的效力不足。

证明批评者与被批评者同样效力不足，不需要明确证明前提5正确，相反，只需要说明挑战所预设条件的理论代价与被批评者需要付出的理论代价同等，即做出"是/应当"挑战的理论代价与认可实验伦理学研究具有规范性价值所需的理论代价一样。

该论证方法早已被伦理学研究者使用，克里斯托弗·考伊（Christopher Cowie）将此称为同罪论证（companions-in-guilt-argument）进路[19]12528。许多研究者用此方法拒绝"道德错误立场"成立。仍以伯克为例，他在《进化心理学能表明规范性是心灵依赖的吗？》（Does Evolutionary Psychology Show That Normativity Is Mind-Dependent?）中采用过此方法。伯克在这篇文章中回应与实验伦理学相关的"进化揭穿论证"挑战。粗略地说，"进化揭穿论证"站在反实在论的立场上主张道德依赖于心灵存在，理由是：如果非循真力量产生的道德判断与不依赖于心灵的道德真理之间存在一致性，那么道德实在论立场是错误的。伯克否认该主张的理由是：（1）非反实在论立场也能令道德真理不依赖于心灵；（2）反实在论立场杂糅着实在论立场。他的理由是通过确定"进化揭穿论证"挑战的条件实现的。伯克认为只有在支持理论（grounding account）和理论推理论（theoretical-reasoning account）成立的情况下，"进化揭穿论证"的提出者才能不受"进化揭穿论证"本身的挑战[20]215。也就是说，当"进化揭穿论证"预设支持理论、理论推理论成立时，"进化揭穿论证"酿成"唇亡齿寒"的后果；当两种理论立场同时或两种理论立场之一存在缺陷时，"进化揭穿论证"会"玩火自焚"。

实验伦理学当前已有两种进路回应"是/应当"挑战，第一种进路是像格林那样指出实验结果并不需要跨越"是"与"应当"的间隙[6]696：通过结合与事实相关的价值性前提，实验伦理学所发现的"是"关系可以经逻辑推理得到"应当"关系；第二种进路是像过去哲学史中解决"是/应当"问题的哲学家那样批判性解读"是/应当"问题本身，比如像奎因和普特南那样说明"是"与"应当"无法割裂[7]150，像处理"自然主义谬误"那样说明"是"与"应当"的区分需要建立在研究的基础上[21]23。然而，第一种回应进路相当于承认实验伦理学的研究结果可以不由实验伦理学方法得到，承认实验伦理学的证据与结论是割裂的，第二种回应进路则是在逃避"是/应当"挑战。逃避挑战不仅不能拯救实验伦理学"无足轻重"的地位,还会令辩护者无奈转变实验伦理学的研究内容,即不得不通过研究"是"与"应当"分别是什么、界限在哪里来做回应。所以,这两种针对"是/应当"问题本身的回应进路都无法拯救实验伦理学无足轻重的地位。

实验伦理学构筑同罪论证的方式针对批评者。该进路能将回应"是/应当"问题的责任从实验伦理学的辩护者身上转移到实验伦理学的批评者身上。形象地说,过去实验伦理学回应"是/应当"问题挑战的方式相当于认罪之后再申辩,同罪论证进路则相当于不认罪。这意味着,如果实验伦理学的批评者想要坚持挑战,就必须提供能说明实验伦理学有罪的理由。同罪论证有两个实现方法:一方面,只要"是/应当"问题挑战需要预设理论立场,就能构建"唇亡齿寒"式的同罪论证;另一方面,发掘挑战所预设理论立场的缺陷,能构建"玩火自焚"式的同罪论证。"唇亡齿寒"与"玩火自焚"两种方式的同罪论证都能迫使批评者说明实验伦理学为何应回应批评。两种方式的同罪论证也都能使批评者负有说明"是/应当"问题与实验伦理学间存在联系的责任。

四、结语

本文首先通过描述"是/应当"问题,以格林式实验伦理学为例,说明了"是/应当"问题挑战实验伦理学的具体内容;接着,通过分析"是/应当"问题挑战格林式实验伦理学时的核心论证,发现了挑战所必须预设的理论立场,并指出其缺陷;最后,为实验伦理学设想了回应"是/应当"问题挑战的进路。之所以认为它是新进路,理由在于:与过去要么承认、要么逃避"是/应当"问题的进路不同,该进路意味着采用"是/应当"问题的批评者反而负有说明"是/应当"问题与实验伦理学间存在联系的责任。文章也列示并强调了新进路的实现策略:(1)发现批评者预设了理论立场时,辩护者可以构筑"唇亡齿寒"式的同罪论证回应批评;(2)发现这些理论立场的缺陷时,辩护者可以同时构筑"唇亡齿寒"与"玩火自焚"式同罪论证回应批评。

参考文献:

[1]休谟. 人性论[M]. 关文运,译. 北京:商务印书馆,2016.

[2]阿拉斯代尔·麦金太尔. 伦理学简史[M]. 龚群,译. 北京:商务印书馆,2003.

[3] ALFANO M, LOEB D, PLAKIAS A. Experimental Moral Philosophy[EB/OL]. [2022 - 03 - 18].

[4] PÖLZLER T. Moral Reality and the Empirical Sciences[M]. London: Routledge, 2018.

[5] 乔舒亚·格林. 道德部落[M]. 论璐璐, 译. 北京:中信出版社, 2016.

[6] GREENE J D. Beyond Point-and-Shoot Morality: Why Cognitive (Neuro) Science Matters for Ethics[J]. Ethics, 2014, 124(4).

[7] LEEFMANN J, HILDT E. The Human Sciences after the Decade of the Brain[M]. Amsterdam: Elsevier, 2017.

[8] SPIELTHENNER G. The Is-Ought Problem in Practical Ethics [J]. HEC Forum, 2017, 29.

[9] AUDI R. Epistemology: A Contemporary Introduction to the Theory of Knowledge[M]. London: Routledge, 2010.

[10] GLANZBERG M. Truth[EB/OL]. [2022 - 03 - 18]. https://plato.stanford.edu/entries/truth/.

[11] KLEIN C. Philosophical Issues in Neuroimaging[J]. Philosophy Compass, 2010, 5(2).

[12] KLEIN C. The Dual Track Theory of Moral Decision-Making: A Critique of the Neuroimaging Evidence[J]. Neuroethics, 2011, 4(2).

[13] KÖNIGS P. On the Normative Insignificance of Neuroscience and Dual-Process Theory [J]. Neuroethics, 2018, 11(2).

[14] LIAO S M. Moral Brains: The Neuroscience of Morality[M]. Oxford: Oxford University Press, 2016.

[15] HEINZELMANN N. Deontology Defended[J]. Synthese, 2018.

[16] 克里斯蒂娜·科尔斯戈德. 规范性的来源[M]. 杨顺利, 译. 上海:上海译文出版社, 2010.

[17] BERKER S. The Normative Insignificance of Neuroscience[J]. Philosophy & Public Affairs, 2009, 37(4).

[18] MILLER A. Realism[EB/OL]. [2022 - 03 - 18]. https://plato.stanford.edu/archives/win2016/entries/realism/.

[19] COWIE C. Companions in Guilt Arguments[J]. Philosophy Compass, 2018, 13(11).

[20] D'ARMS J, JACOBSON D. Moral Psychology and Human Agency: Philosophical Essays on the Science of Ethics[M]. Oxford: Oxford University Press, 2014.

[21] 孙伟平. 事实与价值:休谟问题及其解决尝试[M]. 修订本. 北京:社会科学文献出版社, 2016.

致　谢

本书以我的博士毕业论文为基础出版。

从起初的论文开题，到最后的终稿完成，全程得到了导师颜青山教授严谨细致的指导。他的辛勤付出和敦促启发也成就了这本小书。

另外，本书的出版得到了颜青山教授主持的国家社会科学基金重大项目"基于虚拟现实的实验研究对实验哲学的超越"（15ZDB016）的全力支持。

谨致谢忱！

李晓哲
2023 年 10 月

图书在版编目(CIP)数据

格林式实验伦理学的困境与出路 / 李晓哲著 . — 上海：上海社会科学院出版社，2023
 ISBN 978 - 7 - 5520 - 4293 - 1

Ⅰ.①格… Ⅱ.①李… Ⅲ.①伦理学—实验研究 Ⅳ.①B82 - 05

中国国家版本馆 CIP 数据核字(2023)第 253088 号

格林式实验伦理学的困境与出路

著　　者：李晓哲
责任编辑：邱爱园　刘欢欣
特约策划：黄曙辉
特约编辑：许　倩
封面设计：崔　明
出版发行：上海社会科学院出版社
　　　　　　上海顺昌路 622 号　邮编 200025
　　　　　　电话总机 021 - 63315947　销售热线 021 - 53063735
　　　　　　https://cbs.sass.org.cn　E-mail: sassp@sassp.cn
照　　排：上海归藏文化传播有限公司
印　　刷：苏州市古得堡数码印刷有限公司
开　　本：710 毫米×1010 毫米　1/16
印　　张：16.75
插　　页：1
字　　数：281 千
版　　次：2023 年 12 月第 1 版　2023 年 12 月第 1 次印刷

ISBN 978 - 7 - 5520 - 4293 - 1/B · 345　　　　　　　　定价：88.00 元

版权所有　翻印必究